# Mit Pferden — sprechen

SHARON WILSIE

# Mit Pferden — sprechen

ERFAHRUNGEN AUS DEM ALLTAG MIT PFERDEN

MIT KOSMOS MEHR ENTDECKEN

Sprachkurs — Pferd

*der internationale Bestseller*

SEIT 1822

KOSMOS

# Inhalt

KAPITEL 1

# Der Weg zum Pferd

Seit mein erstes Buch „Sprachkurs Pferd – Pferdesprache lernen in 12 Schritten" erschienen ist, hatte ich die Möglichkeit, unglaublich vielen Menschen und Pferden aus der ganzen Welt zu begegnen und mit ihnen zu arbeiten. Ich spreche nun sehr viel flüssiger Pferdisch und mein Verständnis für das, was Pferde häufig verwirrt und durcheinanderbringt, hat sich ebenso vertieft wie meine pferdesprachlichen Kenntnisse.

Pferdisch ist ein praxisnahes System, um Pferden zuzuhören und in ihrer eigenen Sprache mit ihnen zu sprechen, anstatt von ihnen zu erwarten, dass sie unsere Sprache verstehen.

Dieses Buch ist den Pferdemenschen gewidmet, die unermüdlich versuchen, nicht nur die Beziehung zu ihrem Pferd zu verbessern, sondern auch die Beziehung zu sich selbst.

Wenn wir erst einmal anfangen, uns mit unseren Pferden zu unterhalten, beginnen auch die Pferde, mit uns zu sprechen. Pferde wünschen sich wirklich, dass ihre Menschen das gleiche tiefe Wohlbehagen empfinden könnten wie sie selbst und versuchen, dies auch immer wieder zum Ausdruck zu bringen.

Sehr häufig habe ich auf Kursen gesehen, wie Pferde zu dem Zustand fanden oder zurückkehrten, den ich „Neutral Null“ nenne. Es ist ein Zustand der Präsenz, der Achtsamkeit und Ruhe. Ich habe erlebt, wie Pferde beinahe sofort bereit waren, dieses neugewonnene Vertrauen nicht nur mit ihren Besitzern zu teilen, sondern mit allen anwesenden Personen. Ob es nun Mini-Shettys oder Shire Horses waren, Deckhengste, Jährlinge oder steinalte Schulpferde, deren trittsichere Fürsorglichkeit noch immer unverzichtbar war – die Pferde boten ihren Menschen einen wundervollen Kontakt an, sobald es ihnen möglich wurde.

Manchmal haben mich Teilnehmer am Ende eines Kurses beiseitegenommen, um ihre Überraschung auszudrücken, wie leicht sie sich nun mit ihren Pferden unterhalten konnten. „Ist das wirklich alles?“, fragten sie. „Es kommt mir so … einfach vor.“ Wie häufig habe ich das gehört!

Pferdisch zu lernen braucht seine Zeit. Das ist nun einmal so, wenn man eine neue Sprache lernt. Es geht ja nicht nur darum, die entsprechenden Wörter zu kennen. Um eine andere Sprache wirklich fließend zu sprechen, muss man Nuancen und subtile Bedeutungen verstehen und ein Gefühl entwickeln für den Zusammenhang, in dem ein Wort steht. Sprache drückt den persönlichen Standpunkt eines Menschen aus, sie drückt aus, was man wertschätzt und verrät Emotionen und Ansichten. Dies gilt auch für Pferdisch.

Pferdisch zu sprechen ist vergleichbar mit den Fähigkeiten, die nötig sind, um ein Auto zu fahren. Man braucht seinen gesamten Körper dafür. Das Gesichtsfeld muss darauf trainiert sein, die Straße zu überblicken, den Straßenrand und sämtliche Schilder. Man muss Dutzende sehr unterschwelliger Dinge interpretieren können.

Trotzdem ist dies alles für einen geübten Fahrer so selbstverständlich, dass er oder sie sich mit den Mitfahrern unterhält oder das Radio einschalten kann, ohne darüber nachzudenken. Daher kommt es, dass ich schon Unterhaltungen mit Kurspferden einfach weitergeführt habe, ohne die Kursteilnehmer auf dem Laufenden zu halten. Sie stoppten mich, denn sie wussten nicht mehr, worum es eigentlich ging. Gespräche mit Pferden können Ihnen so geläufig werden, dass Sie, so wie ich, ganz in den wunderbaren, interessanten und häufig auch aufschlussreichen Unterhaltungen mit Ihrem Pferd aufgehen.

## Wer sind Sie?

Wenn Sie dieses Buch lesen, sind Sie auf der Suche. Das Pferd, das Sie auf den Pfad der Suchenden geschickt hat, könnte ein völlig verängstigtes Tierschutzpferd sein, dem Sie gerecht werden möchten. Es könnte aber auch ein widersetzliches, aufbrausendes Pferd sein, dem Sie zu innerer Ausgeglichenheit verhelfen wollen. Vermutlich handelt es sich um Ihr Lieblingsreitpferd, und vielleicht verhält es sich meist unauffällig, aber Sie haben trotzdem das Gefühl, dass Sie irgendetwas übersehen. Vielleicht sind Sie jemand, der den Dingen wirklich auf den Grund gehen und mehr wissen möchte, oder Sie arbeiten beruflich mit Pferden und wollen einfach souveräner mit den Bedürfnissen Ihrer vierbeinigen Kundschaft umgehen. Womöglich sind Sie von Trainer zu Trainer gerannt und haben dabei auch die eine oder andere wertvolle Lektion gelernt, aber irgendwie sind Sie noch immer auf unerklärliche Art unzufrieden.

Ich habe mit Hunderten Pferd-Mensch-Paaren gearbeitet und kann Ihnen genau sagen, was fehlt, denn es geht immer um eine simple Sache: Verständnis. Die meisten Menschen verstehen bis zu einem gewissen Grad etwas von den Aspekten der Pferdepflege oder der Ausbildung von Pferden. Einige Menschen sind auch erfolgreich mit ihren Pferden und dennoch tut sich an bestimmten Stellen eine Kluft auf. Und nun sitzen Sie hier, lesen ein weiteres Buch und sind auf der Suche nach Antworten.

## Die Kluft

Von welcher Kluft spreche ich? Es ist die Kluft zwischen dem, was wir wissen, und dem, was wir nicht wissen in Bezug auf unsere Pferde.

Die meisten Menschen besitzen genug Intuition, gesunden Menschenverstand und Gefühl, um klarzukommen. So wie ich. Ich war achtsam und qualifiziert genug, um lange Zeit klarzukommen. Meine Arbeit war gut. Ich gab Unterricht im therapeutischen Reiten und Reitunterricht an einer Schule für Lernbehinderte. Außerdem war ich vier Jahre lang für den Austausch der Förderschulen untereinander zuständig. Ich konnte individuellen Einzelunterricht geben, egal ob dem Dressurreiter, dem Jagd- und Westernreiter oder jenen Reitern, die ohne Sattel ausreiten wollten. Sogar einige Fahrer hatte ich unter meinen Kunden. Ich arbeitete mit blinden Pferden und mit Pferden, die schwere Kopfverletzungen erlitten hatten, die Hunger, Misshandlungen oder Vernachlässigung erlebt hatten. Ich unterrichtete die Ehrenamtlichen im Tierschutz oder in Einrichtungen für therapeutisches Reiten und ich fand es befriedigend, mit Pferden und Reitern zu arbeiten, die als besonders schwierige Fälle betrachtet wurden. Doch egal mit welcher Pferd-Mensch-Kombination ich gerade arbeitete, an einem bestimmten Punkt tauchte sie auf – die Kluft.

Die Kluft ist der Abgrund, der das Vertrauen eines Menschen erschüttert und das Pferd unverstanden und verlassen auf der anderen Seite zurücklässt. Die Kluft ist das merkwürdige Gefühl, das im Hintergrund der Seele ehrlicher Menschen lauert, das Eingeständnis, dass man nicht ganz genau weiß, was ein bestimmtes Pferd gerade denkt. Vielleicht hat man mit neunzig Prozent der Pferde, mit denen man arbeitet, Erfolg – die restlichen zehn Prozent repräsentieren die Kluft. Es kann aber auch sein, dass Sie ein frischgebackener Pferdebesitzer sind und die Kluft von Sonnenaufgang bis Sonnenuntergang in Ihren Gedanken lauert.

Trotz meines Erfolgs und meiner Fähigkeit, von meiner Arbeit mit Pferden und Menschen zu leben, nagte die Kluft auch an mir.

## Partnerschaft

Ich hatte einigen meiner Pferde nicht nur beigebracht, von selbst zur Aufstiegshilfe zu gehen, sie machten sich auch kleiner, um mir beim Aufsitzen zu helfen. Trotzdem stellte ich mir immer die unterschwellige Frage, ob ein Pferd dies auch freiwillig anbieten würde, wenn es die Wahl hätte.

Das derzeitige Modewort der Pferdewelt war „Partnerschaft". Zuerst war ich wie alle anderen auch begeistert von der Idee, eine Partnerschaft mit meinem Pferd haben zu können. Das Wort beinhaltet, dass man eine Verbindung eingeht, die durchaus kameradschaftlich sein kann. Doch nachdem ich mich einige Jahre mit dem Begriff „Partnerschaft mit dem Pferd" beschäftigt und gesehen hatte, was in der Geschäftswelt alles als Partnerschaft durchgeht, bekam ich leise Zweifel. Man kann Geschäftspartnerschaften haben, ja auch persönliche oder sportliche Partnerschaften, und man braucht seine jeweiligen Partner dabei überhaupt nicht zu mögen. Eine Partnerschaft unterstellt zwar eine Verbindung, hält aber nicht unbedingt, was sie verspricht.

Wonach suchte ich also? Was auch immer es war, mir war klar, dass auch meine Schüler und Kunden danach Ausschau hielten.

## Wonach suchen wir?

Am Ende trieb die Kluft mich an, wie ein juckender Mückenstich, an den ich nicht herankam. Ich nahm mir frei, um zu lernen. Ehrlich gesagt saß ich zuerst nur herum, starrte vor mich hin und versuchte, meine vorgefassten Meinungen loszuwerden.

Ich liebe es, zu lernen, und deswegen liebe ich es auch, zu unterrichten. Natürlich hatte ich bereits jede Menge über klassische und moderne Theorien zur Körpersprache von Pferden gelesen, viel über das Wesen der Pferde und ihre Ausbildung gelernt. Allerdings bewegten sich die gängigen Informationen meinem Empfinden nach häufig zwischen zwei Extremen: Entweder ging man davon aus, dass Pferde von Grund auf faule Rüpel sind, die man dazu bringen muss, zu arbeiten, oder aber davon, dass Pferde so empfindsam sind, dass man sie nicht einmal reiten sollte.

Ich wollte einen Schritt weiter gehen, eine Schicht tiefer kommen. An dem Tag, an dem sich alles für mich veränderte, saß ich lesend auf der Weide und mein Pferd nahm mir das Buch, das von Pferden handelte, aus der Hand und sah mir tief in die Augen. Da ging mir plötzlich ein Licht auf. Ich musste die Pferde fragen, wie man „Pferdisch" spricht – und nicht die Menschen!

Langsam dämmerte es mir. In meiner eigenen kleinen Herde mit Pferden unterschiedlichen Alters, Geschlechts, Hintergrunds beobachtete ich eine bestimmte Bewegung zu einem speziellen Zeitpunkt immer und immer wieder. Muster bildeten sich, und als ich begann, diese Muster zu erfassen, tauchten neue, noch differenziertere auf. Ich wollte wissen, wie Pferde ein Gespräch miteinander beginnen und auch, wie sie dieses Gespräch beenden. Ich wollte verstehen, was ihnen dabei wichtig war. Was sie suchten war ja das, worüber sie miteinander sprachen. Also, wonach suchten sie alle?

In vielen Gesprächen, die Pferde miteinander führen, geht es um ihre Grundbedürfnisse, also um Sicherheit, Futter, Wasser, Schutz und um die Rangordnung. Schnell wurde mir klar, dass sie eine äußerst komplexe Körpersprache besitzen, die es ihnen ermöglicht, sehr viel Bedeutung in ein einziges Zucken ihres Ohres zu legen. Mein Ziel war es, herauszufinden, was es mit diesen Bewegungen im Einzelnen auf sich hatte. Und schließlich wollte ich auch die hierarchischen Muster der Pferde verstehen, und zwar nicht nur im Sinne von „dominant" und „unterwürfig", wie sie von Verhaltensforschern und Ausbildern seit Jahren verbreitet werden, sondern die tatsächlichen, kleinsten Bewegungen im täglichen Herdenleben.

Ich erkannte, dass Pferde pausenlos kommunizieren und nicht nur gedankenlos Gras fressen. Jede einzelne Bewegung ist eine Art Kommentar. Ja, ein Pferd schlug mit dem Schweif nach einer Fliege. Aber auf welche Art schlug es danach? War es übertrieben, nachdrücklich oder rhythmisch? Vielleicht hat es nur mit sich selbst über diese Fliege gesprochen, vielleicht hat es aber auch zu jemandem in der Nähe so etwas gesagt wie: „Mann, echt doofe Fliegen hier drüben"?

Es ist entscheidend, dass Pferde um Gesellschaft und um Raum bitten können. Sie können sich entschuldigen, wenn sie übellaunig waren. Sie können einem unerzogenen Jungpferd eine Grenze setzen und ein altes Pferd sanft führen. Wir können es erkennen, wenn diese Interaktionen ablaufen. Aber meistens schaffen wir es nicht, exakt festzustellen, wann und warum genau und im Einzelnen welche Bewegung in einem Gespräch zwischen mehreren Pferden geschieht.

## Zur Mutter des Pferdes werden

Ich habe herausgefunden, dass „Mentoren" in einer Herde die verwundeten Seelen heilen oder die Jungpferde unterrichten können. Die ersten und wahren Lehrerinnen sind aber die Mutterstuten. Alle anderen Rollen in der Herde ergeben sich aus den Lektionen, die die Pferdemutter gelehrt hat. Wenn wir die Mutterstute imitieren, gewinnen wir das Vertrauen, das Verständnis und den Respekt eines Pferdes, verbessern unser Verhältnis und vertiefen unsere Bindung.

Die besten Mentorenpferde sind unglaublich fürsorglich, ruhig und verlässlich. Die besten Leitpferde stellen sicher, dass alle Pferde in der Herde gut versorgt sind und die Pferde wissen, dass das Leitpferd sie von hinten beschützt. Der „Wächter" beobachtet ununterbrochen die Umgebung. Der „Rabauke" hält alle in Bewegung. Der „Clown" sorgt für gute Stimmung und der „Angsthase" hält alle wach. Doch die Mutter war die allererste Führerin und ihre Art, Gespräche zu führen, sollte man nachahmen, wenn man möchte, dass ein Pferd respektvoll ist und gleichzeitig eine tiefe Verbindung zu uns hat, sich wohlfühlt.

In diesem Buch stelle ich bisherige Vorstellungen über den Begriff der Führungspersönlichkeit infrage. Für viele bedeutet dieser Begriff, dass man der Boss ist. Durch dieses Bild werden Menschen in einen bestimmten Gemütszustand versetzt, der zu einem dominanzbetonten Verhältnis, zur Konkurrenz mit ihrem Pferd führt. Möchte man eine wirklich erfolgreiche Leitperson für das Pferd sein, ist es nach meiner Erfahrung hilfreicher, sich als Lehrer oder Mentor zu betrachten. Die erste Mentorin oder Lehrerin eines Pferdes ist seine Mutter. Das Verhältnis zwischen Mutter und Fohlen beinhaltet eine Vielzahl an Werten, von großer Fürsorge bis zu starken und gesunden Grenzen. Da die meisten von uns eine tiefe Verbindung zu ihrem Pferd möchten, in der beide Seiten im Gleichgewicht und zufrieden sind, kann das Bild der Mutter als Leitlinie dienen, um unsere besten Seiten zum Vorschein zu bringen.

Ich kam zu diesem Schluss, als mein vormals unglücklicher, schwer erreichbarer Wallach zum Tor ging, das zu einem Waldweg über mein Land führte. Er sah sich über die Schulter nach mir um, blinzelte mit den Augen, wackelte mit den Lippen, nickte mit dem Kopf und atmete laut aus. Ich hatte nichts in der Hand, also nahm ich einfach meinen Schal ab, wickelte ihn um seinen Hals und öffnete das Tor. Er führte mich zu dem Baumstamm, den ich oft als Aufstiegshilfe nutzte, wenn ich ohne Sattel ritt, schnaubte, nickte mit dem Kopf und stellte sich daneben. Als ich aufsaß, lehnte er sich zu mir herüber, um mich zu stabilisieren. Nachdem ich mich zurecht gesetzt hatte, marschierte er zu einem Lieblingsplatz und achtete dabei darauf, mit genügend Abstand zwischen den Bäumen hindurchzugehen, damit meine Beine nirgendwo streiften. Wir folgten dem Waldweg für etwa zwanzig Minuten und legten dann eine Pause ein. Er schnaubte und schaute sich über die Schulter nach mir um und ich tat es ihm gleich und sah auch nach hinten. Er wendete sanft und ging zurück zum Weidetor. Die ganze Zeit über atmete ich tief, lauschte dem Geräusch seiner Hufe und staunte über das wunderbare Geschenk.

Die Antwort, die ich gefunden hatte, lautete: Ja, Pferde bieten aus eigenem Antrieb an, uns auf ihrem Rücken zu tragen. Alles was wir tun müssen, ist ihnen wirklich zuzuhören.

## Wie Sie dieses Buch benutzen

Dieses Buch unterscheidet sich von meinem ersten Buch „Sprachkurs Pferd – Pferdesprache lernen in 12 Schritten". Dort gebe ich Schritt-für-Schritt-Anleitungen, die erklären, wie man Gespräche mit seinem Pferd führen kann. Die dazugehörigen Fotos veranschaulichen die Rollen von Mensch und Pferd in diesen Gesprächen. Hier finden Sie dagegen eine Sammlung von Fallgeschichten, die Ihnen zeigen, auf welche Weise Pferdisch Sie weiterbringen kann und wie es in der Praxis funktioniert. Einige Namen und Details sind verändert worden, um die Privatsphäre der Betroffenen zu schützen, doch der Kern jeder Geschichte blieb unangetastet.

Ich glaube, dass Fallbeispiele eine gute Möglichkeit sind, um zu verstehen, wie Pferdisch funktioniert. Lassen Sie es mich erklären: Pferde verhalten sich stark ritualisiert und folgen bestimmten Handlungs- und Verhaltensabläufen. Als ich begann, diese Rituale genauer zu untersuchen, konnte ich beobachten, in welcher Reihenfolge ein Pferd sie einsetzte, um „Fragen zu stellen“ oder „Antworten zu geben“. Pferde können das innerhalb von Minuten bewerkstelligen, Menschen jedoch müssen alles in Einzelteile zerlegen, so dass sie die Abläufe samt ihrer Bedeutung lernen können. Diese Abläufe von Pferdisch werden benutzt und wiederholt, wann immer es etwas zwischen den Herdenmitgliedern zu verhandeln gibt.

Ich stelle mir die Pferdesprache eher als Kreismuster vor statt als Linie. In jeder der folgenden Geschichten durchlaufe ich die einzelnen Schritte dieser Abläufe, um herauszufinden, wo die Ursache liegt für den Stress, die Verwirrung oder Enttäuschung des betreffenden Pferdes.

In jeder Geschichte wird die Situation des Pferdes so geschildert, dass man sich leicht in sie hineinversetzen und die Fragen und Antworten auf das eigene Pferd übertragen kann.

Bevor ich die Geschichten erzähle, möchte ich jedoch meine Philosophie und die sieben Schlüsselaspekte von Pferdisch in den Kapiteln zwei und drei erläutern. Selbst wenn Sie mein erstes Buch kennen, ist es sinnvoll, diese Abschnitte zu lesen. Sie finden darin neue und weitergehende Ideen über Pferdisch, die ich im letzten Jahr erfahren oder über die ich nachgedacht habe. Vielleicht helfen sie Ihnen weiter oder bringen an einem Punkt den Durchbruch, an dem Sie bisher stecken geblieben sind.

Versuchen Sie die Gespräche, die ich in diesem Buch beschreibe, auf den unterschiedlichen Ebenen zu erfassen.

Die Bewegungsmechanik ist die Wissenschaft der Körpersprache. Sie stellt die eine Ebene der Gespräche dar. Ich beschreibe sie so genau, damit man als Mensch in der Gegenwart von Pferden klarer, fokussierter und ruhiger sein kann.

Die zweite Ebene ist die Kunst von Pferdisch. Sie zeigt sich, wenn ich mich durch die Schichten nach unten grabe, um sowohl den Pferden als auch den Menschen dabei zu helfen, ihr Neutral

Null zu finden. Dies ist der Zustand des Im-Moment-Seins, in dem man gleichzeitig aufmerksam und ruhig ist. Was dies für Mensch und Pferd bedeutet, erfahren Sie später ausführlicher.

In jeder Geschichte gibt es einen Aha-Moment. Das ist der Moment, in dem ich oder jemand anderes versteht, was das Pferd auszudrücken versucht und eine Idee bekommt, wie man das Problem am besten lösen kann.

Außerdem endet jede Geschichte mit etwas, das ich „Lecken und Kauen" genannt habe. Dabei handelt es sich um den Extrakt der Geschichte, den Sie in Ihrem alltäglichen Umgang mit dem Pferd nutzen können und der zu spannenden neuen Ebenen in Ihrer Verbindung und Verständigung führen wird.

Um zu verstehen, wie Pferde wirklich denken und warum sie die Muster benutzen, die sie benutzen, müssen wir zunächst einmal unsere althergebrachten Glaubenssätze hinter uns lassen. Pferdisch ist ein ehrlicher Versuch, authentisch mit Pferden umzugehen, auf eine Art und Weise, wie auch Pferde miteinander umgehen. Wir folgen den gleichen Regeln, denen sie folgen. Ich gebe zu, dass ich kein Pferd bin. Ich bin auch kein Hund, obwohl die meisten Menschen mir zustimmen würden, dass man sich mit Hunden recht gut verständigen kann. Hunde haben sich angewöhnt, sehr gut auf unsere Körpersprache und unsere sprachlichen Signale zu achten. Alles, was ich vorschlagen möchte, ist, dass wir es uns angewöhnen könnten, auf die Körpersprache und die nichtsprachlichen Signale von Pferden zu achten.

Ich habe die Hoffnung, dass die Geschichten in diesem Buch dazu führen, dass Sie Ihre alten Glaubenssätze hinter sich lassen.

KAPITEL 2

# Die Pferdisch-Philosophie

Wir beginnen Pferdisch zu lernen, wenn wir Pferde nicht nur anschauen, sondern sie wirklich sehen.

Menschen sprechen gerne über Gegenstände, geben ihnen Namen und erzählen Geschichten über sie. Pferde vergegenständlichen die Welt nicht so, wie wir es tun. Wir benennen alles. Kennen wir den Namen von etwas, verleiht uns das eine Art Kontrolle und Macht über die Welt. Betreten wir einen Raum, dann benennt unser Gehirn alles, was sich in diesem Raum befindet: die Tür, das Fenster, die Wand, den Schaukelstuhl, das Buch, die Katze und so weiter. Wissen wir, um was es sich handelt, haben wir auch keine Angst mehr davor. Stellen Sie sich vor, Sie wären von Aliens entführt worden und befänden sich in einem Raumschiff. Wie erschreckend müsste es sein, wenn Sie keines der fremden Objekte um Sie herum identifizieren könnten! Mit Hilfe unserer Vernunft vergegenständlichen und verallgemeinern wir unsere Umwelt. Wir müssen sie nicht direkt erleben und erfahren, um sie zu verstehen.

Bei Pferden verhält es sich genau andersherum. Sie leben in einem Fluss der Erfahrung. Sie sind sich dessen auch ununterbrochen bewusst und beziehen Stellung dazu. Sie funktionieren über Sinneswahrnehmung. All ihre Sinne laufen auf Hochtouren, um ihre Aufmerksamkeit gegenüber der Umwelt wach zu halten. Teilt uns ein Pferd mitten in einem Gespräch seine Beunruhigung in Bezug auf seine Umwelt mit, so hat sich alles andere in der Warteschleife einzufinden und wir müssen uns um seine Sorgen kümmern.

Je mehr Übung wir darin haben, auf ihre Sorgen einzugehen, umso sicherer fühlen sich die Pferde in der Welt – zum Glück. Dadurch kommt es beinahe nicht mehr vor, dass ein Pferd scheut, und falls doch, so sortiert es sich zusammen mit uns wieder neu, statt dass es versucht, zu fliehen.

---

*„Ohne Spekulation gibt es keine neue Beobachtung."*

CHARLES DARWIN, 1857

---

## Beobachten lernen

Oft sehen wir ein Pferd an und analysieren sofort seine Eigenschaften oder sein Verhalten. Doch uns muss klar werden, dass wir nicht so präsent, ehrlich und ruhig sein können, wie unser Pferd uns braucht, wenn wir uns auf seine Charaktereigenschaften fixieren.

Schon häufig habe ich Pferdebesitzerinnen gebeten, in Gegenwart ihres Pferdes nicht über das Pferd zu sprechen. Wenn sie mir eine Geschichte über sein Verhalten erzählen möchten, schlage ich vor, das außerhalb des Stalles zu tun. Ich habe unzählige Male gesehen, wie Pferde ihre Ohren anlegten, sich aufspielten oder herumhampelten, wenn ihr Mensch aufgewühlt von ihrem Hintergrund berichtete. Pferde sind Meister darin, Veränderungen in der Körpersprache wahrzunehmen. Das gilt auch für die beinahe unsichtbaren Veränderungen in unserem Körper, wenn wir emotional werden. Wir müssen uns bemühen, die Mikrobewegungen von Pferden zu beobachten. Viele Leute finden es schwierig, ihre inneren Dialoge zu beenden und einfach in der Gegenwart zu sein, um wahrzunehmen, was wirklich um sie herum passiert – ohne dieses zu interpretieren. Es braucht ein wenig Übung, wertfrei zu beobachten, ohne einen kleinen Kommentator im Hinterkopf, der Notizen macht, alles mit allem vergleicht und ständig nach den Ursachen fragt. Es ist eine gute Sache sich Notizen zu machen und im Gesamtzusammenhang nach Ursachen zu suchen. Unser Ziel ist es aber, es nicht zu tun, denn wir wollen lernen, zu beobachten.

### *Entdeckerdrang*

Sobald ein Kind sprechen lernt, lernt es auch, was „Fass das nicht an" bedeutet. Pferde wollen trotzdem alles anfassen. Wenn wir ihnen nicht ein wenig Raum zugestehen, in dem sie auf Entdeckungsreise gehen können, oder wenn wir keinen Weg finden, um ihnen zu sagen, dass wir der Meinung sind, ein Objekt sei ungefährlich, werden sie immer ängstlicher.

## Ist das Vermenschlichung?

Was ich zu tun versuche, widerspricht vermutlich den hergebrachten Vorstellungen über Pferde. Wissenschaftliche Methoden werden laut Wikipedia wie folgt definiert:

„Wissenschaftliche Methoden bestehen aus einer Reihe von Techniken, mit deren Hilfe man Phänomene erforscht, indem man komplexe Systeme in kleinere Teile aufspaltet. Dadurch erwirbt man neues Wissen oder korrigiert und integriert vorheriges Wissen nach neuen Kriterien...und nutzt dafür eine Forschungsmethode, um empirische und messbare Fakten zu erhalten."

Ich bin keine Wissenschaftlerin, aber ich habe Spaß an der Wissenschaft und mag ihre Logik. Meine Mutter war veterinärmedizinische Assistentin und als Kind verbrachte ich meine freie Zeit in der familiengeführten Tierklinik, wenn ich nicht gerade selbst krank war. Den Umgang mit gestressten Tieren zu erleben und von medizinischen Geräten umgeben zu sein, hat mir einen tiefen Respekt für die Wissenschaft eingeflößt. Da ich einen großen Teil meiner Kindheit in Sauerstoffzelten lag und an Infusionsflaschen hing, wusste ich instinktiv, wie man ein krankes Tier mit fürsorglichem Verständnis erreicht. Durch Unterricht und Beobachtung lernte ich sehr viel mehr als das Tätscheln eines Kätzchens. Ich fand heraus, wie man mit angespannten Tieren umgeht und die Signale erkennt, die darauf hinweisen, dass man kurz davor steht, gebissen oder gekratzt zu werden.

Ich weiß den medizinischen Fortschritt wirklich zu schätzen. Allerdings sind auch die schrecklichsten Tierversuche über Jahre hinweg im Namen der Wissenschaft verübt worden. Das hatte zur Folge, dass Tiere lediglich als eine Gruppierung von Verhalten und Reaktionen auf Reize betrachtet und daher unter dem Menschen angesiedelt wurden. Zeigte ein Wissenschaftler Mitgefühl, wenn er in diese Form der Wissenschaft einbezogen war, galt er als nicht objektiv. Man nahm an, dass er dann die Ergebnisse des Experiments verfälschte, weil er seine inneren Konflikte, Vorlieben und Gefühle auf das betreffende Objekt oder das Tier projizierte.

Auf der anderen Seite haben wir den Drang, Tiere zu vermenschlichen. Wir schreiben ihnen menschliche Eigenschaften, Gedanken und Verhaltensweisen zu, sowohl in Kinderbüchern als auch in Fernsehserien und Spielfilmen oder in den Sozialen Medien. Viele begründen das damit, dass Menschen eine Verbindung zur Natur brauchen. Die Leere, die durch das urbane und von Technik geprägte Leben entstanden ist, füllen wir aus, indem wir Fantasiebilder von Tieren erschaffen.

*»Wenn uns das Verhalten eines Tieres emotional berührt, ist das ein klarer Hinweis darauf, dass wir intuitiv eine Ähnlichkeit zwischen seinem Verhalten und menschlichem Verhalten entdeckt haben. Dies sollten wir in unserer Beschreibung nicht verheimlichen.«*

KONRAD LORENZ, HIER BIN ICH – WO BIST DU? (PIPER, 1988)

Die meisten unserer Entscheidungen beruhen auf Gefühlen. Wir können uns von unseren Pferden angegriffen oder enttäuscht fühlen, weil wir ihnen menschliche Eigenschaften zugeschrieben haben. „Er weiß, was er tun soll, er ist nur stur." „Lass ihm das nicht durchgehen, er versucht, dich für dumm zu verkaufen." „Pferde sind von Natur aus faul. Das musst du ihnen austreiben." „Er respektiert dich nicht." Und: „Er ist mein großes Baby!" „Er passt so gut auf mich auf." „Er ist so ein Schatz." Und so weiter. Dies alles sind übliche Fehlinterpretationen von Pferdeverhalten. Leider bestimmen sie zu einem großen Teil das, was wir mit unseren Pferden tun.

Fakt ist, dass wir vermenschlichen, weil sowohl Pferde als auch Menschen Säugetiere sind und beide Arten Gefühle haben. Zuneigung, Auseinandersetzungen, das Bedürfnis, sich sicher zu fühlen sind nur einige Beispiele dafür. Wenn wir aber der Reaktion eines Pferdes menschliche Gefühle zugrunde legen, führt das häufig zu Konflikten. Und die Kluft wird breiter.

Das Problem besteht nicht darin, ob sich die Gefühle eines Tieres auch im Labor bestätigen lassen, da niemand von uns in einem Labor lebt. Die Frage ist vielmehr, ob es uns gelingt, die Körpersprache von Tieren so präzise wie möglich zu erkennen und zu interpretieren, ohne ihr dabei unsere vorgefasste Meinung überzustülpen.

Pferde haben nicht nur Gefühle, sie sind gefühlsbetonte Geschöpfe. Die Art und Weise, wie sie fühlen, ist ein Grund, warum sie uns so anziehen. Pferde haben Pferdegefühle und Menschen haben Menschengefühle. Zusammen könnten wir das Beste, das uns ausmacht, miteinander teilen. Pferdisch bietet uns einen Weg, Klarheit zu finden – sowohl für unsere Beobachtungen als auch für unsere Fähigkeit, sie zu interpretieren.

---

*»Die Angst vor den Gefahren des Anthropomorphismus hat viele Ethologen dazu veranlasst, interessante Phänomene zu leugnen und es wurde offensichtlich, dass sie sich eine gewisse disziplinierte Milde leisten könnten.«*

ROBERT HINDE, ETHOLOGY, OXFORD PRESS, 1982

---

## Worauf eine gute Beziehung beruht

Die meisten Menschen forschen nicht über Pferde. Sie reiten auch nicht in der Kavallerie. Kavalleriepferde und ihre Reiter durchliefen gemeinsam ein Trainingslager und waren rund um die Uhr zusammen. Das erklärt die intensive Bindung, die Kameraden unter solchen Umständen in der Regel zueinander haben. Ich besitze einige sehr berührende Schwarz-Weiß-Fotografien aus der vorigen Jahrhundertwende, auf denen Soldaten und ihre Pferde das ausdrücken, was ich als ausgesprochen tiefe Beziehung zueinander bezeichnen würde.

Vielleicht denken Sie, dass es in manchen Reitstunden noch immer zugeht wie beim Militär... Aber es ist wirklich etwas völlig anderes, wenn Pferd und Reiter zusammenleben und -arbeiten, wenn sie aufeinander angewiesen sind und unter nicht immer einfachen Umständen den gesamten Alltag miteinander teilen.

In unserer modernen Welt tauchen die meisten bestenfalls einige Male in der Woche bei ihren Pferden auf, meistens, um sie zu reiten. Denken Sie z. B. an Polizeihunde, die bei ihren Hundeführern leben. Nur so kann die tiefe Beziehung entstehen, die nötig ist, damit der Hund in seiner Arbeit nachhaltigen Einsatz zeigt.

Wünschen wir uns, dass unsere Pferde (und wir selbst) im Umgang und beim Reiten sozusagen auf Knopfdruck funktionieren, werden wir ganz sicher enttäuscht, sofern wir unsere Beziehung nicht zuvor intensiv kultiviert und genährt haben.

Es erfordert tagtäglich Zeit und Energie, um eine solche Beziehung aufzubauen. Doch wir verlassen uns lieber auf Methoden und Systeme, die zwar Kommunikation anstreben, aber Gehorsam voraussetzen. Viele „moderne" Horsemanship-Methoden versprechen ein sicheres, williges Pferd, wenn man sie richtig anwendet. Sicherheit und ein williges Miteinander können Sie aber nur erreichen, wenn das Pferd Ihnen sein Herz geschenkt hat. Von außen betrachtet kann ein Pferd auf Gehorsam gedrillt sein, in ihm drin mag es aber ganz anders aussehen…

Ich sehe es so: Die Herausforderung beim Umgang mit unseren Pferden ist die, dass wir zwei völlig unterschiedliche Dinge wollen. Wir wollen Gehorsam und wir wollen Liebe. *Gehorche mir* und *liebe mich* sind aber ganz verschiedene Erwartungen.

Ich habe Pferde erlebt, die unglaublich loyal waren und den lieben, langen Tag für mich gearbeitet hätten. Es ist mein Ziel, auch diese Pferde zu erreichen und eine Situation zu schaffen, in der sie mit Haut und Haaren und ihrem Herzen an einem Strang mit mir ziehen – und das nicht, weil sie mir gehorchen.

Vielleicht klingt das nach Wortklauberei, aber ich habe die Erfahrung gemacht: Manchmal gelingt eine bahnbrechende Veränderung nur deswegen, weil man seine Wahrnehmung ein winziges bisschen verschoben hat.

*Es ist ein kategorischer Fehler, zu behaupten, dass Tiere nicht denken und fühlen, genau wie es ein Fehler ist, zu sagen, dass sie genau wie wir wären.*

CARL SAFINA, DIE INTELLIGENZ DER TIERE: WIE TIERE FÜHLEN UND DENKEN, BECK, 2017

## Wörter…

Ich benutze einige Schlagwörter oder Redensarten, die sicherlich anthropomorph klingen. Es gibt einen Grund dafür. Ich arbeite mit dem Kommunikationssystem von Pferden, und darin gibt es einige Gruppen von Signalen. Es ist nötig, dafür Bezeichnungen zu finden, um das Lernen zu erleichtern und um ein Gefühl dafür zu bekommen, was die Vielschichtigkeit des Systems tatsächlich bedeutet.

Beispielsweise benutze ich den Begriff „Upsie", wenn ein Pferd seinen Kopf senkt und ohne zu Fressen mit dem Maul den Boden berührt. Dieses Signal zeigt Druck, Spannung oder Intensität. Senkt ein Pferd seinen Kopf, während es auf Sie zugeht, nimmt es den Druck weg, um nicht angriffslustig zu erscheinen, so wie es das auch bei einem anderen Pferd tun würde. Gehen Sie auf Ihr Pferd zu und es senkt den Kopf und wendet ihn zur Seite, bittet es Sie vielleicht darum, etwas langsamer zu gehen oder Ihre Energie etwas herunterzufahren. Senkt es den Kopf und schnüffelt an Ihrem Schuh, ist das vielleicht eine Äußerung darüber, wie nah Sie bei ihm stehen. Möglicherweise fühlt es sich bedrängt und bittet Ihre Füße, sich ein wenig weg und nach hinten zu bewegen. Es gibt noch viel mehr Beispiele und auch viele weitere Feinheiten. Daher nenne ich diese Bewegung „Upsie", um daran zu erinnern, dass der Ausdruck eine Bitte ist, die Intensität zu verringern. Natürlich meine ich damit nicht, dass ein Pferd wirklich „Upsie" sagt oder denkt. Ehrlich gesagt habe ich es anfangs einfach „Verringern Sie die Intensität" genannt, aber das klingt so langweilig. Jede Bezeichnung, die ich in Pferdisch verwende, ist ein Schlagwort oder eine Redensart, die uns an eine bestimmte Gruppe von Signalen erinnern soll und uns zusätzlich das Gefühl vermittelt, mit dem dieses Signal angewendet wird. Es ist nicht leicht, eine visuelle Sprache (die der Pferde) in eine verbale Sprache (Sätze, die Menschen verstehen) zu übersetzen, so dass auch die mechanische und energetische Wirkung eines Signals deutlich wird. Falls Sie also Bezeichnungen verändern möchten, sind Sie herzlich eingeladen.

Das Fazit ist jedenfalls, dass ich keine Methode unterrichten möchte, die nur von einigen Verhaltensforschern an der Universität angewendet und verstanden wird, sondern eine, die *jedem* von Nutzen ist.

### *Der Nebel lichtet sich*

Meine Erfahrung mit Pferdisch ist, dass der Nebel aufklart, eine Art Erleuchtung, wenn Sie so wollen. Sobald man die Grundsätze verstanden hat, sind die Ergebnisse, die das Pferd anbietet, durchweg positiv und durchweg anhaltend.

## Das Wesen der Sprache

Was ist Sprache denn eigentlich?

Nach den Artikelschreibern von Wikibooks im Text „Einführung in die Linguistik" ist „Sprache ein System, mit dem man kommuniziert. Geschriebene Sprache setzt Symbole ein (also Buchstaben), um Wörter zu bilden. Die gesamte Reihe an Wörtern ist das Vokabular einer Sprache. Die Art und Weise, wie man Wörter so kombiniert, dass sie eine Bedeutung haben, nennt man die Syntax und Grammatik einer Sprache. Die tatsächliche Bedeutung von

Wörtern und Wortkombinationen wird durch die Semantik einer Sprache bestimmt." In Bezug auf die Kommunikation zwischen Menschen und Tieren sagen die Artikelschreiber Folgendes: „Sprachliche Systeme sind nicht spezifisch auf Menschen beschränkt. Andere Tierarten kommunizieren auf eine Vielzahl von Arten. Eine Art durch Laute. ... Ein anderes Kommunikationsmittel von Tieren ist der Geruch... Eine drittes Kommunikationsmittel sind Körperbewegungen, die zum Beispiel von Honigbienen eingesetzt werden, um ihre Nahrungsquellen mitzuteilen.«

Kommunikation kann man so definieren, dass sie sowohl Signale als auch Symbole mit einschließt. Signale sind Geräusche oder Körperbewegungen, die eine natürliche oder offensichtliche Bedeutung haben. Wenn zum Beispiel jemand weint, drückt das ein Gefühl aus, ebenso wenn jemand lacht. Eine Tierstimme kann ein Signal für Angst sein oder anzeigen, dass es etwas zu fressen gibt. Tierische Kommunikation besteht vor allem aus Signalen.

Sie wissen bereits, dass ich die Bezeichnung „Signal" in Bezug auf die pferdliche Kommunikation verwende. Ich denke, dass Pferdisch vor allem eine Form von Sprache und keine neue Form von Verhaltensforschung ist. Verhaltensforschung, wie sie im Tiertraining angewendet wird, möchte vor allem beobachtbare Reaktionen oder Antworten erzielen. Im Sinne der strengen behavioristischen Theorie kann man die inneren Abläufe des Geists oder der Gefühle sowieso nicht ermitteln. Messbar, also tragfähig ist nur, was ein Tier tut. Verhalten, das man möchte, im Gegensatz zu Verhalten, das man nicht möchte, das ist die Basis jeder Trainingsmethode. Mit genug Zwang, Konsequenz oder Belohnung können Tiere dazu gebracht werden, sich die von uns gewünschten Verhaltensmuster zu merken. B. F. Skinner beispielsweise war ein Verhaltensforscher, der operantes Konditionieren einsetzte. Dabei wurden Versuchspersonen bestimmte Belohnungen angeboten, die sich von einfach bis höchstklassig steigerten. Es gab klare Anzeichen und Marker, damit die Testpersonen durchschauen konnten, wann sie die Aufgabe erfüllt hatten. Skinner interessierte sich für Konditionierung auf der Basis von Belohnungen, die operante Konditionierung, da Belohnung und Wohlbefinden die meisten Abwehrmechanismen überwindet. Zu dieser Zeit übten technische Installationen mit beweglichen Teilen eine große Faszination aus. In unserem Alltagsleben sollte alles wie am Schnürchen laufen, Abläufe wie Zahnräder ineinandergreifen. Verhalten wurde als Reaktion betrachtet, die durch einen Reiz ausgelöst werden konnte, nicht mehr und auch nicht weniger.

Wäre diese Annahme wahr, könnte man alle Pferde nach der immer gleichen Methode ausbilden und man würde am Ende die exakt gleichen Ergebnisse bekommen. Wir alle wissen, dass dem nicht so ist.

## Entschlüsselung und Verschlüsselung

Bei Pferdisch geht es um etwas anderes. Kommunikation besteht zu etwa 80 Prozent aus Körpersprache. Ganze Wissenschaften entschlüsseln inzwischen die menschliche Mimik, Körperhaltung und Gesten. Bildsequenzen lassen Mikrobewegungen des Gesichts erkennen, die so schnell ablaufen, dass sie für das bloße Auge nicht erkennbar sind. Unser Gehirn erfasst und deutet sie trotzdem.

Die Wissenschaft der Körpersprache befasst sich mit:

1. Der Entschlüsselung oder Dekodierung, das bedeutet, mit der Fähigkeit, nonverbale Zeichen zu verarbeiten und zu verstehen.
2. Der Verschlüsselung oder Enkodierung Ihrer Botschaften, also, wie Sie sich nonverbal ausdrücken, in der Hoffnung, dass jemand Sie dekodiert.

Lernen Sie Pferdisch, besteht der erste Teil Ihrer Arbeit im Dekodieren, im zweiten Teil müssen Sie selbst enkodieren. Das dritte

Stadium ist die Synthese aus Dekodierung und Enkodierung, denn wenn beides zusammenkommt, beginnt das Gespräch zu fließen. Manche werden das innerhalb eines Tages erreichen, andere brauchen vielleicht etwas mehr Zeit. Ich habe dies in meinen pferdegestützten Lerngruppen mehrere Jahre lang unterrichtet und ausnahmslos alle Teilnehmer hatten sich nach einem Semester ein gutes Praxiswissen erarbeitet.

## Rüpelhaft

Wir beschreiben das Tun der Pferde mit Worten, die uns zusätzlich ein bestimmtes Gefühl geben. Natürlich wurde auch der Gebrauch von Wörtern untersucht, damit man verstehen kann, wie sie uns, unsere Gefühle und unsere Beziehung zur Außenwelt beeinflussen.

Das Wort „Geld“ zum Beispiel löst ein bestimmtes Gefühl aus. Bei einigen verursacht es eine sofortige Anspannung oder Verkrampfung, die mit Ärger, Frustration oder Angst einhergeht. Bei anderen verursacht es ein Gefühl des Sich-Öffnens und Wohlbehagen. Daher versuchen viele Bankberater, in Kundengesprächen andere Worte wie etwa „Fonds“ zu verwenden, weil sie ein Wort vermeiden wollen, das negative Gefühle triggern könnte.

Analysieren Sie das Verhalten Ihres Pferdes, ist es wichtig, dass Sie auf die Worte achten, mit denen Sie es beschreiben. Viel zu häufig unterstellen wir einem Pferd zum Beispiel, dass es rüpelhaft sei. Dies ist meist dann der Fall, wenn das Pferd etwas tut, das wir nicht mögen. Betrachten wir das Ganze jedoch in Zeitlupe und sehen uns nur die Tatsachen an, und zwar wirklich aus der Sicht des Pferdes, entdecken wir wahrscheinlich, dass dieses Wort nicht richtig zur Situation passt. Auch abwertende Wörter, mit denen wir unsere Pferde oder Dinge, die sie zu unserem Missfallen tun, beschreiben (wie zum Beispiel „Trottel“, „Dickkopf“, „Scheusal“ oder „Hexe“) wecken Gefühle in uns.

Gefühle sind keine Tatsachen und Tatsachen sind keine Gefühle. Fakt ist vielleicht, dass das Pferd zur Seite gesprungen ist, als Sie es satteln wollten. Ihr Gefühl dabei war vielleicht, dass das gefährlich, ungehorsam oder auch rüpelig war. Unter Umständen setzen Sie solche Worte auch in Bezug auf sich selbst ein („Ich bin eine Idiotin." „Ich bin doof."). Diese Gefühle entstehen als Reaktion auf eine Tatsache. Es sind also reaktionsbedingte, aber keine wirklichen Gefühle. Die wirklichen Gefühle, die zählen, liegen normalerweise eine Schicht darunter. Sie bekommen Angst, dann werden Sie ärgerlich, dann ordnen Sie dem Geschehnis eine Bedeutung zu (das Pferd war böse, Sie waren böse). Von da aus geht es weiter zu einem Glaubenssatz, einer Annahme über sich selbst, über andere oder über die Welt, die Sie mit den Tatsachen verwechseln. Dies könnte zum Beispiel sein, dass Ihr Pferd Sie nicht liebt oder dass Sie eine schlechte Reiterin sind.

Es gibt ein Sprichwort, dass das Pferd ein Spiegel unserer selbst sei. Ich schlage vor, es ein wenig zu verändern.

---

*»Die Art und Weise, wie wir ein Bild unseres Pferdes zeichnen, ist ein Spiegel unserer selbst.«*

SHARON WILSIE

---

Reagiert das Pferd etwas hitzig und wir bezeichnen es gleich als rüpelhaft, sagt das mehr über uns selbst aus als über das Pferd. Pferde sind Fluchttiere und die Natur hat sie aus einem bestimmten Grund mit Reaktionen wie diesen ausgestattet.Selbst wenn Sie nur ein paar Grundsätze von Pferdisch lernen und nur einige einfache Regeln im Auge behalten, die auf dem beruhen, was Pferden wirklich wichtig ist, wird es Ihnen möglich sein, Ihr Pferd vorurteilsfrei zu betrachten und Gespräche mit ihm zu führen, die Sie beide weiterbringen.

## Kunst und Wissenschaft

Wie bereits im ersten Kapitel dargelegt, ist Pferdisch sowohl eine Kunst als auch eine Wissenschaft. Wie wir unseren Körper bewegen, um zu kommunizieren, ist eine Wissenschaft. Die Kunst von Pferdisch beginnt sich dann zu entwickeln, wenn Sie es so gut sprechen, dass Sie auf Zwischentöne und Feinheiten antworten.

Damit ein Pferd unsere Körpersprache glaubwürdig findet, muss unser Inneres mit unserem Äußeren übereinstimmen. Vor Pferden ein Gefühl zu verbergen, zum Beispiel Angst, wird niemals funktionieren. Pferde sind Meister darin, zu wissen, wie es im Inneren eines Raubtieres aussieht. In diesem Fall ist das Raubtier der Mensch. Ein Pferd kann man nicht belügen. Daher ist es besser, wenn Sie sich Ihr Gefühl eingestehen und es benennen, statt es zu verbergen oder zu leugnen. Ihrem Pferd ist es egal, was für ein Gefühl Sie haben, aber es ist ihm wichtig, dass Sie ehrlich sind. Meine Schüler haben herausgefunden, dass sie sich besser fühlen, wenn sie gleich nach ihrer Ankunft am Stall den Pferden erzählen, wie ihr Tag ablief und was stressig war. Dadurch ist es möglich, ihr Inneres in Übereinstimmung mit ihrem Äußeren zu bringen und die Pferde wenden sich ihnen augenblicklich zu. Wenn wir unser Inneres und Äußeres aufeinander abstimmen, kommen wir ins Neutral Null, das ich auf Seite 35 beschrieben habe.

Leitpferd einer Gruppe ist das Pferd mit den besten Nerven, den wachesten Sinnen und dem klügsten Geist. Pferde halten nicht viel von Stress. Er zermürbt sie. Damit eine Herde gesund bleibt, müssen die Herdenmitglieder von ihrer Gefühlslage her im Neutral Null bleiben. Ich habe diesen Begriff gewählt, weil es missverstanden werden oder sogar den gegenteiligen Effekt haben könnte, wenn ich meinen Schülern sage, dass sie „ruhig bleiben“ sollen. Mit „Neutral Null“ meine ich einen Zustand innerer Ruhe, denn das ist die Art von Führung, nach der Ihr Pferd Ausschau hält.

## Führung

Ich gehe ein Risiko ein, wenn ich sage, dass „Training“ und „Führung“ in Bezug auf Pferde nicht immer das Gleiche bedeutet. Es ist eine gängige Trainingsmethode, erwünschte Verhaltensweisen zu fördern, indem man das unerwünschte Verhalten bestraft. Viele Ausbilder betonen außerdem, dass man das erwünschte Verhalten leicht machen oder auf irgendeine Art belohnen solle.

### *Im Einklang*

Es ist absolut sinnvoll, Pferde zu kontrollieren, denn sie sind große, gefühlsbetonte Tiere, die zu äußerst sportlichen Eskapaden fähig sind. Pferde können einem wirklich Angst machen. Wenn man das verleugnet oder darüber hinweggeht und so tut, als habe man alles im Griff, legt man den Grundstein für widersprüchliches Verhalten gegenüber dem Pferd. Ihr Inneres und Äußeres sind dann nicht in Übereinstimmung. Und Ihr Pferd weiß das.

---

Führung ist nicht das Gleiche wie Dominanz. Kein Tier beansprucht dogmatisch völlige Herrschaft über ein anderes Tier – kein Tier außer dem Menschen. Innerhalb einer Herde, eines Rudels oder einer Schar bilden die Individuen die Glieder einer Kette und die Stärke der Gemeinschaft ist der entscheidende Teil des Ganzen. Der wichtigste Teil ist nicht die Alpharolle, auch wenn das von vielen angenommen wird.

David Mech, der Mann, der den Begriff des Alphawolfes geprägt hat, hat diese Idee später widerrufen. Nachdem er die Wölfe genauer studiert hatte, begriff er, dass das Verhalten und die Rollen innerhalb eines Rudels sehr viel differenzierter und vielschichtiger sind.

In der Wildnis hat das stärkste männliche Tier meist das Recht, sich fortzupflanzen. Das sichert den Nachkommen gute Gene. Außerhalb der Paarungszeit sind die großen männlichen Tiere nicht notwendigerweise auch die Leittiere. Häufig werden Herden, Rudel oder Scharen auch von starken weiblichen Tieren angeführt, oder sie bestehen überhaupt nur aus weiblichen Tieren, wie es bei Elefanten üblich ist. Das Augenmerk der Gruppe liegt auf der gemeinsamen Sicherheit, der Kameradschaft und Gemeinschaft. Der Alltag der meisten Tiergruppen besteht darin, genug Futter, Schutz und Wasser zu haben und aufeinander aufzupassen.

Wildtiere wollen keine Energie mit Zankereien verschwenden. Soziale Gruppen haben eine Vielzahl von Möglichkeiten, um Ruhe und Frieden aufrechtzuerhalten und so die Gesundheit und Vitalität der Gruppe zu gewährleisten, damit Raubtiere gar nicht erst auf sie aufmerksam werden.

Im ersten Kapitel ging es darum, wie wir durch Pferdisch lernen, eine „Mutter“ zu werden. Das ist deshalb wichtig, weil sich durch das Beobachten von Mutterstute und Fohlen am besten erkennen lässt, wie Führung funktioniert. Die „Mama“ beschützt und nährt ihr Fohlen, sie ist tolerant, setzt aber auch Grenzen, lehrt Regeln und zeigt, wie man Gespräche führt.

Hauspferde leben meist in Boxen oder Ställen. Ihre Weiden und Paddocks sind von Zäunen umgeben. Jungpferde haben nur begrenzte Möglichkeiten, Erfahrungen mit der weiten Welt zu machen. Und hier kommen wir ins Spiel. Wenn ein Pferd noch nie im Gelände war, ist sein erster Ausritt vielleicht ein überwältigendes Erlebnis. Seine Mama konnte ihm ja nicht beibringen, wie man mit einem Wald umgeht, mit Steinen oder Baumstämmen.

Pferde bilden in ihrem Kopf eine Landkarte ihrer Umgebung ab. Dies gehört zu ihren Fähigkeiten, um zu überleben. Wenn eine Pferdemutter mit ihrem Baby auf eine neue Weide gebracht wird, sucht sie den Horizont ab, schnüffelt an den Zäunen entlang und umrundet das Gebiet, um herauszufinden, was sich wo befindet. Wird sie während ihrer Erkundungstour aus welchem Grund auch immer starr, so erstarrt auch ihr Fohlen und wartet ab, bis sie ihm entweder „Alles okay“ oder „Renn weg“ signalisiert.

Die Führungsrolle, die Menschen am leichtesten einnehmen und nachahmen können, ist die der Mutter. Das bedeutet aber nicht, dass man sein Pferd wie ein Baby behandeln soll. Kindische Pferde, wie das 18jährige Vollblut, das sich wie ein Jährling benimmt, beginnen im Gegenteil nachzureifen, wenn Sie sich wie eine Mutterstute verhalten. Übernehmen Sie die Führungsrolle der Mutter, erfüllen Sie das Bedürfnis des Pferdes, weiterhin dem wichtigsten Wesen seines Lebens zu folgen. So haben Sie die Möglichkeit, Grenzen, Bindungen und Entscheidungen zu beeinflussen. Sie nehmen diese mütterliche Rolle ein, um dem Pferd dabei zu helfen, neue Landkarten der Welt zu erstellen, leichter zu lernen, sich sicher zu fühlen und, besonders wichtig, zentriert und im Neutral Null zu sein. Bei der Vielzahl an Aktivitäten, die wir von unseren Pferden normalerweise erwarten, ist es gut, eine Führungsrolle anzubieten, die klar, ruhig und bestimmt ist.

## „X“ und „O“

Nehmen Sie eine „O“-Haltung ein, signalisiert das Ihrem Gehirn und Ihrem Nervensystem, dass alles klar und sicher ist. In der „O“-Haltung sind Ihre Schultern und Arme gerundet, Ihre Hände berühren sich leicht, Kopf, Kiefer und Hals sind entspannt und Ihre Lippen sind weich. Mit angespannten Lippen sehen Sie dagegen aus, als wollten Sie zubeißen. Die „O“-Haltung verschiebt Ihr Inneres in Richtung Neutral Null und bewirkt, dass Ihre Atmung sich vertieft. Sie wird allgemein als einladend empfunden, als freundlich und entspannend.

Im Unterschied hierzu sieht die „X“-Haltung so aus: Die Schulterpartie ist hochgezogen und angespannt, die Lippen sind verkniffen, die Augen starren, der Atem ist angehalten und die Beine sind stramm. Alles zusammen signalisiert dem Gehirn, besonders wachsam zu sein – das genaue Gegenteil von Neutral Null. Die „X"-Haltung erhöht den Adrenalinspiegel und bereitet uns darauf vor, zu fliehen, zu kämpfen oder zu erstarren.

In der heutigen Welt neigen wir dazu, in einer Haltung zu verharren und sind entweder etwas zu viel „X" oder zu viel „O" (also ein wenig schlaff). In unseren Körpern wohnen neben Traurigkeit und Angst auch Themen aus unserer Kindheit, Stress und vieles mehr. Vergeht zu viel Zeit, erreichen wir die dritte Stressreaktion und erstarren entweder im „X" oder im „O", je nachdem, was uns näher ist.

Wenn wir anfangen, auf unsere „X" und „O" zu achten, wird sich unser Neutral Null häufiger ganz von selbst zeigen.

## Das Neutral Null des Pferdes

Vielen Pferden ist ihr Neutral Null verloren gegangen, weil sie zu lange unter Stress standen. Pferde können dann nicht alleine ins Neutral Null zurückfinden. Wenn wir jedoch unser eigenes Neutral Null in jeder Situation zu unserem Ziel Nummer eins machen, findet auch das Pferd dorthin zurück.

Da Hauspferde normalerweise weder gegen einen Menschen kämpfen noch vor ihm flüchten können, reagieren sie häufig, indem sie erstarren und depressiv, verwirrt oder ängstlich werden. Andere Reaktionen wie Scharren, Schnappen, Herumalbern, Kopfschlagen oder sich am Menschen scheuern sind immer ein Zeichen dafür, dass ein Pferd sein Neutral Null verliert. Ein gesundes, gut ausbalanciertes Pferd hat es nicht nötig, sich auf solche Art zu entstressen.

Anstatt nun jedes kleine Problem eines Pferdes anzugehen, das Anrempeln, Scharren, In-den-Stall-Eilen etc., ist mein Ziel, dem Pferd zum Neutral Null zurück zu helfen. Ich habe die Erfahrung gemacht, dass sich die Probleme meist in Luft auflösen, wenn das

Pferd seine innere Ruhe wiedergefunden hat. Ein Pferd mit innerer Ruhe kann sich konzentrieren, lernen und seine Aufgaben partnerschaftlich erfüllen. Es wird mit uns zusammen sein wollen, weil es sich in unserer Gegenwart wohlfühlt.

Stellen Sie sich vor, Sie sind ein Schulkind und werden an die Tafel gerufen, um eine Frage zu beantworten. Der Stress, vor der Klasse zu stehen, könnte bewirken, dass Sie erstarren. Vielleicht können Sie sich nicht einmal mehr an die Frage erinnern. So dazustehen, zu schwitzen, nervös zu sein und sich jede Sekunde schlechter zu fühlen, ist nicht gerade hilfreich beim Lösen einer Aufgabe. Nun stellen Sie sich vor, dass Ihr Lehrer Sie auch noch anschreit oder lächerlich macht, weil Sie die Antwort nicht wissen.

Die meisten von uns hatten aber auch mindestens eine Lehrerin, die ruhig und verständnisvoll war. Diese Lehrerin haben Sie wahrscheinlich in guter Erinnerung, Sie denken mit Wärme an sie und sind dankbar für die Zeit, die Sie mit ihr verbracht haben. Ihre eigene innere Ruhe strahlte auf Sie ab und dadurch konnten Sie nicht nur besser lernen, sondern Sie waren auch eifriger und souveräner, wenn Sie vor der Klasse standen.

Ein ruhiges Pferd ist glücklich. Ein glückliches Pferd setzt seine „O“-Haltung ein, um sein Glück zu zeigen. Wenn Sie Ihr Pferd dabei unterstützen, glücklich zu sein, wird es versuchen, Ihnen zu gefallen und es wird Ihnen so viel zurückgeben!

---

*„Trauma ist nicht das, was mit uns geschieht, sondern das, was wir in unserem Inneren speichern, wenn es keinen mitfühlenden Zeugen gibt.“*

PETER LEVINE, PSYCHOLOGE UND AUTOR

---

## Immer schön langsam

Pferde sind keine Maschinen, keine Motorräder und auch keine Computer. Wir neigen dazu, von unseren Pferden zeitnahe Reaktionen zu erwarten, wenn wir fortgeschrittene Lektionen reiten. *Pferde denken aber langsam und reagieren schnell.* Das heißt, dass wir häufig schnelle Reaktionen bekommen, im Gegensatz zu bewussten, bedächtigen Antworten. Hat ein Pferd mit der Zeit eine Hilfe wirklich mit seinem gesamten Wesen verstanden und fürchtet sich nicht davor, die Übung auszuführen, wird es der Hilfe auch schneller folgen.

Wir haben gelernt, ein Pferd zuallererst vorwärts zu reiten, um genug Schub, Rhythmus und Gleichgewicht zu entwickeln, doch in diesem Fall lernt es vor allem durch die Routine und hat nicht die Möglichkeit, den Kern einer Übung zu erfassen. Es besteht das Risiko, dass der Fluchtreflex getriggert wird und das überwache Pferd sich auf dem Weg in den Überlebensmodus befindet.

Nehmen Sie reichlich Tempo aus allem. Verlangsamen Sie die Geschwindigkeit. Handeln Sie alles, was Sie mit Ihrem Pferd unternehmen oder ihm sagen neu aus. Wenn Sie etwas von Ihrem Pferd möchten, warten Sie auf eine bewusste Reaktion, anstatt Ihr Pferd in eine Reaktion zu drängen. Lernen Sie, Pausen zu machen.

Häufig schlage ich vor, dass der Mensch außerhalb der Box, des Paddocks oder der Weide bleibt, für längere Zeit mit dem Zeigefinger auf das Pferd zeigt und beobachtet, was passiert. Beobachten Sie ohne Absicht. Sie werden die Puzzleteile Ihrer Beobachtung zusammensetzen können, sobald das Pferd sich innerhalb von einer oder zwei Minuten auf irgendeine Art bewegt.

Wenn Sie damit fertig sind, eine Botschaft zu senden, sollten Sie die Hilfe sehr achtsam beenden. Bei einem verwirrten, drängelnden oder ängstlichen Pferd sollten Sie Ihren gesamten Körper bewegen, als würden Sie schwimmen, langsam, rhythmisch und mit einem klaren Anfang und Ende.

Denken Sie an das Sprichwort: „Eile mit Weile". Je mehr Sie es zulassen, dass sich ein Gespräch mit Ihrem Pferd in aller Ruhe entfaltet, desto wahrscheinlicher ist es, dass es zwischen Ihnen weder zu einer Kluft noch zu Missverständnissen kommt.

### *Stresspunkte entdecken*

Pferdisch kann als Diagnoseinstrument benutzt werden, um herauszufinden, wo die wirkliche Ursache für den Stress im Leben eines Pferdes liegt. Fühlt sich ein Pferd besser, verhält es sich auch besser. Seine Gesundheit verbessert sich dann ebenfalls.

## Pferde schätzen Raum

Denken Sie daran: *Grenzen im Gleichgewicht schaffen bessere Beziehungen.* Pferde müssen zunächst ihre Themen rund um den persönlichen Raum klären, danach können sie üben, näher zu kommen. Den meisten Pferden ist nicht klar, ab wann nah zu nah ist, oder wann wir wirklich Nähe wollen und wann nicht. Wenn Ihre Grundlage also zuerst einmal der persönliche Raum ist, haben Sie beide immer einen sicheren Rückzugsort.

*Pferde schätzen Raum.* Pferde schätzen Raum, mehr als Futter, Wasser, Schutz, Trost und Berührung. Wenn ein Pferd keinen Raum hat, um sich zu bewegen, kann es auch nicht flüchten. Mutter Natur hat es aber so eingerichtet, dass Pferde Meister im Flüchten sind. Wenn sich ein Pferd von uns bedrängt fühlt, wenn wir ständig in seine Blase des persönlichen Raums eindringen, wenn wir dauerhaft Druck machen, hat es keinen Raum. Tritt ein Pferd von Ihnen weg, wendet es seinen Kopf ab oder macht Ihnen auf andere Art Platz, gibt es Ihnen Raum. Pferde benutzen Raum wie Geld. Wenn ein Pferd Sie wirklich mag, gibt es Ihnen von dem ab, was es am meisten schätzt, und das ist Raum, *um da zu sein.*

Auf Pferdisch beginnt jedes Gespräch mit der achtsamen Annäherung an die Blase des persönlichen Raums des Pferdes. Wir sagen nicht einmal Hallo, ehe wir nicht eingeladen wurden, näher zu kommen. Wenn ich einem Pferd erzähle, dass mir der persönliche Raum wichtiger ist als Berührungen, scheine ich ein sichererer Freizeitpartner zu sein. Wenn ich dann auch noch die Verwirrung rund um all das beseitige, das dieses Pferd beunruhigt, lege ich den Grundstein für tiefen gegenseitigen Respekt. Ich habe es auf keinen Fall nötig, Respekt durch grobmotorische Aktionen zu erzwingen. Respekt und eine Verbindung ergeben sich gleichzeitig weil ich das wertschätze, was das Pferd wertschätzt: Sicherheit in der Welt und klare persönliche Grenzen. Pferde respektieren mich, weil ich sie respektiere.

### *Klare Grenzen*

Nehmen Sie Ihre Arme nicht einfach nach unten, weil Sie denken, das sei eine neutrale Haltung. Häufig sieht es für das Pferd nach einem „O“ aus und vielleicht fühlt es sich dann zu Ihnen eingeladen und betritt Ihren Raum. Ein Pferd, das schnell überreagiert, wird es leichter haben, wenn Sie Ihren Körper in einem „Dauer X“ halten, das nicht aggressiv wirkt, aber Ihr Pferd trotzdem permanent daran erinnert, dass Sie auf Grenzen bestehen. Pferde fühlen sich schneller sicher, wenn sie wissen, dass die Regeln nicht zwischen Grenze und Nähe hin und her wechseln, ohne dass sie verstehen, warum das so ist.

## Wie beeinflusst Pferdisch die Ausbildung?

Ausbildung, egal in welcher Form, ist für mich das, was Ihnen im Umgang mit dem Pferd Freude macht. Ob Sie gern Kutsche fahren, ausreiten, springen oder Dressur reiten, Ausbildung ist die „Arbeit“, die Sie zusammen mit Ihrem Pferd ausüben. Die meisten Leute arbeiten zusammen mit anderen Menschen, und in jedem Beruf gibt es Zeiten, in denen man sich hundertprozentig auf seine Arbeit konzentriert und andere, in denen man „am Kaffeeautomaten steht" und sich unterhält. Auch wissen wir, dass Fragen zu unserer Arbeit manchmal nur von anderen beantwortet werden können. Wir müssen also mit anderen sprechen, unsere Fragen stellen und bereit sein, die Antworten zu hören. Was Pferdisch angeht, so sollten Sie darauf vorbereitet sein, nicht nur „am Kaffeeautomaten zu stehen" und sich mit Ihrem Pferd zu unterhalten, sondern auch zu entziffern, welche arbeitsbezogenen Fragen Ihr Pferd an Sie hat – und Ihre Antworten diesbezüglich verständlich zu formulieren.

Vielleicht regt dieses Buch Sie dazu an, das, was Sie mit Ihrem Pferd machen, oder die Art und Weise, wie Sie es machen, einer Prüfung zu unterziehen. Es muss aber nicht so sein, dass es eine Alternative zu der Art von Ausbildung ist, an der Sie und Ihr Pferd Freude haben. Stattdessen kann es eine Ausbildung sein, die Ihr Reiten, Ihr Fahren oder Ihre Bodenarbeit ergänzt und Ihnen Klarheit bringt, wie Sie Ihrem Pferd dazu verhelfen können, sein volles Potenzial zu entwickeln. Darüber hinaus wird Pferdisch Sie dabei unterstützen, zu der Person zu werden, die Ihr Pferd braucht.

Ich habe Pferdisch erfolgreich in einer Vielzahl von unterschiedlichen Ausbildungssituationen angewendet. Manchmal haben die Reiter in der Arbeit mit Ihren Pferden eine völlig neue Blickrichtung eingenommen. Einmal saß ein Mann während des gesamten Kurses mit skeptischem Blick und verschränkten Armen da, aber als es ans Reiten ging, hatte er solch ein Aha-Erlebnis in Bezug auf die „X" und „O", dass er mich um Einzelunterricht bat. Sobald er Pferdisch anwendete, fiel es seinem Pferd leicht, auch die Übungen zu verstehen und auszuführen, die vorher den meisten Ärger bereitet hatten.

Spürt ein Pferd, dass Sie wirklich versuchen, es zu verstehen, ist es häufig so dankbar, dass es auf eine neue und überraschende Weise in Beziehung zu Ihnen tritt.

## Erkenne dich selbst

Pferdisch unterstützt Sie dabei, Ihr volles Potential auszuschöpfen und die bestmögliche Version Ihres Selbst zu leben. Dies gilt auch für Ihr Pferd. Dennoch vewandelt sich Ihr Pferd mit Hilfe von Pferdisch nicht wie durch Zauberhand in ein anderes Pferd. Wenn Sie einen Schäferhund möchten, sollten Sie sich keinen Pudel zulegen. Pferde sind, wer oder was sie sind. Während Sie mit Ihrem Pferd zusammenwachsen, finden Sie vielleicht auch mehr über Ihre Motivation heraus, warum Sie mit Pferden zusammen sein möchten und betrachten dieses Thema aus einem neuen Blickwinkel. Wir alle haben verborgene Träume, aber wir leben auch alle im Hier und Jetzt. Einige Träume werden wahr, andere bringen Licht in die Richtung, in die wir uns bewegen, aber sind nicht selbst das Ziel.

Ich habe viele Träume erzählt bekommen. Alle beinhalteten den Wunsch, dass sich die träumenden Personen in sich selbst und mit ihren Pferden wohl und geborgen fühlen wollten. Große Ziele machen Spaß, und das gilt auch für Träume, die wahr werden. Pferde wissen aber nichts von Ihren Zielen und Träumen, sie ahnen nicht, dass sie ihnen gerecht werden sollen. Überprüfen Sie Ihre Pläne genau und machen Sie sich bereit für einen langen und genussvollen Weg mit Ihrem Pferd, der genauso viel Freude verspricht, als würden Sie Gold gewinnen. Vielleicht *ist* dieser Weg Ihr Goldgewinn!

## Missverständnisse

Meist tauchen einige Missverständnisse auf, wenn jemand beginnt, Pferdisch zu sprechen. Wir haben etliche Ideen über Pferdeverhalten verinnerlicht, die nicht ganz zutreffen. Beim Golfspielen kann eine winzige Gewichtsverlagerung dazu führen, dass der Ball entweder genau im Loch landet oder aber weit daneben. Dasselbe gilt auch für Pferde.

Glaubenssätze sind merkwürdig. Wir können im Innern an einer Idee festhalten, obwohl sie von außen betrachtet gar nicht zu dem passt, was in der Realität geschieht. Ich möchte das näher erklären: Ich werde häufig gefragt, wie lange man Pferdisch praktizieren muss, bis das Pferd es versteht und ob es das denn überhaupt lernt. Pferdisch ist aber der Versuch, die körpersprachlichen Hilfen *von Pferden* einzusetzen, und Gefühl, Timing und Gesten so aufeinander abzustimmen, dass ein Gespräch mit dem Pferd in Gang kommt. Mit anderen Worten: Pferde sprechen bereits Pferdisch. Sie sehnen sich schon danach, im Neutral Null zu sein und einfache, klare Grenzen zu haben, die für eine einfache, klare Beziehung sorgen.

---

*Sie müssen Ihrem Pferd kein Pferdisch beibringen, sondern sich selbst!*

SHARON WILSIE

---

## Erzwungene Beziehungen und Verbindungen

Man kann eine Beziehung nicht erzwingen. Man kann nicht erreichen, dass man von jemandem gemocht oder geliebt wird oder dass jemand das macht, was man möchte, außer vielleicht, wenn man viel Geld bezahlt.

Ein Pferd dazu zu zwingen, dass es das tut, was wir wollen, führt nicht zu einer Beziehung. Man kann ein Pferd zu einer Leistung zwingen oder dazu, dass es für uns arbeitet, eine Partnerschaft ist das aber nicht. Wenn ein Pferd trotz seiner Angst über ein Hindernis springt, weil es mit einem Gertenhieb dazu getrieben wird, und hinterher gelobt oder gestreichelt wird oder einen Apfel bekommt, ist das ein Widerspruch. Es ist, als ob man sagen würde, „Ich befehle dir, mir zu gehorchen und nun befehle ich dir, mich zu lieben“.

Ich behaupte nicht, dass es Pferden keinen Spaß macht, zu arbeiten, oder dass sie nicht stolz sind auf das, was sie tun. Das sind sie nämlich, wenn ihre Arbeit ihnen auf die richtige Art vermittelt wird. Gehen wir aber auf ein Pferd mit einer widersprüchlichen Botschaft zu und möchten auf der einen Seite eine liebevolle Beziehung zu ihm, eine Partnerschaft voller Zuneigung, und auf der anderen Seite wollen wir, dass das Pferd den Wert unseres Egos erhöht und unser Selbstbild aufpoliert, indem es für uns Medaillen gewinnt, dann haben *wir* noch *nichts* für unser Pferd getan.

Ich möchte, dass jeder weiß, wie es sich anfühlt, wenn sich ein Pferd von selbst eifrig an die Aufstiegshilfe stellt. Ich habe mit Therapiepferden, Schulpferden, Wanderreitpferden oder Turnierpferden gearbeitet und sie dabei unterstützt, gern mit ihren Besitzern zusammen zu sein. Ich habe in beinahe jeder Situation beobachtet, wie diese Pferde anfingen, ihre Arbeit zu genießen, sobald sie ihre Besitzer als Ursprung ihrer Sicherheit, Beziehung und Bindung betrachteten. Und wenn sie am Ende doch keine Beziehung zu ihrer Arbeit aufbauen konnten, fanden wir eben eine andere Arbeit für sie, die besser zu ihnen passte.

Man kann erreichen, dass ein Pferd stolz auf seine Arbeit ist, indem man diese Arbeit in kleine, klare, erreichbare Ziele unterteilt, die man zusammen mit dem Pferd feiert. Nehmen Sie sich zwei Extraminuten Zeit, und fragen Sie Ihr Pferd, wann es bereit ist, den Stall zu verlassen. Ohne Hektik! Beobachten Sie das Pferd, das vor Ihnen steht, ebenso ehrlich wie den Traum in Ihrem Hinterkopf, den Sie verwirklichen wollen.

Ich habe schon so oft gesehen, dass ein Pferdetrainer ein Pferd zwang, seine Runden zu laufen, bis es in Schweiß gebadet war. Aber weil es ihm gelang, das Pferd zu verladen, obwohl es Angst hatte, oder es über ein mächtiges Hindernis springen zu lassen, waren seine Zuschauer so überwältigt, dass sie ganz vergaßen, sich zu fragen, ob das auch in Ordnung ist. Vielleicht liefert dieser Trainer eine gute Show ab, aber es ist nicht in Ordnung, ein Pferd, in welcher Form auch immer, zu etwas zu zwingen.

Manchmal werde ich gefragt, wie man sein Pferd dann überhaupt dazu bekommt, etwas zu tun, wenn man nur abwartet. Das Pferd sattelt sich schließlich nicht selbst.

Stellen Sie sich vor, dass eine Freundin sie fragt, ob sie mittags in ein neues Bistro zum Lunch mitgehen. Sie haben eigentlich eine Menge zu tun. Ihre Freundin weiß, dass Sie sich nicht wirklich für Bistros begeistern können, daher lädt sie Sie ein, um Ihnen die Entscheidung etwas zu erleichtern. Also gehen Sie und es ist wirklich nett und am Ende sind Sie froh, dass Sie sich aufraffen konnten, obwohl Sie viel zu tun hatten. Ihre eigenen Projekte waren Ihnen weniger wichtiger als das Zusammensein mit Ihrer Freundin und Sie mochten das Bistro sogar ein wenig.

Nun stellen Sie sich die gleiche Situation vor, aber Ihre Freundin *besteht* darauf, dass Sie mitkommen. Sie kommt bei Ihnen vorbei und zwingt Sie, Ihre Schuhe anzuziehen. Sie macht Sie lächerlich, sagt, dass es kein Spaß ist, mit Ihnen zusammen zu sein, und schleift Sie zum Auto. Dann schlägt Sie vor, dass Sie sich die Rechnung teilen, bestellt aber mehr Essen als Sie. Sie haben nun die Bestätigung, dass Sie Bistros wirklich hassen und denken unablässig daran, wie gerne Sie zu Hause wären und sich um Ihre eigenen Projekte kümmern würden. Manchmal brauchen wir alle etwas Nachdruck. Die Frage ist nur, wie er aussieht.

## Rennen, um zu denken

Leider geht in der Pferdewelt der Irrglaube um, dass Pferde sich bewegen müssen, damit sie nachdenken können. Auch hier passt wieder die Golfmetapher: Eine winzige Verlagerung beim Abschlag kann den Ball ins Loch befördern oder in den Sand.

Es stimmt, dass Pferde ihren gesamten Körper einsetzen, um Gespräche zu führen. Ich bin eine Person, die oft laut ausspricht, was sie im Inneren bewegt, andere Leute sind eher still und behalten alles für sich. Dasselbe gilt für Pferde. Der Körper ist ihr Kommunikationsmittel, sie müssen ihn einsetzen, um reden zu können – und manche Pferde sind eben redseliger als andere.

Dies ist genau der Punkt, an dem die Wirklichkeit der Körpersprache von Pferden und die Missverständnisse, die ich auf den vorherigen Seiten beschrieben habe, schmerzlich aufeinanderstoßen. Blinzelt ein Pferd, dann denkt es nach. Wir wissen alle, dass die Augen ein Spiegel der Pferdeseele sind. Sie geben auch Hinweise auf den Denkprozess von Pferden. Aufgerissene, starrende Augen sind ein Ausdruck dafür, dass ein Pferd zu gestresst ist, um nachzudenken. Es ist überwachsam. Falten über den Augen zeigen Kummer, Angst oder Sorgen. Kalte, harte Augen zeigen, dass das Pferd auf Distanz gegangen ist oder sich innerlich abgekapselt hat. Harte Augen mit flach nach hinten gelegten Ohren sind ein Hinweis darauf, dass Pferde vom Kampf- oder Fluchtreflex beherrscht sind. Wenn das der Fall ist, haben Sie vielleicht nichts falsch gemacht, aber Ihr Pferd ist trotzdem innerlich nicht mehr bei Ihnen.

Ohren zeigen auch die kleinen Schwankungen in den Emotionen und Überlegungen des Pferdes an. Bei den meisten Pferden sind nach hinten gerichtete Ohren ein Zeichen für starke Konzentration, nicht für Aggression. Ein Pferd, das gerade damit beschäftigt ist, etwas wirklich zu verstehen oder sich über den Rest der Herde oder der Welt Gedanken macht, richtet die Ohren häufig nach hinten. In so einem Fall würden wir als Menschen die Stirn runzeln. Gehen die Ohren nach hinten, der Kopf nach oben und die Lippen werden zusammengepresst, dann ist das Pferd am Ende seines Lateins angekommen. Es versucht, sich zu konzentrieren, kann aber nicht mehr. Es ist frustriert. Flach zurückgelegte Ohren zeigen Ärger oder extreme Verteidigungsbereitschaft. Zur Seite gerichtete (Flügel-)Ohren sind weich und entspannt. Nach innen weisende Ohren sind irgendetwas zwischen konzentriert und entspannt. Lebhaft spielende Ohren sind genau das: lebhaft. In Kombination mit einer hohen Kopfhaltung drücken sie Eifer aus („Ich freu mich so, fangen wir an!") oder Besorgnis („Oh mein Gott!"). Lebhafte Ohren zusammen mit einer tiefen Kopfhaltung drücken einen etwas vorsichtigen Eifer aus, oder sie stellen eine sanfte, herzliche Einladung dar.

Pferde setzen auch ihre Hufe ein, um zu kommunizieren. Sie machen dabei häufig nur einen einzigen Schritt. Ein Schritt in Richtung eines Pferdes oder weg von ihm kann sehr viel bedeuten. Ein Pferd zu bitten, dass es einen einzigen Huf bewegt, dann eine Pause macht und dann wieder einen einzigen Huf bewegt, führt zu genau der ruhigen, achtsamen, konzentrierten Aufmerksamkeit, die wir uns wünschen. Genau so gehen Pferde auch miteinander um. Sie bewegen sich und kommunizieren den lieben langen Tag. Ihr ständiges Grasen, Fressen und Gehen gehört zu einer andauernden Unterhaltung, die immerzu zwischen ihnen hin- und herfließt. Wenn ein Pferd sich so auf uns konzentriert, wie es sich auf seine Herdenmitglieder konzentriert, dann wird die Arbeit mit ihm auf einmal sehr viel leichter und wir erreichen unsere Ziele sehr viel schneller.

Das Fazit ist: Wenn Pferde denken, werden sie langsamer und nicht schneller. Reagiert ein Pferd, geht das schnell wie der Blitz. Muss es dagegen nachdenken, dann braucht es Zeit. Daher sage ich meinen Schülern, dass sie eine einzelne Hilfe manchmal eine Minute lang wirken lassen sollen. Gibt man Pferden eine ganze Minute Zeit zum Nachdenken, können sie auf ruhige, konzentrierte Art reagieren, und hier beginnt die ganze Sache, sich gut anzufühlen. Sobald Pferde ein Signal wirklich verstanden haben, können sie auch schneller reagieren.

Ein Pferd zur Eile anzutreiben, verbraucht viel Adrenalin und das Pferd wird müde. Oder es wird unkonzentriert und weiß nicht mehr weiter. Ist das Pferd verwirrt oder gestresst, kann ein kleiner Trab oder Galopp mit drei schnellen Richtungswechseln wie eine Therapie sein. Das ist so, als würde sich jemand seine Sorgen ein paar Minuten lang von der Seele reden. Das nervt erst einmal nicht, aber wenn das gleiche Thema immer und immer wieder zur Sprache kommt, möchte man der Person helfen, darüber hinwegzukommen.

Wenn Sie Ihr Pferd im Round Pen, an der Longe oder in der Freiarbeit rennen lassen müssen, damit Sie ein Gespräch mit ihm beginnen oder überhaupt erst anfangen können, mit ihm zu arbeiten, dann gehen Sie und Ihr Pferd die gleiche Geschichte immer und immer wieder durch. Ihr Pferd hat keine Chance, den Ursprung seines Stresses oder seiner Verwirrung zu erkennen, und das gilt auch für Sie.

Wir brauchen unsere Pferde nicht täglich in Ordnung zu bringen. Wir müssen nur unser Neutral Null finden und das der Pferde. Dann können unsere Pferde sich wunderbar selbst in Ordnung bringen.

### Respekt

Die Geste, die am häufigsten missverstanden wird, ist jene, wenn ein Pferd seinen Kopf ruhig zur Seite wendet. Das ist das pferdliche Signal für Respekt. Denken Sie daran, dass Pferde Raum wie einen Rohstoff einsetzen. Wenn sie Ihnen Raum geben, erweisen sie Ihnen Respekt.

Diese Geste hat nichts damit zu tun, dass sie sich von Ihnen abwenden. Berührt ein Pferd achtsam Ihren Schuh oder Ihre Schulter, bittet es Sie darum, es nicht zu bedrängen. Es möchte lieber, dass Sie in der Freundschaftszone an seiner Schulter stehen, sobald Sie das „who is who“ in der Kopfregion geklärt haben.

## Das Falsche schwer machen

Es gibt noch einen weiteren populären Gedanken in der Pferdewelt, der für Verwirrung sorgt. Es ist die Idee, dass man dem Pferd das Falsche schwer und das Leichte leicht machen soll. So soll es ermutigt werden, sich für den richtigen Weg zu entscheiden.

Im Grunde ist das kein schlechtes Prinzip. Allerdings können die Maßnahmen, die man dazu ergreift, schlecht sein. Menschen wollen instinktiv immer die Kontrolle haben. Wenn wir also das Falsche schwer machen wollen, betonen wir das „Schwere". Wie kann etwas eine wirkliche Wahl sein, wenn die Alternative entsetzlich ist?

Ich habe einmal einem Ausbilder dabei zugesehen, wie er dieses Prinzip umgesetzt hat. Er wollte einem Pferd beibringen, einen Spin zu gehen und dabei sehr schnell auf der Hinterhand zu wenden. Er ritt immer engere Galoppzirkel, bis die einzige Möglichkeit, die das Pferd noch hatte, die war, nur die Vorhand zu bewegen. Es wäre unrichtig, zu behaupten, dass das Pferd irgendeine Form von Wahl treffen konnte, um das zu tun, was sein Ausbilder von ihm wollte. Es gibt keine Wahl in einer erzwungenen Handlung.

Das Gleiche habe ich in einem Springtraining beobachtet. Wenn das Pferd eine Stange riss oder sich in der Distanz verschätzte, wurde es immer wieder um das Hindernis galoppiert, ohne dass es eine Pause gab, und dann wieder auf den Sprung zu geritten. Erst, wenn es den Sprung schaffte, bekam es auch eine Pause. Und in einer Vorführung über Freiarbeit schwang eine Ausbilderin das Seil und schnalzte, um ihre Pferde immer wieder über Hindernisse galoppieren zu lassen. Erst am Ende ließ sie den Druck nach und die Pferde durften zu ihr kommen, eine Pause machen und ihr folgen. Die Wahl war also: Bleib weg, arbeite hart und schwitze oder bleib hier bei mir und habe es bequem.Wir kultivieren eine Partnerschaft, die damit anfängt, dass wir das Pferd rennen lassen. Das Pferd lernt dabei Folgendes: *„Wenn ich erscheine, sei bereit, auszuflippen, denn* *erst danach werde ich dir erlauben, ruhig bei mir zu stehen.* Diese Philosophie basiert auf der Grundannahme, dass zwei Pferde, die einander nicht kennen und die wir zusammenbringen, sich so lange jagen werden, bis sich eines unterwirft. Es ist richtig, dass es gelegentlich Streit geben kann, doch worum es dabei genau geht und was dabei abläuft, bleiben uns meist verborgen. Wir sehen nur, dass ein Pferd herumrennt und schwitzt und das andere offensichtlich „gewinnt". Ich behaupte, dass es keine Seltenheit ist, dass man ein neues Pferd in eine Herde stellt, die Pferde sich flüchtig begrüßen, sich alles beruhigt und keiner den anderen jagt. In diesem Fall gilt die Philosophie dann wohl nicht, dass man die Hufe des Pferdes bewegen muss, um Dominanz zu zeigen.

Ich würde den Gedanken gern neu formulieren.

---

*„Mache das Richtige so leicht, dass sich das Falsche schwerer anfühlt."*

SHARON WILSIE

---

So müsste er lauten. Dann nähern wir uns auch dem, was eigentlich gemeint ist. Schauen wir einem talentierten Pferdemenschen bei der Arbeit zu, sagen wir meist: „Bei ihm sieht alles so einfach aus". *Das* ist genau der Punkt. Es *ist* leicht, wenn unser Fokus darauf liegt, dass es leicht sein soll und nicht schwer. Unser Fokus bewirkt, dass aus unserem Wunsch Wirklichkeit wird.

## Sehen Sie genau hin

Wenn wir jemanden reiten oder mit Pferden arbeiten sehen, achten wir häufig nur auf die Kraft, die Schönheit oder den Ausbildungsstand des Pferdes. Wir schauen nicht genau hin. Wir registrieren nur das Besondere, nicht das Hintergründige. Nehmen Sie sich die Zeit und schauen Sie genau hin. Mit Hilfe von Pferdisch können Sie solche Vorführungen enträtseln. Was läuft im Verborgenen ab? Dominiert das Gefühl von Freude oder steht eher Stress im Mittelpunkt?

Wie sieht ein glückliches Pferd denn wirklich aus?

Ein glückliches Pferd benutzt die „O"-Haltung, um seine Zufriedenheit auszudrücken. Aufregung bedeutet nicht naturgemäß auch Freude. Aufregung kann zwar sehr ausdrucksvoll aussehen, aber man kann sehr gut gleichzeitig aufgeregt und ängstlich sein. Glück bedeutet für ein von Natur aus sensibles Lebewesen wie ein Pferd, dass das Nervensystem nicht auf Hochtouren läuft. Es bedeutet tiefe Entspannung. Wenn ich überschwängliche Freiarbeitsspiele mit meinem Pferd Dakota spiele, hat sie vielleicht Spaß daran, zu steigen, Trabtraversalen zu gehen oder einen großen Ball zu rollen. Ihr Gesicht sieht dann oft stolz aus, mit nach hinten weisenden, konzentrierten Ohren und gewölbtem, hoch getragenen Genick. Sobald das intensive Spiel vorbei ist, ist es wirklich vorbei. Ich halte meine Handfläche auf ihre Stirn und nicke mit dem Kopf. Dabei atme ich tief aus. Und schon senkt sie den Kopf und atmet ebenfalls tief aus. Wir haben unser Neutral Null nie verloren, nur weil wir ausgelassen waren. Ihre Wohlfühlzone ist es, völlig still zu stehen, zusammen mit mir tief zu atmen und vielleicht dabei meine Handfläche abzulecken.

Hat ein Pferd sein Neutral Null gefunden, ist alles, was Sie beide miteinander unternehmen oder sich zusammen erarbeiten, auch wirklich eine gemeinsame Erfahrung. Mensch und Pferd sind dann innerlich wirklich verbunden und arbeiten nicht nur äußerlich zusammen.

Und hier beginnt alles.

KAPITEL 3

# Die sieben Schlüssel

Im vorangegangenen Kapitel habe ich die Grundlage meiner Philosophie beschrieben. Nun möchte ich das praktische Vorgehen erklären, damit Sie Pferdisch selbst anwenden können.

1. Neutral Null finden
2. Sehen, was ist
3. Atembotschaften
4. Die 13 Buttons
5. Die vier „G", Rituale des Miteinanders
6. Gesunde Berührung
7. Der Kern der Freiarbeit

Diese sieben Schlüssel stellen auch einen Bezugsrahmen dar, den Sie nutzen können, wenn Sie die Fallgeschichten weiter hinten lesen. Sie sorgen für Klarheit, wenn ich beschreibe, wie Pferdisch hilft, die Probleme zwischen Menschen und Pferden zu lösen.

## Neutral Null finden

Probieren Sie Folgendes aus, um Ihr Neutral Null zu finden, den Zustand innerer Ruhe, der sowohl Ihr Ziel als auch Ihr Ausgangspunkt in jeglicher Arbeit mit Pferden ist:

1. Denken Sie an einen wunderschönen Moment.
2. Denken Sie an Ihr Lieblingslied.
3. Atmen Sie tief.
4. Massieren Sie die Muskeln rund um Ihr Auge sanft.
5. Massieren Sie Ihr Brustbein.
6. Streichen Sie an Ihren Armen nach unten, zuerst am einen, dann am anderen.
7. Beugen Sie sich nach vorn und fassen Sie einen Moment lang Ihre Fußzehen an.
8. Erzählen Sie Ihrem Pferd laut, was Sie alles stresst. Dabei sollte Ihr Pferd frei in der Box oder auf der Weide laufen. Berühren Sie es nicht, während Sie sprechen. Klopfen oder berühren Sie es erst, wenn Sie sich weniger angespannt fühlen.

Der wichtigste Grundsatz auf dem Weg zu Ihrem Neutral Null ist, dass Sie Ihrem Körper vermitteln, dass Sie in Sicherheit sind. Dann kann sich Ihr Körper entspannen. Das limbische System, das Ihr Gefühl von Anspannung oder Entspannung regelt, ist nicht für Vernunftgründe zugänglich. Unsere Welt ist so stressig, dass sich unser Organismus in einem Dauerzustand von niedrigschwelliger Wachsamkeit oder „Überwachsamkeit“ befinden kann. Dies zeigt sich an Ihrem Gesicht (massieren Sie Ihre Augenmuskulatur), an Ihrer Atmung (massieren Sie Ihr Brustbein) und an allgemein erhöhter Körperspannung (streichen Sie Ihre Arme aus). Yoga oder Tai Chi, Malen oder Tagebuchschreiben sind andere Möglichkeiten der Stressreduktion, *bevor* Sie zu Ihrem Pferd gehen.

Wenn Sie selbst Ihr Neutral Null finden, können Sie auch Ihrem Pferd helfen, sein wahres Neutral Null zu finden.

## Sehen, was ist

Wenn wir damit beginnen, Pferde zu beobachten, könnte es sein, dass wir davon überzeugt sind, dass sie nur Heu fressen oder nur herumstehen oder nur Fliegen wegjagen. Sobald Sie sich selbst sagen hören: „nur" irgendetwas, ist das ein Hinweis darauf, dass direkt vor Ihren Augen etwas passiert, ohne dass Sie es bemerken.

Es gibt etliche Möglichkeiten, um zu erkennen, was wirklich geschieht. Lernen und genießen Sie die Kunst der Beobachtung:

- Ahmen Sie die Bewegungen des Pferdes nach – machen Sie, was das Pferd macht und warten Sie ab, ob das Pferd diese Aktion wiederholt. Dies kann eine Art Spiel zwischen Ihnen und Ihrem Pferd werden.
- Versuchen Sie, in eine entspannte „O"-Haltung zu gehen und warten Sie dann drei Minuten ab, was Ihr Pferd tut. Lassen Sie Ihrem Pferd Zeit, nachzudenken.
- Zählen Sie, wie häufig Ihr Pferd eine Bewegung wiederholt.
- Stellen Sie sich selbst gute Fragen: Wie oft schaut Ihr Pferd in eine bestimmte Richtung, wie oft senkt es den Kopf, hebt ihn an usw.

Der nächste Schritt ist es, darauf zu achten, wie Sie auf Ihr Pferd zugehen. Warten Sie erst einmal außerhalb der Box oder der Weide und treten Sie mit dem Fuß an ein paar Bretter des Zauns oder der Nachbarbox. Das klingt vielleicht komisch, aber Mutterstuten sichern die Umgebung für ihre Kinder und spätere Leitpferde halten es genauso, wenn es um die Sicherheit ihrer Herde geht. Sobald Sie die Umgebung gesichert haben, gehen Sie auf Ihr Pferd zu. Achten Sie auf einen weichen, einladenden Gesichtsausdruck Ihres Pferdes. Spannt Ihr Pferd die Gesichtsmuskeln an, verlagert es sein Gewicht oder dreht es sich von Ihnen weg, als ob es fortgehen möchte, dann haben Sie den äußeren Rand seiner „Blase des persönlichen Raums" berührt. Machen Sie eine Pause und warten Sie ab, was nun geschieht. Gehen Sie vielleicht sogar rückwärts. Schaut Ihr Pferd wieder mit einem weichen Gesichtsausdruck zu Ihnen hin, oder wendet es beim Grasen sein Maul in Ihre Richtung, schaltet es auf „Grün" und Sie dürfen näher kommen.

Die meisten Menschen verwirrt anfangs die Frage, ob das Pferd seinen Raum verteidigt oder ob es in die „X"-Haltung gegangen ist. Das Verteidigen des Raums ist ein weiches, respektvolles Signal. Die „X"-Haltung bedeutet eine Ablehnung, sich mit Ihnen zu beschäftigen. Trainieren Sie Ihr Auge, den Unterschied in Ausdruck und Gefühl zwischen beidem wahrzunehmen. Der Prozess von „Annäherung und Rückzug" ist für Pferde sehr wichtig. Pferde bitten immer um die Erlaubnis, den persönlichen Raum eines anderen betreten zu dürfen. Wenn Sie auf den persönlichen Raum Ihres Pferdes achten, wird es Ihnen mehr Aufmerksamkeit schenken und am Ende seinen Raum mit Ihnen teilen wollen. Bleiben Sie geduldig und warten Sie, bis das Pferd weich zu werden scheint, bevor Sie weitergehen. Es wird dann respektvoller und entspannter in Ihrer Gegenwart sein.

Wie im vorigen Kapitel besprochen, sind die körperlichen Ausdrucksmöglichkeiten von Pferden ziemlich vielseitig. Wenn Sie sich unsicher sind, was das Gesicht Ihres Pferdes „sagt", ahmen Sie es nach. Wir haben genau wie Pferde hochgradig bewegliche Lippen und setzen diese für eine Vielzahl von Gesichtsausdrücken ein. In gewisser Weise spiegelt die Mimik von Pferden die unsere und umgekehrt. Versuchen Sie, das gleiche Gesicht zu machen wie Ihr Pferd. Sie werden sicher ein Gefühl dafür bekommen, was Ihr Pferd gerade bewegt.

Trotzdem sollten Sie diesem Gefühl nicht gleich einen Namen geben, denn sonst besteht die Gefahr, dass Sie eher Ihr eigenes Gefühl statt das des Pferdes benennen. Wir neigen dazu, zu denken, dass Pferde uns ständig eins auswischen wollen. Die Beobachtung ist Teil eins, die Interpretation Teil zwei. Wir können nicht anders, als alles um uns herum ohne Unterlass zu interpretieren. Meist gehen wir dabei etwas zu schnell vor. Bleiben Sie neugierig und offen, wenn Sie Pferdisch interpretieren. Ich benutze gerne Sätze wie „Wie interessant“ oder „Wie merkwürdig“ oder „Ich frage mich, was das sein könnte?“

Selbst wenn Sie keine Idee haben, was Ihr Pferd mit seiner Körpersprache sagen möchte, so ist die einfache Tatsache, dass Sie es beobachten und im Neutral Null sind, für Ihr Pferd ein Zeichen, dass Sie es besser kennenlernen möchten.

## Atembotschaften

Es ist für Pferde überlebenswichtig, innerlich und äußerlich so ruhig wie möglich zu bleiben, um keine Raubtiere anzuziehen. Sie setzen ihre Atmung in Form von zarten Geräuschen als Kommunikationsplattform ein. In einem Buch kann man nicht wirklich gut erklären, wie man Atembotschaften sendet. Man muss sie hören und sehen können, um sie zu verstehen. Mit meiner DVD *Sprachkurs Pferd* ist das möglich. Aber natürlich gebe ich Ihnen trotzdem einige hilfreiche Tipps:

- Wir können die sanften, schnüffelnden, „neugierigen“ Atemzüge nachahmen, als ob wir einen angenehmen Duft erschnuppern wollten. Diesen „Interessierten Atem“ setzen Pferde auch ein, wenn sie ausdrücken möchten, dass sie auf etwas oder auf Sie neugierig sind.
- Kräftige Ausatemzüge, als ob man eine Kerze auspusten will, ahmen das Geräusch nach, das Pferde machen, wenn sie einen möglichen Verfolger ankündigen. Ich nenne diesen Atem das „Wächterschnauben“ oder „den Tiger wegschnauben“.
- Das Einatmen in zwei kurzen, schnellen Phasen und ein darauf folgendes langes Ausatmen ahmt den „Zitteratem“ des Pferdes nach, der normalerweise ausdrückt, dass alles in Ordnung ist,

dass man sich besser fühlt, dass alle sich besser fühlen, oder dass man alle dazu einlädt, sich besser zu fühlen.

- Stuten mit Fohlen bei Fuß machen einen kurzen, grunzenden Schnauber, den ich „Nährenden Atem" nenne. Er ist ein Zeichen für einen weichen, beruhigenden Augenblick.
- Tiefes Atmen, das sich auf den gesamten Brustkorb auswirkt, mit dem Fokus auf der fließenden Bewegung der Rippengegend, nenne ich den „Bewussten Atem". Er ist ein Anzeichen dafür, dass alles in Ordnung ist und jegliche Spannung losgelassen werden kann.
- Weiche, schnüffelnde Ausatemzüge in das Maul oder auch auf Abstand in Richtung eines Pferdemauls (bringen Sie Ihr Gesicht nicht in die Nähe eines Pferdes, das Sie nicht kennen!) signalisieren Interesse, Freundlichkeit und eine Verbindung zueinander. Das ist der „Begrüßungsatem".
- Genau wie beim Imitieren von Gesichtsausdrücken ist es auch beim Atmen so, dass Sie Ihr Pferd nachahmen können, wenn Ihnen auffällt, dass es auf eine bestimmte Art atmet. Sie werden auf diese Weise zumindest herausfinden, welche Arten von Atem Ihr Pferd in bestimmten Situationen bevorzugt.

## Die 13 Buttons

Um Pferdisch für uns zu vereinfachen, habe ich die Schlüsselpunkte der Pferdesprache auf die 13 am häufigsten benutzten Stellen, oder „Buttons" wie ich sie nenne, reduziert. Auf dem Pferdekörper befinden sich viele Buttons und Unterbuttons, doch diese 13 Kommunikationspunkte sind sehr direkt und leicht zu finden und einzusetzen.

Die Buttons können das Pferd dazu bringen, sich auf eine bestimmte Art zu bewegen oder auf der Stelle zu stehen. Das ist wie das „Bleib" bei Hunden, auch wenn es bei Pferden eher „Bleib bei mir" bedeutet und ein Zeichen für eine bestehende Verbindung ist.

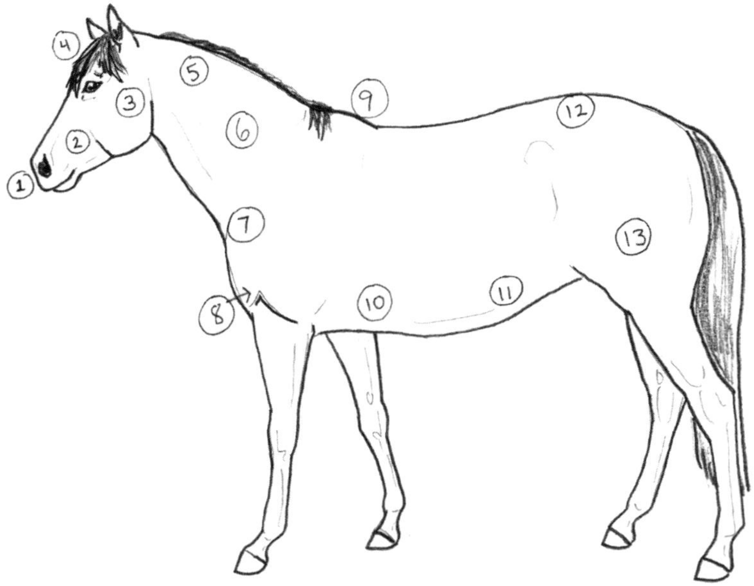


*Die 13 Buttons der Pferdesprache*

1 ***Begrüßungs-Button***
2 ***Spiel-Button***
3 ***Geh-weg-Gesichts-Button***
4 ***Freundschafts-Button***
5 ***Folge-mir-Button***
6 ***Mittelhals-Button***
7 ***Schulter-Button***
8 ***Rückwärts-Button***
9 ***Fellpflege-Button***
10 ***Gurt-Button***
11 ***Spring-auf-Button***
12 ***Hüft-Kutschier-Button***
13 ***Mach-Platz-Button***

Sie können das Pferd dazu bewegen, von Ihnen wegzugehen, mit dem aufzuhören, was es gerade tut, die Richtung zu wechseln oder rückwärts zu gehen. Sie können einen Button aber auch einsetzen, damit das Pferd zu Ihnen kommt, wenn Sie gleichzeitig eine Willkommensgeste machen.

Mit jedem Button ist eine bestimmte Bedeutung verknüpft. Es ist aber auch so, dass Pferde unterschiedlich auf ihre Buttons reagieren, je nachdem, welche Erfahrungen oder welche Geschichte sie haben. Jeder Button kann benutzt werden, um dem Pferd zu vermitteln, dass es sich nicht bewegen, weggehen oder herkommen soll. Einige Buttons sind in bestimmten Situationen aber geeigneter als andere. Mit der Zeit werden Sie ein tieferes Verständnis für die Buttons und ihre Feinheiten im Gespräch mit Pferden entwickeln. Die Buttons sind Bedeutungszentren und die Assoziationen und Schlussfolgerungen, die mit ihnen zusammenhängen, sind sehr persönlich für jedes Pferd.

In meinem Buch „Sprachkurs Pferd" und in meiner gleichnamigen DVD erkläre ich die 13 Buttons und ihre Wirkung sehr detailliert. Einige grundsätzliche Gedanken zum Einsatz der Buttons.

***Geh-weg oder Abschiedsbotschaft***: Legen Sie Ihren Zeigefinger auf den Button oder zeigen Sie auf ihn, oder halten Sie den Finger sogar nur in die Luft in Richtung des Buttons. Dies verrät dem Pferd, dass Sie möchten, dass es aktiv wird (sich bewegt). Das Geheimnis besteht darin, den Zeigefinder wirklich *lange* so zu halten und dabei weder zu wackeln noch zu winken. Wie oft haben Sie beobachtet, dass ein Pferd ein anderes weggeschickt hat, indem es nur lange genug in seine Richtung gestarrt hat? Mitunter setzen Pferde ein sachtes Kopfnicken ein, um ihren Gefühlen mehr Nachdruck zu verleihen. Je kraftvoller ein Pferd ist, desto weniger Bewegung setzt es ein, um seine Botschaft zu übermitteln.

***Komm-zurück oder Willkommensbotschaft:*** Zeigen Sie mit dem Zeigefinger erst von sich weg und dann auf sich und gehen Sie dabei einige Schritte zurück. Dabei sind Sie in der „O"-Haltung. Dies vermittelt Ihrem Pferd, dass Sie möchten, dass es auf Sie zukommt. Es sieht genauso aus, wie die „Komm-her"-Geste mit dem Finger, die wir unter Menschen benutzen würden, nur machen Sie zusätzlich noch eine Bewegung, als wollten Sie Fäden aus dem betreffenden

Button ziehen und diese in Ihrem Schoß sammeln. Diese Bewegung bewirkt, dass Ihr Pferd zu Ihnen kommen möchte. Testen Sie die Wirkung einmal mit einem Zweibeiner.

***Bleib still stehen:*** Legen Sie die Handfläche auf einen Button. Das vermittelt dem Pferd, dass es entweder stillhalten soll, solange es bei Ihnen ist, oder zu Ihnen zurückkommen soll.

***An einem Button schnuppern:*** *Das* vermittelt dem Pferd, dass Sie ihm nichts tun wollen, sondern sein Kumpel sind. Pferde beschnuppern sich gegenseitig im Halsbereich, aber auch am Bauch oder Rumpf des anderen (wo Sie vermutlich nicht unbedingt schnuppern möchten).

***Den Gurt-Button mit den Handflächen berühren:*** Dieses Signal bedeutet, dass das Pferd sich bei Ihnen einreihen soll, wie bei einer Marschkapelle, im Gleichschritt und in Reih' und Glied oder wie Kutschpferde im Zweiergespann.

Wieder sollte man beachten, dass Pferde sehr fein reagieren. Es besteht ein Unterschied zwischen dem kumpelhaften Einreihen am Schulter-Button, um eine Pause oder ein Schläfchen zumachen (siehe Seite 60), und der Aufstellung über den Gurt-Button mit der Bereitschaft zum Losgehen. Die Berührung am Gurt-Button kann als Vorbereitung zum Losgehen dienen oder als Signal, da zu bleiben, wo man sich gerade befindet. Denken Sie daran, wie Pferde zusammen „irgendwohin gehen". Freunde gehen Seite an Seite, nicht befreundete Pferde würden das nicht tun.

Bewegt sich ein Pferd achtsam und langsam an Ihnen vorbei, nenne ich das „Vorbeisegeln". Es „zeigt" Ihnen den Gurt-Button (und auch alle anderen Buttons) und sagt Ihnen, dass es bereit ist, Kontakt mit Ihnen aufzunehmen. Meist wollen Pferde zusammen irgendwohin gehen, wenn sie über diesen Button ein Gespräch beginnen. Sie können aber auch mehr Raum fordern, wenn Sie auf diesen Button deuten. Typischerweise macht das so angesprochene

Pferd dann einige Schritte nach vorne oder zur Seite. Fohlen richten sich mit dem Kopf am Gurt-Button ihrer Mütter aus, um im Gleichschritt mit ihr zu bleiben. Atembotschaften beeinflussen diesen Button stark, da er sich ziemlich in der Mitte des Brustkorbs befindet. Beim Reiten übermitteln unsere Beine und Absätze viele Informationen an diese Region. Es ist eine gute Idee, den Gurt-Button bei so vielen Gesprächen wie möglich zu erkunden, da wir ihn so häufig benutzen.

***Den Schulter-Button berühren:*** Das kann viele Bedeutungen haben. Wenn Sie bei Ihrem Pferd eine Rolle als Leittier einnehmen möchten, können Sie den Schulter-Button einsetzen (entweder zusammen mit dem Mittelhals- oder mit dem Geh-weg-Gesichts-Button). So können Sie Ihre Forderung nach mehr Raum vermitteln. Alle hierarchischen Gespräche zwischen Pferden drehen sich um den einen Grundwert des persönlichen Raums.

Der Schulter-Button drückt klar und dennoch sanft aus, dass der Raum Ihnen „gehört". Er kann aber auch eingesetzt werden, damit das Pferd sich Ihnen anschließt. Das ist nicht so ernsthaft wie das Ausrichten am Gurt-Button, bei dem es um die Notwendigkeit geht, zusammenzubleiben. Sich anzuschließen bedeutet: „Wir sind Kumpels, wir können zusammen ein Weilchen abhängen" oder „Lass uns dösen". Wenn Sie Ihre Handfläche an den Schulter-Button legen und dabei still stehen, oder auch einfach an der Schulter stehen, ohne Ihr Pferd zu berühren, vermittelt das dem Pferd, dass Sie den Raum teilen möchten.

Pferde verbringen nicht allzu viel Zeit damit, sich zu berühren. Still nebeneinander zu stehen ist daher ein wichtiger Teil ihres Soziallebens. Pferde mögen es, wenn wir dicht an ihrem Schulter-Button stehen. Stehen wir dagegen näher an ihrem Kopf, fühlt sich das aufdringlich und unangenehm für sie an. So würde es sich auch für uns anfühlen. Stellen Sie sich vor, jemand würde Ihnen zur Begrüßung die Hand schütteln und anschließend nicht wieder rückwärts aus Ihrem Raum treten. Das würden Sie sicher auch aufdringlich und unangenehm finden.

***Den Hüft-Kutschier-Button berühren:*** Berühren wir den Hüft-Kutschier-Button, schicken wir das „schwächere" Pferd vorwärts und vermitteln ihm, dass wir es von hinten beschützen. (Mit anderen Worten, der Beschützer verjagt die Kojoten, falls diese von hinten angeschlichen kommen). Pferde setzen an dieser Stelle sehr viele sanfte Berührungen ein, sie schnuppern oder rubbeln ihre Kinnpartie oder ihre Gesichter an diesem Button, oder sie benutzen ihre „X"-Haltung, um ein nervöses Pferd vorwärts zu schicken. Im Streit kann ein Pferd hier auch gebissen werden. Ein dominantes Pferd zwingt ein zaghaftes Pferd über diesen Button nach vorne. Meist ist es aber so, dass es einen fulminanten Ausbruch an Intensität gibt und danach ist es wieder vorüber.

Tipp: Wir sollten diesen Button sehr achtsam einsetzen. Ich empfehle, einzelne Schritte nach vorne oder zur Seite zu fordern, immer einen zur Zeit. Das ähnelt der freundlichen und geduldigen Korrektur durch ein Mentorpferd, das einem schüchternen Pferd vermittelt, dass es ihm den Rücken freihält und es beschützt. Setzen Sie eine Geste ein, sowohl mit dem Zeigefinger als auch mit den Handflächen nach unten, um herauszufinden, was Ihr Pferd dazu meint. *Gehen Sie immer äußerst umsichtig vor.* Klemmt das Pferd mit dem Schweif, senkt die Hinterbeine ab und hebt den Kopf an oder zeigt andere „X"-Haltungen, arbeiten Sie lediglich über einen Zaun oder die Abtrennung der Box mit diesem Button. Ihr Pferd wird trotzdem sehen, was Sie von ihm wollen. Ich habe diesen Button eines Pferdes einmal aus 15 Metern Entfernung aktiviert und das Pferd hat reagiert. Eine erste Reaktion kann zum Beispiel ein Zucken, eine Gewichtsverlagerung oder ein einzelner Schritt sein. Je weniger Sie am Anfang fordern, desto bereitwilliger, entspannter und weniger widerwillig wird Ihr Pferd sich mit der Zeit nach vorne bewegen. Denken Sie bei der Arbeit mit den Buttons daran, dass Pferde Rhythmus lieben. Rhythmus ist das Thema ihres Lebens. Auch bei Pferdisch gibt es Rhythmen.

## Die vier „G“

Die vier Hauptrituale der Pferdesprache nenne ich die vier „G“.
Sie beinhalten:

***„Greeting“– Das Begrüßungsritual***

Das ist das Stadium, in dem Sie den ersten Kontakt anbahnen. Beachten Sie die Höflichkeitsregeln, finden Sie heraus, wie es um die Rangordnung und die Verteilung der Führungsrolle bestellt ist, und legen Sie „besondere Bedürfnisse“ fest, indem Sie bestimmen, wie ihr Abstand zueinander aussieht. Eine achtsame Berührung von Maul zu Maul oder von Fingerknöcheln (des Menschen) zum Maul wird als respektvolles Kommunikationsangebot eingesetzt. Sowohl der Begrüßungs-Button als auch der Geh-weg-Gesichts-Button können während dieses Rituals zum Einsatz kommen.

***„Going somewhere“ – Irgendwohin-Gehen***

Hier geht es um die Regeln des Führenden und Folgenden und darum, nach vorne, hinten als auch zu den Seiten hin Raum zu geben. Das Pferd soll dem Führenden folgen. Dieses Ritual kann einen Augenblick dauern oder einen ganzen Tag in Anspruch nehmen. Es setzt sich aus zwei Teilen zusammen: Erst entsteht lediglich das Bewusstsein, dass es die Idee zur Bewegung gibt und dass Buttons im Spiel sind, ohne dass versucht wird, zu gehen. Dies gelingt am besten in einem Paddock, in der Box oder auf dem Reitplatz. Im zweiten Teil geht man dann wirklich zusammen los, findet heraus, wer wen bewegt und wie man zusammen wendet, anhält und wieder losgeht. Beim *Irgendwohin-Gehen* wird die Fähigkeit der Herde, sich in Übereinstimmung miteinander zu bewegen, nachgeahmt.

## *Buttons aktivieren*

Wenn man einen Button aktiviert oder hält, behält man die Hand eine Minute lang in der Luft. Pferde reagieren schnell und instinktiv, denken aber sehr langsam und bedächtig. Es kann sein, dass Sie erst eine volle Minute nach Ihrer Aufforderung eine Antwort bekommen! Das ist richtig so – stehen Sie einfach da und warten Sie ab. Pferde sind keine Maschinen oder Computer. Man kann nicht auf eine Taste drücken und innerhalb von Sekunden eine stimmige Antwort bekommen. Wenn sich ein Pferd beeilt, um Ihnen eine Antwort zu geben, hat es nicht in aller Ruhe nachgedacht. Vielleicht macht es sich am Ende sogar Sorgen, weil es Sie stattdessen aufgeregt hat.

***„Grooming" – Fellpflege***

Dies kann das Ritual sein, das am schwersten zu erreichen ist. Pferde bieten keine Ebene tiefer Verbundenheit an, wenn nicht vorher die Rituale der Begrüßung und des Irgendwohin-Gehens zufriedenstellend ausgeführt wurden. Fellpflege ist ein Angebot für sämtliche Formen von Intimität einschließlich intimer Berührung und Intimität auf Distanz. Dabei werden die „O"-Haltung und einladende und ausbalancierende Gesten eingesetzt. Ausbalancierte Pferde sind entspannt. Zuneigung, Verbundenheit und tiefe Entspannung gehören zur Fellpflege.

***„Gone" – Auf und davon***

Dies ist das Ende eines Gesprächs. Wenn ein Pferd mit dem Schweif schlägt, teilt es jemandem mit, dass dieser Moment – egal, um welchen Moment es sich handelt – nun vorüber ist.

Dies beinhaltet auch eine Version des „Nein", die so aussieht, dass das Pferd mit dem Schweif schlägt und mit dem Huf aufstampft, wenn es etwas tun soll, das es nicht tun möchte. Noch entschiedener wird das „Nein", wenn es von einem Quietschen oder einem Schlag begleitet wird.

Es ist unabdingbar, zu verstehen, wie die vier „G“ aussehen und wie man sie durchläuft, wenn man sich mit seinem Pferd unterhalten und eine Beziehung zu ihm aufbauen möchte.

## Gesunde Berührung

Der Großteil der Pferdesprache kommt zumindest anfangs ohne eine Berührung des Pferdes aus. Pferde sind keine Hunde. Sie genießen es nicht, kräftigt geklopft oder ins Gesicht gefasst und beschmust zu werden. Wie ich bereits sagte, schätzen sie Raum sehr viel mehr als Berührungen. In der Herde kommt es erst dann zu Berührungen, wenn alle wissen, dass die Umgebung sicher ist, wenn Ruhe in der Herde und alles in Ordnung ist. Weil sie aber mit Menschen zusammenleben, die es lieben, ihre beiden Hände zu benutzen, haben Pferde sich an unser Bedürfnis nach Berührung gewöhnt. Wir schätzen es, unsere Tiere zu berühren.

Pferde können eine Berührung erst dann genießen, wenn sie zur richtigen Zeit und am richtigen Ort angeboten wird und wenn wir sie auch mit positiven Gefühlen für das Pferd verbinden. In diesem Fall verstärkt die Berührung die positive Reaktion. Die falsche Art von Berührung, zu viel davon oder erzwungene Berührungen können dazu führen, dass ein Pferd sich verschließt, weil es gelernt hat, dass es nicht „Nein“ sagen darf.

Es gibt alle möglichen wunderbaren Systeme, die gesunde und respektvolle Wege aufzeigen, um ein Pferd zu berühren. Da wäre zum Beispiel die Tellington-Methode von Linda Tellington Jones, die Masterson-Methode von Jim Masterson, das Conformation Balancing von Margret Henkel, therapeutische Massage und Reiki, um nur einige Möglichkeiten zu nennen. Zusätzlich stelle ich Ihnen im Folgenden ein paar einfache Tipps und Tricks vor, die Ihnen helfen, zu verstehen, wie sich eine „gesunde“ Berührung für Pferde anfühlt.

2016 schrieb David Linden ein Buch über Berührung: *Touch – The Science of the Hand, Heart and Mind* (Penguin Books, 2016). Seine Erkenntnisse stellt er auch via YouTube vor. Er ist lustig und faszinierend zugleich. Eines hat mich aber besonders beschäftigt und ich möchte es Ihnen nicht vorenthalten: Es scheint so zu sein, dass wir innere Empfindungen eher ausschalten und unsere Gehirne darauf programmiert sind, mehr auf „Empfang" zu gehen, wenn es sich um Empfindungen außerhalb unseres Selbst handelt. Linden meint, dass wir dadurch unsere Umwelt aufmerksamer beobachten, um sicherzustellen, dass unsere Bedürfnisse erfüllt würden. Er erklärt auch, dass Berührungen sich für uns unterschiedlich anfühlen, je nachdem, ob wir uns selbst berühren oder ob ein anderer uns berührt.

Dies sorgte bei mir für ein Aha-Erlebnis, weil ich auf einmal verstand, warum es im Hinblick auf Begegnungen zwischen Pferden und Menschen so wichtig ist, zu lernen, wie sich gesunde Berührung anfühlt. Wenn wir nämlich „abgeschaltet" haben, kann es passieren, dass wir unsere Pferde völlig achtlos berühren. Wir sind empathisch nicht mit ihnen verbunden und bekommen nicht mit, ob sie unsere Berührung wirklich genießen. Wir genießen das Gefühl, sie zu berühren und daher denken wir häufig, dass es dem Pferd genauso geht.

Vielleicht tut es dem Pferd rein körperlich gut, an einer bestimmten Stelle gekratzt zu werden, doch emotional bedeutet diese Berührung keine Befriedigung. Entweder reibt das Pferd seinen Kopf genauso achtlos und unempathisch an der Person, von der es gerade berührt wird, um die Berührung zurückzugeben, oder es versucht, dem Kontakt zu entgehen und hampelt herum.

Eine gesunde Berührung sieht so aus:

– Sie sollte Rhythmus beinhalten, festen, aber nicht harten Kontakt und angemessene, nicht zu schnelle und nicht zu langsame Geschwindigkeit.

- Fangen Sie am Widerrist an. Hier beginnen Pferde auch untereinander mit dem Körperkontakt, also vermitteln Sie Ihre Absicht hier am besten.
- Streichen Sie am Freundschafts-Button oben am Pferdekopf zwischen den Augen abwärts (Seite 57), wenn Ihr Pferd das zulässt. Dies ist der am zweithäufigsten benutzte Kontaktpunkt zwischen Pferden.
- Streichen Sie sanft und liebkosend über das Pferdeauge und um das Pferdeauge herum nach unten. Die meisten Pferde verlangen nach einiger Zeit regelrecht nach dieser Berührung. Stellen Sie sich vor, dass Sie Ihre eigenen Augen nicht reiben können, wenn diese jucken, ohne sich nach vorne zu beugen und Ihr Knie oder einen Zaun zu benutzen.
- Streicheln Sie abwärts. Pferdehaare wachsen „bergab". Pferde mögen nicht gerne gegen die Fellrichtung gestreichelt werden, genau wie Katzen.
- Versuchen Sie einmal, die Kehle und die Brust Ihres Pferdes zu kratzen. Normalerweise genießen Pferde das.
- Bewegen Sie Ihre Hand in kleinen Kreisen. Wenn Pferde gegenseitige Fellpflege betreiben, machen sie dabei rhythmische Kreisbewegungen mit ihren Zähnen.
- Halten Sie Ihr Gesicht nah an den Pferdekörper und atmen Sie hörbar ein, während Sie es kratzen oder streicheln. Pferde schnuppern aneinander, wenn sie sich miteinander verbunden fühlen.
- Klopfen Sie das Pferd mit der gewölbten Hand ab. Wölben Sie Ihre Hand dabei leicht, so als ob Sie Wasser in der Handfläche transportieren wollen. Klopfen Sie rhythmisch und fest entlang der Oberlinie des Pferdes. In der klassischen, schwedischen Massage wird dies in schneller, wiederholter Folge ausgeführt.
- Halten, kratzen oder klopfen Sie die Hinterhandregion des Pferdes. Das wirkt beruhigend.

- Vermeiden Sie es, Ihre eigenen Spannungen an das Pferd weiterzugeben. Berühren Sie es nicht, wenn Sie nervös sind.
- Berühren Sie es aber auch nicht, wenn Ihr Pferd nervös ist, außer mit einer besonderen Form der Berührung, die sie beide beruhigend finden. Ist dies nicht der Fall, besteht die Gefahr, dass Sie Ihr Pferd überreizen, wenn es bereits angespannt ist.
- Atmen Sie tief und setzen Sie ein sanftes Schaukeln ein, das Sie von Ihrem eigenen Körper auf den des Pferdes übertragen. Machen Sie das häufig, um zu signalisieren, dass Sie möchten, dass Ihre Berührung die Pferdeseele entspannt.
- Wenn Ihr Pferd während Ihrer Berührung einmal zittert, so ist das ein Zeichen für innere Anspannung. Suchen Sie nach Möglichkeiten, um ihm ins Neutral Null zu helfen.
- Zeigt Ihr Pferd keine Reaktion oder Rückmeldung auf Ihre Berührung, hat es vielleicht „dicht" gemacht. Probieren Sie der Reihe nach alle Buttons aus, um herauszufinden, ob Sie dadurch einen Kontakt zu Ihrem Pferd aufnehmen können.

Die Oberlinie ist die Region, in der die meisten Pferde eine Berührung wirklich genießen. Ich habe einige ziemlich verschreckte Pferde kennengelernt, die wieder gelernt haben, Berührungen zu mögen, ja sogar nach körperlicher Zuneigung zu verlangen. Manche Pferde erscheinen aufdringlich, wenn es um Berührungen geht, sie beginnen, sich grob mit dem Kopf an uns zu reiben oder fordern es ein, gekratzt zu werden. Meist liegt das daran, dass sie sich bedrängt fühlen. Es ist, als ob sie den Stier bei den Hörnern packen, den Spieß umdrehen und sagen würden: „Na gut, wenn die Menschen immer ungefragt auf mich zukommen, kann ich das bei ihnen ja auch machen."

Pferde ähneln uns mehr, als wir denken, wenn es darum geht, wer uns wann und wie berühren darf. Manche Menschen mögen Massage, andere hassen sie. Manche sind wahre Kuschelbären und begrüßen jeden mit einer Umarmung, andere würden sich eher verstecken, als jemanden zu umarmen. Jedes Pferd ist einzigartig, und je nach Charakter liebt es Berührungen mehr oder weniger. Wir brauchen uns nicht davor zu fürchten, unsere Pferde zu berühren. Ich empfehle nur, ihnen vorher einen Atemzug zu gönnen, so dass sie auch wirklich bereit sind für so viel Vertrautheit und Nähe. Das ist für sie genauso wichtig wie für uns.

## Das Wesen der Freiarbeit

Freiarbeit ist sehr attraktiv, da sie eine tiefere Beziehung zwischen Pferd und Mensch verspricht. Das Pferd beantwortet die Wünsche des Menschen schließlich „frei". Es kann in jedem Fall sehr inspirierend sein, einen Meister der Freiarbeit dabei zu beobachten, wie er sich harmonisch mit einem Pferd oder sogar mit mehreren freien Pferden bewegt.

Leider ist die Auffassung weit verbreitet, dass sich zu Beginn der Freiarbeit das Pferd im Trab oder Galopp bewegen muss. Das stimmt aber nicht. Ich habe im Laufe der Jahre mit vielen Tierschutzpferden gearbeitet, mit denen es unmöglich war, auf diese Art zu verfahren. Sei es, weil sie verletzt oder weil sie abgemagert waren und die Nachwirkungen hungriger Zeiten ihnen zusetzten, oder sei es, weil sie misshandelt worden waren. Jedenfalls musste ich die Gespräche, die wir in Freiarbeit führen konnten, ein wenig ummodeln.

Ich fand heraus, dass es eine Form der Roundpen-Arbeit gab, mit deren Hilfe ich die Grenze der Komfortzone eines jeden Pferdes ermitteln konnte – den Punkt, an dem es sich von dem Druck, den meine Gegenwart erzeugt, wegbewegen wollte. Ich nenne diese Übung den „Umgekehrten Roundpen". Dabei bitte ich das Pferd, sich überhaupt nicht zu bewegen, während ich es umrunde. Wenn ich aufmerksam genug bin und die Grenze im Blick behalte, kann ich mich weg vom Pferd bewegen und ihm gestatten, stehen zu bleiben und zu verstehen, dass ich sowohl seinen Raum als auch seine Gefühlslage respektierte. Dies wurde am Ende zu einem äußerst hilfreichen und erfolgsversprechenden Bestandteil meiner Arbeit. Die Pferde waren in der Lage, Gespräche mit mir von sich aus zu beginnen und allmählich Vertrauen und gegenseitigen Respekt aufzubauen – einfach, weil ich mich wie eine Mutter verhielt, wie ein Leitpferd oder ein Mentor, der ausdrückte: „Du bist verletzt, bewege dich nicht."

In einem dramatischen Fall war ein Tierschutzpferd mit seinem Huf im Zaun steckengeblieben und hatte sich schwer am Fesselgelenk verletzt. Die Stute humpelte auf der Weide herum und niemand konnte sie einfangen. Ich machte den „Umgekehrten Roundpen" mit ihr, bis sie sehr ruhig wurde und mich an sich heranließ. Ich konnte sie aufhalftern und zur Behandlung zum Stall führen.

Versuchen Sie, an der Grenze des persönlichen Raums eines Pferdes entlang zu „skaten". Machen Sie sich ein Bild von dieser Grenze und bleiben Sie auf der Außenseite, während Sie eine ganze Runde um Ihr Pferd laufen. Wenn Ihr Pferd zurückweicht, sind Sie ihm zu nahe gekommen. Benutzt es seine „O"-Haltung, um Ihnen zuzusehen, selbst wenn es nur ein Ohr auf Sie richtet, dann „skaten" Sie wirklich auf der Grenze seiner Blase. Dies ist auch eine Möglichkeit, wie Sie beide mehr über ihr inneres Neutral Null erfahren und über Ihre äußere „X" und „O"-Haltung.

Das ist auch deswegen so wichtig, weil sämtliche 13 Buttons (Seite 57) unterschiedliche Kontaktpunkte besitzen. Wenn Ihre innere Energie unbeabsichtigt auf einen Button zielt, vermitteln Sie Ihrem Pferd womöglich aus Versehen etwas. Indem Sie Ihr Pferd umrunden und ein Spiel daraus machen, es *nicht* zu bewegen, ermöglichen Sie Veränderungen in Ihrer beider Wahrnehmung. Ich habe bereits angesprochen, dass Pferde häufig an uns „vorbeisegeln". Sie schlendern langsam auf uns zu, laufen einen Kreis oder einen Halbkreis und kommen zu uns zurück oder stellen sich sogar so hin, dass wir all ihre Buttons sehen können. Es ist, als ob sie sagen würden: „Hallo du, hier sind all meine Buttons. Worüber möchtest du sprechen?" So ähnlich ist es, wenn Sie mit dem Umgekehrten Roundpen arbeiten. Dann sagen Sie „Hallo du, lass mal sehen, ob ich mit all deinen Buttons sprechen kann." Und Sie gehen dabei extrem langsam, was Ihre Aussicht auf Erfolg erhöht.

Schickt man ein Pferd im Trab oder Galopp an der Longe oder im Roundpen um sich herum, sollte man kontrollieren können, auf welche Buttons man deutet, auf welche Weise man auf sie deutet und welche Intensitätsstufe passend ist. Und das alles, während das Pferd sich schnell bewegt. Es handelt sich also um eine Unterhaltung in Höchstgeschwindigkeit, in der die feinen Nuancen trotzdem eine große Rolle spielen. Steht man nicht in der richtigen Position, und sei es nur für einen Moment, glaubt man vielleicht, dass man etwas Bestimmtes gesagt hat, das Pferd hat in Wirklichkeit aber etwas völlig anderes gehört.

Für die Tierschutzpferde, mit denen ich jahrelang gearbeitet habe, war eine schlechte und unsachgemäße Technik beim Longieren oder bei der Roundpenarbeit ein Hauptärgernis. Die Rehabilitation der Tiere wurde dadurch erschwert. Ich meine damit nicht, dass diese Methoden nicht angewendet werden sollten, denn sie können in der Pferdeausbildung eine wertvolle Hilfe sein. Ich meine, dass Gefühl, Timing, Achtsamkeit, Selbstwahrnehmung und Empfindsamkeit im Hinblick auf die Erfahrungen, die das Pferd macht, weiterentwickelt werden müssen. Warum sollte man seine Fortschritte riskieren, indem man zu schnell vorgeht? Beginnen Sie langsam und bauen Sie auf Ihren Fortschritten auf. Das ist bei Pferden genauso wie im restlichen Leben. Wir beginnen nicht mit Algebra, wir fangen bei den Zahlen bis zehn an. Und Neutral Null ist eine von ihnen. Behalten Sie Ihr Neutral Null bei und unterstützen

Sie Ihr Pferd darin, selbst Neutral Null zu sein. Dann können Sie in jeder Geschwindigkeit miteinander spielen. Also, immer sachte.

Ich glaube, dass Pferdisch in der Freiarbeit ganz neue Möglichkeiten eröffnet, wie man miteinander in jeder Situation und auch über alltägliche Themen Gespräche führen kann. „Frei" bedeutet ja genau das, Freiheit und Ungezwungenheit. Wenn ein Pferd frei ist, dann muss es auch die Freiheit haben, zu entscheiden, ob es aktiv wird oder ob nicht. Schickt man ein Pferd dagegen auf Trabrunden, um ein Gespräch mit ihm zu beginnen, ist das, als würde man einem Freund sagen, dass man nur dann mit ihm reden will, wenn er mit zum Joggen kommt. Ich glaube, dass wir uns darin einig sind, dass ein ruhiges Gespräch über wichtige Themen bei einer Tasse Tee einer Unterhaltung beim Joggen vorzuziehen wäre. In einer guten Freundschaft genießt man die Gegenwart des anderen in vielen unterschiedlichen Situationen. Man geht zusammen wandern, fährt zusammen Ski, geht schwimmen, einkaufen, ins Restaurant oder man sitzt einfach so zusammen. In einer wirklichen Freundschaft gibt es verschiedene Ebenen der Gemeinsamkeit und der gemeinsamen Unternehmungen, und so sollte es auch in der Freundschaft sein, die wir mit unseren Pferden haben.

Der "Umgekehrte Roundpen" stellt für mich einen Weg dar, mein eigenes Neutral Null zu finden und das des Pferdes, mit dem ich Kontakt aufnehme. Wenn Sie die folgenden Geschichten lesen, halten Sie nach den Momenten Ausschau, in denen ich von Pausen, vom Rückwärtsgehen und davon erzähle, anders auf ein Pferd zuzugehen. Das Ziel dieser Vorgehensweise ist, dass das Pferd sich nicht von Ihnen wegbewegt. Wir gehen so oft auf unsere Pferde zu und lassen sie rennen, weil wir glauben, dass dies die einzige Möglichkeit sei, ein Gespräch mit ihnen zu beginnen. Die Wahrheit ist, dass sie schon ab dem Moment mit uns gesprochen haben, in dem wir aufgetaucht sind.

KAPITEL 4

# Meine Pferde, meine Lehrer

Mir war nicht klar, dass ich ein Pferd kaufen wollte.

Ich war auf dem Rückweg von meiner Schwester. Da die Fahrt bereits gut drei Stunden dauerte, fuhr ich von der Autobahn ab, um etwas zu essen. Dabei kam ich an einem Reiterhof vorbei, der sich „Happy Acres" nannte und ein Schild kündigte den „Tag der Offenen Tür" an – genau heute. Beim Essen ging mir das Schild nicht aus dem Kopf, und als ich zur Autobahn zurückfuhr, beschloss ich, kurz anzuhalten, auch wenn es Ende Februar war, ich ein entzündetes Kniegelenk hatte und eine Krücke benutzte.

## Merkwürdiger und merkwürdiger

Ich humpelte zum Besuchershop und erfuhr, dass auf diesem Hof nicht nur Pferde gerettet wurden, sondern dass man auch mit behinderten Kindern arbeitete. Überall liefen Reitschüler herum, lächelten umwerfend fröhlich und boten an, die Besucher herumzuführen. Ich wurde von Paul begleitet, einem vierzehnjährigen Jungen, der mit seiner Körper- und Lernbehinderung offensichtlich sehr gut klarkam. Er plapperte munter drauflos, schien glücklich zu sein und all die Pferde aus ganzem Herzen zu lieben. Er fragte, was mit meinem Knie los sei und ich erzählte ihm, dass ich im Winter auf dem Eis ausgerutscht war. Strahlend riet er mir, in Zukunft gute Stiefel zu tragen.

Dann betrat ein großer Mann die Stallgasse. Obwohl er sich scheinbar im Schneckentempo vorwärts bewegte, stand er urplötzlich direkt vor mir und ich musste an ein buddhistisches Sprichwort denken: „Wenn du es eilig hast, gehe langsam". Es stellte sich heraus, dass er der Besitzer des Hofes war. Er hieß Doug und war ein großer Freund von Appaloosas und Paints, die er Western ritt. Doug war ein freundlicher Mann, der so viele Schützlinge aufnahm, wie er konnte. Neben den Pferden gab es Hängebauchschweine, ein Emu, Ziegen und sogar einen Vierbeiner, der halb Zebra, halb Pony war und Ziny hieß. Alle Tiere strahlten eine wunderbare Ruhe aus, obwohl auf dem Hof ziemlich viel los war.

Doug erzählte mir, dass er regelmäßig in den Westen der USA fuhr und dort Jährlinge von Appaloosa- und Paint-Horse-Züchtern kaufte, die er ausbildete, um sie als Jungpferd auf Jungzüchter-Schauen (sogenannten 4H-Schauen) zu verkaufen. Einige seiner Pferde waren talentiert und in Shows erfolgreich. Als wir auf Trainingsmethoden zu sprechen kamen, schien Doug dem gegenüber, was er „New-Age-Horsemanship-Zeugs" nannte, recht aufgeschlossen zu sein. Seine geerdete Einstellung zu Pferden sagte ihm, dass es dabei einfach um einen neuen Zugang zum Pferd ging, und wenn dabei niemand verletzt wurde, stand er dem zunehmenden Interesse an Pferden durchaus positiv gegenüber.

Es machte mir Spaß, mich mit Doug zu unterhalten. Er redete nicht viel, aber was er sagte, hatte Hand und Fuß. Er hatte ein warmes Lächeln auf den Lippen und schien in Gegenwart seiner Schüler und Tiere vollkommen glücklich zu sein. Ich hatte eine Zeitlang mit dem Pferd einer Freundin gearbeitet und fragte ihn um seine Meinung, was einige der Probleme, die ich mit dem Pferd hatte, anging. Da meine Kinder allmählich älter wurden, hatte ich etwas mehr Freizeit und war gerade erst wieder in der Lage, meiner Liebe zu Pferden ein wenig Raum zu geben.

Scheinbar aus dem Nichts heraus bat Doug mich, kurz zu bleiben, wo ich war. Ich saß gemütlich auf einer Aufstiegshilfe in der Reithalle und wartete auf seine Rückkehr, während er eines seiner neuen Jungpferde holte.

## Schwester Goldhaarwunder

Wenig später spazierte er mit einer honigfarbenen Falbstute heran, einem Snowflake Appaloosa mit kleinen weißen Flecken, haselnussbraunen Augen und schwarzen Lidern, die aussahen, als trüge das Pferd Eyeliner. Ihr Fell hatte nicht nur diesen weichen Goldton, die Haut darunter war auch noch gescheckt und ihre braunen Beine hatten Zebrastreifen. Sie war umwerfend.

Doug hatte sie gesattelt und bat mich, aufzusitzen. Ich fragte ihn, ob das wirklich sein Ernst sei und erinnerte ihn daran, dass ich mit einer Krücke lief und ein verletztes Knie hatte, doch er meinte nur, ich solle ohne Steigbügel reiten und sah mich an, als sei meine Frage völlig abwegig.

Sobald ich den ziemlich großen Sattel erklommen hatte, „hörte" ich, wie das Pferd „sagte": „Also, was möchtest du?" Während all der Jahre, in denen ich geritten war, hatte ich noch nie etwas Vergleichbares erlebt. Ich wusste nicht, was ich tun sollte, und erzählte Doug, was ich gehört zu haben glaubte. Er grinste von einem Ohr zum anderen und antwortete, dass er im Gefühl gehabt habe, dass so etwas passieren würde. Er schlug vor, dass ich mit der Stute einen kleinen Ausritt machen solle. Ihr Name war Dakota.

Ich stellte mich auf ihre anmutigen Bewegungen ein und Doug erzählte mir, dass er darüber nachdachte, die Stute selbst zu behalten. Sie war ein besonderes Pferd. Obwohl sie noch so jung war, war sie sehr selbstbewusst und wacher und intelligenter als die meisten seiner anderen Pferde. Er meinte, dass er ab und zu auf ein Pferd wie dieses traf, ein Pferd, das durch alle Äußerlichkeiten direkt auf den Grund der Seele schauen konnte und einen dem eigenen Kern ein Stück näher brachte. Dakota war so ein Pferd.

Doug sagte, dass sich alle Pferde so für mich anfühlen sollten, wie Dakota es tat. Sie sollten ihre eigenen Ansichten haben, aber dennoch aufgeschlossen für meine Ideen sein. Er bat mich, mir einzuprägen, was ich fühlte, um in meiner Arbeit mit anderen Pferden auf die Suche nach genau diesem Gefühl gehen zu können.

Ich ritt Dakota nur fünf Minuten lang, doch diese fünf Minuten veränderten mein ganzes Leben.

## Träume und Wirklichkeit

Ich fuhr noch einige Male zu „Happy Acres" und besuchte Doug, um bei ihm mitzuarbeiten, obwohl ich dafür über eine Stunde Fahrt in Kauf nehmen musste. Jedes Mal verbrachte ich auch etwas Zeit mit Dakota und versuchte herauszufinden, warum sie so anders war als andere Pferde. Meine Wahrnehmung verschob sich in ihrer Nähe.

Eines Tages meinte Doug, dass er einige seiner Pferde verkaufen musste, da er 35 trächtige Stuten aus einem Round-up gerettet hatte. Er fragte, ob ich Dakota kaufen wolle. Diese Gelegenheit durfte ich mir nicht entgehen lassen. Ich kratzte das Geld zusammen und da ich keinen Stall oder Paddock am Haus besaß, beschloss ich, dass sie bei einer Freundin leben sollte, die ganz in meiner Nähe einen Stall betrieb.

Eine Woche, ehe ich Dakota zu mir holte, war der letzte Schneesturm dieses späten Winters über uns hinweggefegt. Ich bat Dougs

Helfer, Dakota hereinzuholen, da ich wegen all der eisig gefrorenen Flächen Angst um mein Knie hatte. Als er sie auf mich zu führte, stieg sie kerzengerade in die Luft und lief ein paar Schritte auf der Hinterhand. Der Helfer nahm keine Notiz davon und führte sie ungerührt weiter. Ich aber war schockiert. Mir klappte der Unterkiefer runter und ich bat ihn, sie loszumachen, damit sie etwas Dampf ablassen konnte. Er lächelte und tat, um was ich ihn gebeten hatte. Dakota gab eine akrobatische Vorführung, wie ich sie noch nie gesehen hatte.

Das konnte ja heiter werden!

Als er bemerkte, dass alle Farbe aus meinem Gesicht gewichen war, lächelte er und meinte nur: „Ach, sie ist harmlos. Sie hat nur Spaß daran, ein bisschen anzugeben."

Einige andere Einsteller des Stalles fragten mich, was ich mit Dakota vorhabe und ich erzählte ihnen, dass ich sie gerade gekauft hätte. Geradeheraus rieten sie mir, dass ich dann besser alle Schlösser doppelt sichern sollte, da Dakota als äußerst begabte Ausbrecherin bekannt war, die auch alle anderen Pferde frei ließ.

Ach herrje!

Nachdem Dakota sich gewälzt hatte und gerade aufgestanden war, tauchte Doug auf. Er kicherte. „Du willst wissen, wie ein Pferd tickt? Sie wird es dir zeigen. Mach dir keine Gedanken, sie tut keiner Fliege etwas zuleide!"

Er tippte an seinen Hut, zwinkerte mir zu und ließ mich stehen.

Hilfe!

## Gutes, Schlechtes und eine Überraschung

Dakota gewöhnte sich sehr schnell an ihr neues Leben mit mir. Meine vierzehnjährige Tochter Amber hatte eine Zeitlang Reitstunden bekommen und so bat ich sie, sich auf „Kota" zu setzen, wie wir die Stute nannten. Ich musste die „Action" vom Boden aus betrachten.

Die beiden bewegten sich zusammen, als seien sie alte Freunde. Meine Tochter lächelte und dankte mir überschwänglich, dass ich uns ein Pferd gekauft hatte. Es war ein Moment des Glücks.

Dann begann der Sattel zu rutschen.

Ich hatte keine Ahnung davon, wie man Westerngurte befestigt und mir wurde in Sekundenschnelle klar, dass ich ihn nicht fest genug gezogen hatte. Amber war darauf nicht vorbereitet und versuchte, sich an der Mähne der Stute festzuhalten. Kota schoss einige Schritte vorwärts, während der ganze Kram seitwärts rutschte und meine Tochter unsanft und mit dem Allerwertesten zuerst auf dem Boden landete.

„Aua", schrie sie. Schmerz und Scham taten ihr in diesem Moment gleich weh. Ich wusste nicht, was ich als Erstes tun sollte. Sollte ich erst zu meiner Tochter rennen oder mein Pferd einfangen, das den Sattel nun unter dem Bauch trug? Ich beschloss, zunächst Amber aus der Gefahrenzone zu retten, da ich keine Ahnung hatte, wie Kota in dieser Situation reagieren würde. Meine Tochter humpelte zur Aufstiegshilfe hinüber, um sich vorsichtig auf ihren lädierten Po zu setzen. Ich tröstete sie, so gut ich konnte, während sie mich unter Tränen anbrüllte.

In einer Krise gilt eine andere Zeitrechnung. Gerade hatte ich Amber in Sicherheit gebracht und bereitete mich darauf vor, nun Zeugin eines ausgewachsenen Rodeos zu werden, da wurde mir klar, dass Kota uns zur Aufstiegshilfe gefolgt war. Den Sattel schleppte sie verkehrt herum mit, als ob sie ihn immer am Bauch trüge statt auf dem Rücken. Ich hockte vor meiner Tochter und sah zu ihr auf. Mein Blick fiel auf ihre Ohren, die zur Seite zeigten. Ihre Augen traten hervor und sie sah wirklich beunruhigt aus. Ich hatte bereits mehrere Dutzend Unfälle mit Pferden erlebt, inklusive einem Pferd, das sich mit den Vorderbeinen in einem Sprung verfangen und sich mit mir überschlagen hatte. Ich war daran gewöhnt, dass ein Pferd in so einer Situation weglief oder sogar wegrannte. Das war nicht der Fall. Kota stand nicht nur bei Amber, als wolle sie sie beschützen, sie begann sogar, Ambers Helm abzulecken, wie eine Löwenmutter, die ihr Baby ableckt. Amber ritt, seit sie neun war und war schon viele Male vom Pferd gefallen. Wir schwiegen beide schockiert.

„Leckt sie mich gerade ab?", fragte Amber schließlich ungläubig.

Ich nickte und Amber vergaß ihren Schmerz, stand auf und umarmte Kotas Hals. Ich sprang auf, löste den Sattel und zog ihn unter ihr hervor und dann standen wir einfach nur zusammen und begannen, uns wirklich kennenzulernen.

## Ein andersfarbiges Pferd

Amber trainierte nach diesem Erlebnis eifrig, ohne Sattel zu reiten. Sie übte an den unterschiedlichsten Stellen von der geduldigen Kota ab- und wieder aufzusitzen. Kota und Amber schienen sich schwesterlich verbunden zu fühlen. Als Jungstute fiel es Kota leicht, zu Amber Kontakt aufzunehmen.

Mit mir war das anders. Dieses Pferd war so unglaublich intelligent, dass es mich häufig einfach nur sprachlos machte und mich dazu verleitete, viele der modernen Methoden der „Pferdeflüsterer" auszuprobieren, die ich von den zahlreichen Kursen mitbrachte, die ich besuchte.

Kota hatte auf der einen Seite ein sanftes, freundliches Herz. Auf der anderen Seite konnte sie zum feuerspeienden Drachen werden. Sie mochte Trailreiten und sprang alles, was nach einem Hindernis aussah. Sie stieg jedoch immer noch gerne und buckelte so anmutig auf der Stelle, dass das Leitseil nie unter Spannung kam. Sie war ein sportlich-akrobatisches Wunderkind. Mir war klar, dass wir uns vor allem darum kümmern mussten, dass sie im Kopf erwachsen wurde. Ansonsten würde sie sehr gefährlich werden können, wenn ihr etwas nicht passte.

Nur sechs Monate, nachdem ich sie gekauft hatte, verletzte sich Kota auf der Weide. Ein Stock hatte sich in ihr Bein gebohrt. Wir fanden nie heraus, wie sie das bewerkstelligt hatte. Die Tierärztin vermutete, dass sie auf der Weide herumgealbert hatte und einfach aus purem Zufall genau auf dem Stock gelandet war, wie Pferde es eben manchmal tun. Mir wurde gesagt, dass sie für drei Monate Boxenruhe halten musste, also beeilte ich mich, den Paddock hinter unserem Haus fertigzustellen und sie nach Hause zu mir zu holen.

## Engel und Teufel

Kota lebte sich gut bei uns ein. Mit ihrem bandagierten Bein konnte sie sich nicht besonders gut oder gar schnell bewegen. Wir hatten den Auftrag, sie zwei Mal täglich an der Hand im Schritt zu führen. Die restliche Zeit verbrachte sie im Offenstall. Ihre Prognose war zweifelhaft. Die Tierärztin war sich nicht sicher, ob sie lahmfrei sein würde, wenn die Wunde verheilt war.

Zweimal täglich musste ich Kotas Verband wechseln und ihr Injektionen verabreichen. Die Tierarztrechnungen stiegen ins Astronomische und die Notwendigkeit, Kotas Bedürfnissen gerecht zu werden, ließen mich an diesem Abenteuer zweifeln. Doug hatte mir gesagt, dass er Dakota in einem Notfall zurücknehmen würde und dass ich sie nicht anderswohin verkaufen solle. Nun sah es ziemlich düster aus.

Eines Morgens stand ich in der frühen Morgendämmerung auf und wollte draußen mit Kota eine Tasse Kaffee trinken und darüber nachdenken, was ich nur tun sollte. Als ich um die Hausecke bog, lichtete sich der typische Vermonter Juli-Nebel gerade und legte sich über die Baumwipfel an Kotas Paddock. Wir hatten vor ihrem Unterstand einen kleinen Auslauf abgesteckt, so dass sie ein wenig mehr Platz hatte, um sich zu bewegen. Dort stand sie, unter den Bäumen, mit einem Vorderhuf auf einem Baumstumpf, den wir im

Paddock liegen hatten. Sie stand oft so da. Wir nannten den Baumstumpf „Stolzer-Kota-Stumpf". Eine leichte Brise spielte mit ihrer Mähne und wie auf ein Zeichen hin fielen plötzlich Sonnenstrahlen durch die Bäume und den Nebel, und Kota sah aus wie auf einem Heiligenbild mit einem Lichterkranz um ihren Körper. Das Einzige, was nun noch fehlte, war wohl ein Chor mit Engelsstimmen.

„In Ordnung, ich habe es verstanden", rief ich laut. „Die Botschaft ist angekommen."

Kota sah mich an – und dann sah sie durch mich hindurch. Das hatte sie bereits vorher getan, aber in dieser wundersamen Atmosphäre hatte ich das Gefühl, mich aufzulösen und loszulassen. Ich ging zu ihr, legte meine Stirn an ihren Hals und schwor, dass ich meine Lektion lernen würde. Egal was noch auf uns zukam, ich war wieder im Spiel.

## Pures Gold

Die goldene Stute in meinem Garten zwang mich, den Dingen auf den Grund zu gehen, genau wie Doug es vorhergesagt hatte. Da die Horsemanship-Methoden, die ich gelernt hatte, darauf beruhten, dass das Pferd im Roundpen oder am Führseil läuft, mein Pferd aber höchstens ein wenig Schritt gehen durfte, musste ich neue Wege beschreiten, um mit ihr in Kontakt zu kommen. Ich besann mich auf etwas, dass ich vor langer Zeit gelernt hatte.

Als Heranwachsende hatte ich das Glück, im Unterricht das weit ausgebildete Dressurpferd meiner Reitlehrerin reiten zu dürfen. Sie war an der Spanischen Hofreitschule ausgebildet worden und glaubte, dass ich von einem solchen Pferd viel lernen konnte. Ich war ihr Schützling und profitierte von ihrer neuen Weltsicht als Pferdefrau. Ich half auch bei den Jungpferden mit und erfuhr eine Menge über das Longieren und die Arbeit an der Hand. Aber gerade, als ich als Reiterin und Ausbilderin einen Meilenstein erreicht hatte, verliebte ich mich, heiratete und gab mein „Hobby“ auf, um meine Kinder großzuziehen.

Meine Liebe zu Tieren übertrug ich auf Hunde und wurde Hundetrainerin. Weil ich gerne lernte, machte ich mein Kunstdiplom an der Abendschule. Und da ich zeit meines Lebens unter schwerem Asthma litt, interessierte ich mich außerdem für Meditation, Yoga und Reiki, um meine Selbstheilungskraft zu stärken. Ich wurde Reiki-Meisterin, als meine Kinder klein waren. So konnte ich meine Zeit einteilen und hatte das Gefühl, der Welt etwas Gutes zu tun. Auch für Kampfkünste und Modern Dance begeisterte ich mich. Auf diese Weise brachte ich nicht nur mein inneres Selbst ins Gleichgewicht, sondern stärkte auch noch meinen Körper. Da ich immer auf der Suche nach neuen Wegen zu Gesundheit und Wohlbefinden war, suchte ich auch einen Medizinmann auf, der mich unter seine Fittiche nahm. Von ihm lernte ich viel darüber, wie man im Einklang mit der Natur arbeitet.

All diese Beschäftigungen erforderten unendliche Geduld, Achtsamkeit, Offenheit und Aufmerksamkeit gegenüber kleinsten Details. Und was Dakota anging, so fanden all die Jahre des intensiven Lernens über Körper, Geist und Seele ein neues Ziel. Nun, da sie Boxenruhe halten sollte, war es nötig, dass ich alles, was ich über die Arbeit mit Pferden zu wissen glaubte, neu überdachte. Es war nicht möglich, sie zu longieren oder mit ihr im Roundpen zu arbeiten, weil sie anfangs nur ein paar Schritte nach links oder rechts humpeln konnte.

Wie konnte ich uns voranbringen? Ich rief mir alles über Klassische Dressur ins Gedächtnis, das mir in den Sinn kam, und grub sogar ein paar Bücher aus, die um die Jahrhundertwende geschrieben worden waren. Dies waren meine Wurzeln. Nach und nach eignete ich mir die Arbeit an der Hand wieder an, die meine Reitlehrerin mir vor Jahren gezeigt hatte. Nun bekam sie einen Sinn.

## Das Kaninchenloch

Kota und ich hatten wirklich Spaß mit der Arbeit an der Hand, und ich wollte weitere solcher Denkaufgaben lernen, mit denen wir uns beschäftigen konnten. Ich wagte mich ans Clicker-Training und lernte eine Menge über das Gefühl und Timing beim Training. Wenn man einer Robbe oder einem Delphin Tricks beibringen konnte, ohne dabei Seile oder Peitschen zu benutzen, was würden diese Techniken bei einem Pferd bewirken?

Ich lernte einiges über das Formen von Verhalten und fand diese Arbeit sehr effektiv. Wenn ich sie aber in der Reitschule, in der ich arbeitete, vermitteln wollte, traf ich dort nicht auf Begeisterung. Die Stallbesitzerin wollte nicht, dass ihre Schulpferde die Reitschüler nach Leckerlis absuchten. Sie fand das lästig. Auch an Horsemanship-Methoden war sie nicht interessiert, da sie einen Englischen Reitstall führte, wie sie sagte. Sie meinte, ihre Schüler kämen sonst durcheinander.

Also beschloss ich herauszufinden, wie ich dasselbe Gefühl und Timing in der achtsamen Verbindung, die ich mir während der Hand-Arbeit mit Dakota angeeignet hatte, auf die Schulpferde übertragen konnte. Würden sie dadurch auch ohne Leckerlis glücklicher bei der Arbeit sein? Ich wollte ein gutes Verhältnis zwischen Reitschülern und Pferden ermöglichen. Die Zeit, die sie miteinander verbrachten, sollte für die Pferde genauso positiv sein, wie für die Menschen.

Ich hatte verstanden, wie wichtig Pausen waren. Im Clicker-Training gibt es diesen Moment, in dem man eine Pause macht und eine Belohnung gibt. Das bedeutet, „Das Spiel ist aus“ und man darf sich erholen. Beim Natural Horsemanship gibt es die Idee, dass man nur so lange um etwas bittet, bis man irgendeine Antwort bekommt. In diesem Moment hört man sofort auf, weiter zu bitten. Man macht eine Pause. Dadurch entsteht eine Art Leichtigkeit.

Hmmmm.

In beiden Trainingswelten wird die Pause oder das Aufhören als Signal für ein „Ja" benutzt. Also überlegte ich mir, dass es vielleicht am besten wäre, meinen Schülern zunächst einmal beizubringen, in allem nach dem kleinsten Versuch, der kleinsten Bemühung Ausschau zu halten, damit sie wussten, wann sie eine Pause machen sollten. Was aber könnte die Belohnung sein, da es ja keine Leckerlis für die Schulpferde geben würde? Wieder dachte ich an meine Arbeit mit Dakota und daran, wie wir miteinander kommunizierten. Häufig atmeten wir einfach miteinander, wenn wir eine Pause machten. Also atmete ich ein und aus, wenn ich nach einem „Versuch" eine Pause machte, um die Pferde zu belohnen.

Das förderte erstaunliche Ergebnisse zutage. Innerhalb weniger Wochen waren die Pferde entspannter und die Schülerinnen hatten das Gefühl, dass sich ihr Verhältnis zu den Pferden verbessert hatte. Die steifen Pferde wurden weicher und die nervösen Pferde wurden mutiger.

## *AHA-Moment*

Ich fand heraus: Wenn ich mich auf jeden Schritt konzentrierte, den Dakota bei der Arbeit an der Hand im Gleichgewicht tat, auf jeden Schritt, der aus ihrer eigenen Körpermitte und aus ihrem Drehpunkt kam, dann wurde unser Zusammensein zu etwas, das sich anfühlte wie Tai Chi fürs Pferd. Schritt für Schritt bewegten wir uns durch sämtliche Formen von Seitengängen. Kota liebte es, zu lernen und so wurde jede neue Einheit zu einem gemeinsamen Tanz. Sie begann, mir Ideen und Vorschläge mitzuteilen und ich konnte sie spiegeln und meine entsprechenden Bewegungen einbringen.

Im Tai Chi gibt es eine Übung, die sich „Schiebende Hände" nennt. Beide Partner legen dabei die Handgelenke aneinander und bewegen sich miteinander, ohne den Kontakt zueinander zu verlieren. Ziel ist es, nicht zu sehr zu drücken, aber die Energie des Partners aufzunehmen und ihm oder ihr den Wind aus den Segeln zu nehmen. Ich entwickelte eine Art „Schiebende Hände“ mit Dakota, als wir uns damit beschäftigten, zu wenden, uns zu drehen und miteinander zu gehen. Da ich das auch während ihres täglichen Spaziergangs machte, mussten wir uns auch auf geraden Linien bewegen.

In manchen Dressurhandbüchern steht, dass das Schulterherein alles heilt. Schulterherein ist eine Seitwärts-Bewegung, die sowohl an der Hand, als auch unter dem Sattel gemacht werden kann, auch wenn die meisten Leute sie reiten. Sie wird unterschiedlich gelehrt, je nach Standpunkt der unterschiedlichen Schulen, aber Dakota und ich genossen einfach, sie alle auszuprobieren. Sie konnte sich ganz erstaunlich bewegen. Wie gesagt, sie war eine Akrobatin, die sich auch in neuen Bewegungsmustern sofort ausbalancieren konnte. Zusammen fanden wir heraus, welche gymnastische Übung für uns am besten funktionierte. Noch wichtiger war es mir, dass ich lernte, wie ich meinen Körper so bewegen konnte, dass ich entweder mit ihr zusammen im Fluss war oder dass ich den Tanz führte.

Als die Tierärztin uns mitteilte, dass das Bein geheilt war, war Dakota in hervorragender Kondition und bereit, geritten zu werden.

---

Ich übernahm weitere Lektionen von Dakota. Ich zeigte den Reitschülern, wie sie wahrnehmen konnten, *wie* sich ihre Pferde am Führstrick bewegten und nicht nur darauf zu achten, wo sich der Kopf des Pferdes befand.

Ich begann die Reitstunden am Boden. Jedes Pferd-Reiter-Paar konnte üben, sich im Einklang miteinander zu bewegen, indem sie über Bodenstangen und in und über andere Hindernisse gingen. Manchmal bat ich die Reitschüler und Pferde, sich ein bisschen seitwärts zu bewegen, oder darauf zu achten, dass das Pferd im Gleichgewicht steht oder geht, beides sowohl vom Boden als auch vom Sattel aus während der Lösungsphase oder des Trockenreitens. Die Wirkung war erstaunlich. Die Pferde wurden nachgiebiger und eifriger und die Schülerinnen hatten das Gefühl, dass sie beim Reiten weniger Zwang ausübten und natürlicher und „glücklicher" ritten. Ja, wirklich alle waren glücklich.

Plötzlich wurde mir klar, dass mein eigenes Reiten als Reitschülerin *nicht* glücklich gewesen war. Es war interessant, es machte süchtig und manchmal fühlte es sich auch richtig gut an. Aber eben nicht immer glücklich. Auf einmal verstand ich, dass Dakota mich die ganze Zeit nicht gefragt hatte, was ich wollte. Sie hatte gefragt, was ich *wirklich* wollte.

## Lecken und Kauen

Mein dunkelster Moment war gleichzeitig der, in dem ich die Gelegenheit bekam, mit Dakota einen Schritt weiterzugehen, um tieferes Verständnis zu erlangen. Ich verstand, was Gleichgewicht für mein Pferd bedeutete, und dass es um mehr ging, als um eine weitere Übung, die ich sie ausführen ließ. Ich gelangte zu einem völlig neuen Verständnis dessen, wonach Pferde in einer Beziehung zum Menschen suchen und wie wichtig es für sie ist, wie sie die Hufe setzen.

Zusammen mit der achtsamen, bedächtigen Arbeit, die ich bereits anwendete. brachte mich diese Erkenntnis dazu, eine neue Herangehensweise für das Zusammensein mit Pferden zu erforschen, die gleichzeitig innig und kraftvoll war.

KAPITEL 5

# Silber

Eines Nachmittags rief meine Nachbarin an und fragte mich, ob ich ihr mit ihrem neuen Pony helfen könne, das sie für ihren Jüngsten gekauft hatte. Ich hatte Rocky bereits einige Male gesehen und er hatte mich ehrlich umgehauen. Er war ein silbriggrauer Falbe unbekannter Herkunft. Nicht einmal der Tierarzt konnte genau sagen, zu welcher Rasse Rocky gehörte, war sich aber aufgrund Rockys Persönlichkeit ziemlich sicher, dass er bereits gedeckt hatte.

Meine Nachbarin hoffte, Rocky in der Western Pleasure einsetzen zu können. Man hatte ihr gesagt, er wäre bei einigen Turnieren gestartet und ihr Bilder gezeigt, auf denen er mit Westernausrüstung zu sehen war. Der vorherigen Besitzerin (die ihn verkauft hatte, weil ihr Kind innerhalb kürzester Zeit „aus ihm herausgewachsen war" – ein anderer Ausdruck für „ zu viel Pferd"), hatte man gesagt, dass er Vielseitigkeit gegangen war, und davor war er angeblich Kutschpferd bei den Amischen gewesen. Das handgenähte Fahrgeschirr, das als Beweis diente, besaß er noch.

Also schickte meine Nachbarin Rocky, das Western Pleasure Pony, zusammen mit ihrem Sohn zum Sommerlager und innerhalb von nur drei Tagen hatte er den Reitlehrer mehrere Male abgeworfen und war über den Zaun gesprungen, um den 1,80 Meter hohen Belgier im Nachbarpaddock zu attackieren. Rocky selbst war ungefähr 1,35 Meter groß und hatte sich zu diesem Zeitpunkt den Spitznamen „Pit Bull Pony" wirklich verdient.

Meine Nachbarin hatte gehört, dass ich eine glückliche Hand für „schwierige Pferde" hatte und dachte sich, dass ich ja vielleicht ein wenig Zeit mit Rocky verbringen könne, um zu sehen, wie man ihn wieder hinbekommen würde. Zu diesem Zeitpunkt war mir klar, dass Dakota Pferdegesellschaft brauchte, also stimmte ich zu. Rocky durfte für einige Wochen zu uns ziehen.

Er zog nie wieder aus.

## Tiefer graben

Rocky war anders als jedes andere Pferd, dem ich je begegnet war. Er war nicht unbedingt unfreundlich, aber er legte keinen besonders großen Wert auf Zuneigung oder Putzrituale, weder auf menschliche noch auf pferdliche. Wenn er beschlossen hatte, jemanden durch die Gegend zu ziehen, dann tat er das und nicht einmal eine Kette über der Nase konnte ihn davon abhalten. Er war durchaus reitbar, wenn er es für angebracht hielt. Er kam mir nicht wie ein Hauspferd vor – eher wie ein Wildpferd.

Eines Tages surfte ich im Internet und entdeckte dabei ein Ebenbild von Rocky. Ich klickte das Foto sofort an, weil ich dachte, es wäre ein Foto von Rocky, das einer seiner Vorbesitzer ins Netz gestellt hatte. Stattdessen gelangte ich auf eine Homepage, auf der es um Tarpane ging, Wildpferde, die einstmals in der Gegend zwischen Südfrankreich und Spanien bis nach Russland umherzogen. Die Wild-Tarpane starben im 18. Jahrhundert infolge der sich ausbreitenden menschlichen Bevölkerung aus. Damals wurden sie als Konkurrenz um das landwirtschaftlich nutzbare Land betrachtet. Der letzte überlebende Wild-Tarpan starb in einem ukrainischen Reservat im Jahr 1876.

Heinz und Lutz Heck, zwei deutsche Zoologen, begannen in den 1930ern mit der Rückzüchtung von Tarpanen, indem sie bestimmte domestizierte Hauspferde, von denen sie glaubten, dass sie die DNA von Tarpanen besaßen, mit Przewalski-Hengsten kreuzten. Auf diese Weise wollten sie die Gene der ausgestorbenen Rasse wieder zusammensetzen. Sie züchteten den ersten „modernen" Tarpan. In den 1950er- und 1960er-Jahren importierten einige amerikanische Zoos diese rückgezüchteten Tarpane und man geht davon aus, dass alle Tarpane in Nordamerika von diesen Zoo-Tarpanen abstammen. Plötzlich war ich mir ziemlich sicher, dass ich einen davon im Paddock stehen hatte.

Etwa eine Woche später grub meine Mutter ein altes Foto von mir aus, auf dem ich als kleines Mädchen zu sehen bin. Wir lebten damals in der Nähe eines kleinen Zoos in Massachussets, den wir häufig besuchten. Auf dem Foto sitze ich neben einem Maschendrahtzaun und strecke meine Hand – natürlich – durch den Zaun hindurch. Und wer macht seinen Hals lang, um an meiner Hand zu schnuppern? Ein Tarpan! In dem Zoo gab es zwei davon!

Nun verstand ich, warum ich mich so sehr zu Rocky mit all seinen Eigenheiten hingezogen fühlte. Irgendwo in meinem Unterbewusstsein hatte ich ihn wiedererkannt. Wenn sich jemals irgendetwas wie eine schicksalhafte Begegnung angefühlt hatte, dann war es diese.

Ich erkundete mein Verhältnis zu Rocky neu. Für mich hatte er sich immer wild angefühlt, nicht ungezähmt, aber deutlich verschieden von jedem anderen Pony oder Pferd, dem ich bisher begegnet war. Wie konnte ich sein Vertrauen gewinnen?

## Der Lehrer erscheint, wenn der Schüler bereit ist

Rocky war der wichtigste Grund dafür, dass ich meine eigenen Grenzen überschreiten konnte und mein Bild von Pferden und Pferdetraining vollkommen neu definierte.

In der ersten Woche bei mir schlug, biss und bockte er. Dabei war er überraschenderweise nicht bösartig. Es handelte sich vielmehr um seine Reaktion auf das, was andere taten. Meine Tochter spielte mit seinem Maul, so wie sie es auch mit Dakota machte. Er bewegte seine Zähne langsam über ihre Finger und biss gerade fest genug zu, um klar zu machen, was sein Standpunkt war. Dann ließ er los. Mein Sohn wollte auf ihn aufspringen, weil Rocky so sanft wirkte, wie er da im Paddock herumstand. Rocky ging in strammem Schritt zum Elektrozaun, senkte seine Schulter ab und bockte genau so viel, um Josh in den Zaun zu befördern. Mein damaliger Partner verteilte einen frischen Heuballen und vertrieb Rocky, weil er das Heu aufschütteln wollte. Beiläufig kickte Rocky ihm ans Knie, gerade so heftig, dass Ken aus dem Paddock hastete, aber nicht so fest, dass er ihn ernsthaft verletzt hätte.

## Das Pit-Bull-Pony schlägt erneut zu

Einige Wochen, nachdem Rocky bei uns eingezogen war, befreite sich der Rottweiler eines Nachbarn. Dieser Hund war aus dem Nachbarstaat verbannt worden, weil er Kühe gejagt hatte. Ich stand zu weit entfernt, um eingreifen zu können, und sah mit Schrecken, dass er in geduckter Haltung von hinten auf Rocky zulief. Obwohl ich schrie und zum Paddock rannte, blieb Rocky ruhig stehen. Plötzlich sprang der Hund an Rockys Flanke hoch. Mir schwante Böses. Rocky aber bewegte seine Hinterbeine in einer Bruce-Lee-artigen Bewegung nach oben und unter den Hund, so dass der Rottweiler bis zum Zaun flog. Bevor der Hund den Boden berührte, hatte Rocky sich bereits umgedreht und griff ihn mit aufgerissenem Maul und einer Art

„Pferde-Knurren" an. Etwas Ähnliches hatte ich noch nie gehört. Um die Wahrheit zu sagen, hatte ich nun Angst um den Hund. Ich schrie immer noch, aber jetzt schrie ich Rocky an, denn ich befürchtete, dass er dem Leben des Rottweilers ein Ende bereiten würde. Eine Sekunde lang schaute Rocky mir in die Augen – und irgendetwas geschah. Er unterbrach seinen Angriff für einen winzigen Augenblick und der Hund nutzte seine einzige Chance, zu entkommen. Wir haben ihn nie wieder auf unserem Grundstück gesehen. Rocky schlenderte dann auf den Zaun zu und sah mich an. Ich glaube, in diesem Moment habe ich ihn zum ersten Mal wirklich gesehen. Ich begriff, dass dieses Pferd nicht so war wie irgendein anderes Pferd. Ehrfürchtig und unsicher betrachtete ich ihn. Er streckte den Kopf über den Zaun zu mir und ich hielt ihm meine Hand als geschlossene Faust hin. Diese Sicherheitsmaßnahme kam noch von seiner kürzlichen Attacke auf die Finger meiner Tochter. Er berührte meine Knöchel mit dem Maul und es fühlte sich präzise, klar und absichtsvoll an. Dann schaute er mir wieder in die Augen. Er atmete hörbar aus, wandte sich zu Dakota um, die während der ganzen Hundeaktion allein für sich gestanden hatte, und sah erst sie an und dann wieder mich. Ich fühlte, wie sich Wärme in meinem Körper ausbreitete.

Ehrlich gesagt brach ich beinah in Tränen aus.

Rocky „beendete den Unterricht" kurzerhand, indem er davonschlenderte. Zumindest hatte ich den Eindruck, dass es so war. Ich hatte das Gefühl, etwas absolut Besonderes erlebt zu haben, doch ich hatte keine Ahnung, was. Eines aber war mir klar: Dieses kleine Pferd tat alles, was es machte, zu hundert Prozent aus eigenem Antrieb.

## Wie soll das gehen?

Als ich Rocky zum ersten Mal begegnete, war ich als Reitlehrerin, Pferdetherapeutin, EAL-Lehrerin und Kursleiterin an einem Punkt angelangt, an dem ich von mir selbst glaubte, gut mit Pferden und all ihren Belangen umgehen zu können. In Wirklichkeit befand ich mich sinnbildlich auf dem Idiotenhügel und Rocky brachte mich dazu, mir die schwarz gekennzeichneten Pisten vorzunehmen, die Königsdisziplin. Bis dahin hatte ich daran gearbeitet, auf eine sanftere und freundlichere Weise mit Pferden umzugehen. Ich hatte eine Menge Handwerkszeug an Bord, um ein Pferd zum Mitmachen zu bewegen. Nun jedoch stellte ich fest, dass ich immer noch damit beschäftigt war, Pferde auf nette Art dazu zu bringen, dass sie taten, was ich wollte. Ich hörte ihnen aber nicht zu. Ich war jahrelang darauf konditioniert worden, dass ich diejenige war, die den Ton angab, und dass das Pferd folgen musste.

Zum selben Zeitpunkt war die Mehrheit der Pferdeleute der Meinung, dass der Mensch die dominante Rolle in der Mensch-Pferd-Beziehung zu spielen hatte. Damit unser Zusammensein mit Pferden sicher war, durfte ein Pferd nicht mit seinen Ideen durchkommen, was auch immer seine Ideen waren. Mein Kopf fragte zwar ständig, wie um alles in der Welt man mit so einer dominanten Einstellung eine *authentische* Beziehung haben konnte, aber er fragte auch, wie es möglich sein sollte, eine *sichere* Beziehung zu haben, ohne dominant zu sein.

## Sag die Wahrheit

Rocky demonstrierte eine erstaunliche Selbstkontrolle. Er war sich nicht zu schade dafür, mir genau zu zeigen, was er dachte.

Trotzdem ist es ja so, dass alles, was Menschen mit einem Pferd tun möchten, darauf beruht, dass das Pferd mitmacht. Es war zum Beispiel nett, Rocky mit auf einen Spaziergang zu nehmen, aber nur so lange, bis er Gras fressen wollte. Ich rutschte im Tiefflug hinter ihm her, wenn er mich ungefragt dorthin mitnahm, wo das Gras am grünsten war. Wenn er satt war, nahm er mich wieder mit nach Hause.

Man konnte Rocky auch reiten. Jedenfalls, wenn Amber und Dakota mit uns kamen. Wenn nicht, sah Rocky keinen Sinn in einem Ausritt.

Rocky war niemals bösartig. Er wurde auch niemals wütend auf etwas. Aber er ließ es auch nicht zu, dass ich ihn berührte. Zwischen uns gab es eine Distanz, die ich im Zusammensein mit einem Pferd noch nie erlebt hatte. Ich vermisste etwas, wusste aber nicht genau, was eigentlich. Er war eine harte Nuss.

## Tu es oder lass es

Als der Winter nahte, sah Rocky aus wie ein Teddybär. Sein Fell hatte zwei zusätzliche Schichten bekommen. Er war so flauschig wie ein wolliges Mammut. Ich wünschte mir so sehr, dass er glücklicher mit mir sein sollte! Glücklicher und freundlicher, denn alles, was ich wollte, war ihn lieb zu haben.

Aus den Wochen, die seit Rockys Einzug bei uns vergangen waren, war ein Jahr geworden, sogar mehr als ein Jahr. Ich hatte alle Werkzeuge aus meiner Werkzeugkiste ausprobiert. Clicker-Training fand er spannend, doch machte es ihn hitzig und fordernd. Nichts von dem, was ich tat, bewirkte, dass er mir gefallen wollte. Mein Lob interessierte ihn nicht. Daher war es auch wenig erfolgreich, Trainingsmethoden zu benutzen, die das Falsche schwer und das Richtige leicht machten. Er fand nämlich nicht, dass das Richtige auf einmal leicht war. Er fand es immer noch hart, weil er es nämlich nicht tun wollte. Er lernte, was ich von ihm erwartete und passte sich bis zu einem gewissen Grad an. Die Seele dieses Pferdes konnte ich jedoch nicht erreichen.

Eines Tages hatte es gerade eine oder zwei Stunden lang mächtig geschneit und Rockys Heu war unter den Schneemassen begraben. Als ich aus dem Fenster schaute, sah ich, wie Rocky das Heu mit seinem Huf freischaufelte. Ich ging mit einer Schaufel nach draußen, um ihm zu helfen. Er sah mir zu, wie ich seinen Heuhaufen vom Schnee befreite und machte etwas Neues. Er schnaubte und kippte die Ohren zur Seite. Tief in mir wusste ich, dass dies seine Art war, sich bei mir zu bedanken.

Als ich auf dem Rückweg zum Haus war, ließ Rocky sein Heu liegen und begleitete mich ein paar Schritte. Mir war aufgefallen, dass er es mochte, wenn man ihm die Ohren rubbelte, also tat ich ihm den Gefallen. Er blieb noch ein wenig bei mir stehen, drehte sich dann aber auf seine übliche ruppige Art weg und widmete sich wieder seinem Heu.

Ich dachte lange und angestrengt darüber nach, was passiert war. Dann ging mir auf, dass ich mich für das interessiert hatte, was *ihn* interessierte, nämlich für sein Heu. Er hatte Kontakt zu mir aufgenommen, als ich ihm gezeigt hatte, dass mir wichtig war, was *ihm* wichtig war.

Hmmm…

In all der Zeit, die ich mit Rocky verbracht hatte, hatte ich mich bemüht, ihn dazu zu bringen, dass er sich für das interessierte, was *mir* wichtig war. Wenn ich mit einem Plan zu ihm ging, bedeutete das, dass er nicht mehr das tun konnte, was er mochte oder was ihm wichtig war. Er wollte die Dinge auf *seine* Art erledigen, aber alles, was ich zuließ, war, dass er sie auf *meine* Art erledigte. Ich hatte ihn als stures Pony betrachtet, aber nun ging mir ein Licht auf: Heu zu essen war etwas, das für ihn eine große Rolle spielte, trotzdem war ich nie bei ihm und nahm daran teil. Was wäre, wenn ich mir einfach Zeit nähme, um mit Rocky zusammen zu sein und herauszufinden, was ihm wichtig war? Ich betrachtete ihn mit anderen Augen. Ich trödelte bei ihm herum und achtete auf alles, auf das er auch achtete.

Eines Tages begann ich eine Einheit im Roundpen mit ihm, um ein kleines bisschen zu üben. Plötzlich fiel mir auf, dass er mich die ganze Zeit ansah. Sein Blick hatte etwas von einer Frage. Ich beendete die Übung und fragte mich, was falsch lief. Ich bot ihm eine Berührung an, doch er verlagerte sein Gewicht weg von mir und ging einen Schritt zur Seite. Ich dachte, dass er vielleicht ein wenig herumrennen wolle und trat zurück, um ihn laufen zu lassen, doch in diesem Moment sah er mich wieder fragend an. Nach einigen weiteren Versuchen entschlüsselte ich das Rätsel. Er zeigte mir etwas, was wichtig für ihn war, und das war sein persönlicher Raum.

Ich fühlte mich überwältigt und es kam mir so vor, als habe ich wahrscheinlich überhaupt kein Recht dazu, Pferde zu trainieren. Ratlos setzte ich mich auf eine trockene Stelle im Roundpen. Rocky verlor keine Zeit damit, auf mich zuzugehen, aber sobald mich sein Annäherungsversuch verunsicherte und ich zusammenzuckte, blieb er augenblicklich stehen. Wieder ging mir ein Licht auf. Fühlte er sich genau so, wenn ich auf ihn zu ging?

## AHA-Moment

Im Zen gibt es ein Sprichwort, das besagt, dass ein Zen-Schüler so offen sein sollte wie ein unbearbeiteter Holzblock. Das bedeutet, dass man sich im Klaren darüber ist, dass man unwissend ist. Man befindet sich in einem Zustand, in dem alles möglich ist.

In meiner Arbeit mit Rocky wurde mir klar, dass ich ebenfalls unwissend war. Ich setzte alles auf Anfang.

Eines Tages saß ich im Paddock und Rocky aß Heu. Ich hatte mir angewöhnt, viel mit ihm zusammen zu sein und Anteil an dem zu haben, was ihm wichtig war. Auf einmal verließ er sein Heu und schlenderte herüber zu mir, um nachzusehen, was ich tat.

Was ich tat, außer dass ich in seiner Nähe saß und das Heu-Essen wertschätzte, war, ein Buch über Pferde lesen. Immer wieder versuchte ich so, einen Blick auf diesen schwer fassbaren Schimmer der Erleuchtung zu werfen. Rocky sah mir mit einem neugierigen Blick direkt in die Augen. Wie erklärt man einem Pferd, was Lesen bedeutet? Ich sagte laut zu ihm, dass Lesen so etwas wie Nahrung

für die Seele sei. Nun biss er tatsächlich ins Buch und zog es dabei aus meiner Hand. Ich lachte ihn aus, als er sein Gesicht verzog. Scheinbar schmeckte es ihm nicht. Und genau in diesem Moment erlebte ich einen dieser glasklaren Momente, in denen man einfach weiß, was ein Pferd denkt. Er sagte zu mir „Wenn du wirklich alles über Pferde wissen möchtest, warum fragst du sie dann nicht selbst?" Natürlich! Wie lächerlich ist es denn, Leute zu fragen, wie Pferde ticken?
Allerdings gab es ein Problem: Wie genau fragt man ein Pferd?
Rocky stellte sich über meine Schulter, während ich in meinem Gartenstuhl sitzen blieb. Er hielt seinen schönen Kopf über mich, schloss die Augen und begann, tief zu atmen. Ich fing an, ihn zu imitieren. Ich schloss meine Augen, atmete tief und fühlte, wie sich mein Brustkorb ausdehnte. Es fühlte sich an, als würden meine unteren Rippen größer und auf eine Art auch voller werden. Das war ein wunderbares Gefühl und ich lächelte, öffnete die Augen und griff nach oben, um Rocky zu tätscheln. Er legte die Ohren an und stieß meine Hand weg. Dabei sah er ziemlich sauer aus.
Okay, ich hatte verstanden. Ich atmete weiter tief und gleichmäßig. Nach einigen Minuten warf es mich wieder aus meinem meditativen Zustand heraus und ich versuchte, Kontakt zu Rocky aufzunehmen. Wieder korrigierte er mich. Dies geschah so noch ein paar Mal. Am Ende verstand ich, dass das tiefe Atmen unser Kontakt war.
So bekam ich meinen ersten Vorgeschmack auf den Zustand des Neutral Null.

---

Ich stand auf und ging zu ihm hin, blieb aber sofort stehen, als er zurückwich. Ich ging ein Stück rückwärts, und er kam auf mich zu und blieb stehen, als ich zurückwich.

Wow!

Zu diesem Zeitpunkt unterrichtete ich auf einem Tierschutzhof und brachte das neu gewonnene Bewusstsein mit in den Roundpen zu einem Pferd, das schwer einzufangen war. Nachdem ich die Blase seines persönlichen Raumes zehn Minuten lang umrundet und ihm auf die gleiche Weise zugehört hatte wie Rocky, kam es direkt zu mir gelaufen.

Dreifaches Wow!

Nun kam eine ganze Reihe von Erleuchtungen ins Rollen.

## Der Neubeginn

Nachdem Rocky mich ins Neutral Null eingeführt hatte, hielt ich überall danach Ausschau. Nun verstand ich endlich, warum er so häufig nicht auf das einging, was ich von ihm wollte. Ich war in meiner Körpersprache unglaublich angespannt. Mir war überhaupt nicht klar gewesen, wie angespannt ich körperlich war, weil ich mich emotional in keinster Weise angespannt fühlte. Während ich mit Rocky arbeitete, lernte ich, meine Schultern rund zu machen („O"-Haltung) und in meinen beweglichen Brustkorb zu atmen. Dann blieb er in meiner Nähe, ging mit mir ins Gelände, tat, was ich wollte. Entspannte ich mich dagegen nicht, wurde er schwierig. In *seinem* Training *mit mir* machte er das Falsche schwer und das Richtige leicht.

Ich begann, ihn genau zu beobachten, um andere Signale zu entdecken, die ich nachahmen konnte. Eines Tages fiel mir auf, dass er mit den Lippen wackelte, wenn ich auf ihn zuging. Er wackelte auch bei Dakota mit den Lippen, bei unserer Katze und sogar manchmal, wenn er allein für sich in der Sonne stand. Also beschloss ich, auch mit den Lippen zu wackeln. Ich ging zu seinem Paddock, blieb stehen, rundete meine Schultern zu einer „O"-Haltung und wackelte mit meinen Lippen. Rocky spitzte die Ohren und trabte zum ersten Mal, seit er bei uns wohnte, zum Tor.

Was war passiert? Er hatte mich dafür belohnt, dass ich etwas gelernt hatte. Also begann ich, ständig mit den Lippen zu wackeln. Mit der Zeit und mit fortwährendem Einsatz fand ich heraus, dass es so etwas bedeutete wie: „Ich habe einen guten Tag. Willst du ihn mit mir teilen?" Ich setzte das Lippenwackeln, das Neutral Null und die „O"-Haltung in der Arbeit mit allen Pferden ein, mit denen ich zu tun hatte. Meine Schüler und Kundinnen waren bereit, meine neuen, wilden Ideen auszuprobieren – und sahen ebenfalls erste Ergebnisse.

## Die steinige Straße

Mein nächster Lernschritt bestand darin, dass ich Rocky nur noch ohne Sattel ritt. Mir war klar geworden, dass ich auf diese Weise viel mehr über seine und meine Körpersprache lernte, und dass ein Sattel diesen Lernprozess störte. Gleichzeitig beschloss ich, auch ohne Gebiss zu reiten. Ich war nun nämlich der Meinung, dass ich mich nicht hinter Hilfsmitteln wie einer Trense verstecken sollte, wenn ich nicht in der Lage war, mit meinem Pferd durch meine Körpersprache zu kommunizieren.

Rocky schien die Idee zu gefallen, dass ich einfach ich selbst war, wenn ich ihn ritt. Sicher spielte dabei auch eine Rolle, dass er nun Blätter und Gras naschen konnte, ohne dass ich in der Lage war, ihn daran zu hindern. Es gelang mir nicht, Neutral Null zu bleiben, wenn er sich vollfraß. Ich wusste, dass ich irgendwie dahin kommen musste, dass wir uns in diesem Punkt verständigten. Es war ein echter Horsemanship-Konflikt. Einerseits wollte ich auf keinen Fall zurück zur einseitigen Dominanz und einer Haltung, in der es nur meinen Weg gab und sonst nichts. Auf der anderen Seite wollte ich nicht, dass er sich auf diese Art durchsetzte. Wir mussten einen Mittelweg finden.

Wo lag der Startpunkt für uns, an dem wir wirklich miteinander im Gespräch waren, während ich ihn ritt? Ich beschloss, diesen Punkt so zu kreieren, wie Rocky es mir in seiner ersten Unterrichtsstunde beigebracht hatte. Ich saß auf und blieb dann einfach ruhig sitzen, atmete tief, dehnte meinen Brustkorb aus und war in meinem Neutral Null. Rocky stand einige Minuten lang genauso da.

Dann bekam er eine seiner Ideen. Er ging einen kleinen Zirkel, und lief dann zurück zur Aufstiegshilfe und hielt an. Ich wusste, was das bedeuten sollte: „Absitzen!“

Also saß ich ab. Frustriert warf ich die Arme hoch und sagte laut: „Was ist los? Was willst du?“

Rocky schnaubte und berührte dann den Boden mit den Nüstern. Dabei nickte er sanft mit dem Kopf. Im Roundpen hatte ich dieses Signal bereits mehrmals beobachtet, bevor Pferde auf mich zugingen. Ich hatte es auch bei Rocky gesehen, wenn Dakota von ihm genervt war. Da mir nichts anderes einfiel, bückte ich mich und berührte direkt neben ihm den Boden mit den Fingern. Rocky blieb neben mir stehen, beroch meine Finger und meinen Handrücken und schließlich auch meinen Kopf, den ich neben seinem eigenen Kopf ein Stück über dem Boden hielt. Dann hob er den Kopf und leckte sich übers Maul. Ich tat es ihm gleich.

Ehrlich gesagt fühlte es sich manchmal so an, als sei er Ann Sullivan (die Lehrerin für blinde Kinder) und ich Helen Keller (ihre berühmteste Schülerin).

Rocky schnaubte wieder, klappte die Ohren zur Seite und sah zur Aufstiegshilfe hin. Ich kletterte hinauf, doch bevor ich aufsitzen konnte, war er schon wieder weitergegangen. Also stieg ich ab und er kam zurück. Ich kletterte wieder rauf und wartete. Er wartete auch. Dann fiel mir auf, dass er das Gewicht seiner Vorderhufe ein wenig von einer Seite zur anderen verlagerte. Also machte ich das Gleiche und schaukelte dabei ein bisschen. Ich rundete meine Schultern wieder zur „O“-Haltung und atmete aus. Rocky senkte den Kopf bis zum Boden und schnaubte laut. Dann bewegte er sich zu meinem Bein hin und drückte seinen Körper daran. Sein ganzer Körper schien verändert zu sein. Er kam mir wärmer und freundlicher vor. Ich fühlte mich „eingeladen“. Langsam schwang ich mich auf seinen Rücken und setzte mich zurecht.

Ich blieb in der „O"-Haltung, um weich und entspannt zu bleiben. Er atmete hoch und durch mich hindurch. Dabei hob sich mein Körper mit jedem seiner Atemzüge ein wenig an. Das fühlte sich wundervoll an! Dann nahm ich die Zügel auf. Er legte die Ohren an und wurde starr.

Ups!

Ich saß wieder ab und ging einen Schritt zurück zum Hin- und Herschaukeln auf der Aufstiegshilfe. Wieder lud er mich auf seinen Rücken ein. Nun fragte ich mich, ob er vielleicht meine Art, die Zügel zu halten, nicht mochte. Ich war damit groß geworden, englisch zu reiten und in meinen Dressurstunden mit vier Zügeln auf Kandare geritten. Aber ich war auch häufig genug Western geritten, um mich mit einem leicht durchhängenden Zügel wohl zu fühlen. Ich hatte nicht den Eindruck, dass meine Hand hart oder fordernd war. Eigentlich hatte ich keine Ahnung, was falsch laufen könnte.

Langsam hob ich die Hände an und die Zügel, die auf Rockys Widerrist lagen, hoben sich mit. Ich versuchte, mit meinem Oberkörper noch deutlicher in der „O"-Haltung zu bleiben. Meine Handflächen zeigten leicht nach unten, so dass sich meine Daumen beinahe berührten. Sofort senkte Rocky den Kopf und entspannte Hals und Schultern. Ich kehrte mit meinen Händen in die „normale" Position zurück (Daumen nach oben) und Rocky verspannte sich wieder. Selbst mit durchhängendem Zügel und ohne Gebiss kommentierte er meine Haltung und irgendetwas an meinen aufgestellten Daumen ärgerte ihn.

Oberflächlich betrachtet war das natürlich ein Schlag ins Gesicht jeder Reitschule, die ich kannte. Nach dieser Stunde mit Rocky ging ich Hunderte von alten und neuen Fotos durch, auf denen fortgeschrittene Reiter aller möglichen Schulen zu sehen waren. Ich sah mir historische Fotos aus den 1920ern, 1930ern und 1940ern an sowie alte Illustrationen von Barockreitern in ganz Europa und achtete darauf, so viele Reitstile wie möglich einzubeziehen, Klassische Dressur, Rodeo, Cutting, Reining. Ich sah mir alles an, das Gute, das Schlechte und das Furchtbare und versuchte, die Grundlage für meine reiterlichen Richtwerte möglichst breit aufzustellen. Ich betrachtete die Reiterhände, -arme und wie ihr Verhältnis zur „Form" des Pferdes war. Einige Pferde hoben ihren Hals vom Widerrist aus an, andere waren eingerollt, einige hielten ihren Kopf tief, andere waren überhaupt nicht versammelt.

Ich versuchte, Pferd-Reiter-Paare zu entdecken, die „zusammen" wirkten. In diesen Beispielen unterschieden sich die Haltungen leicht. Ich fand eine Drehung der Hand oder eine bestimmte Weichheit im Arm, die ich als „O" beim Reiten identifizierte. Zeigten die Handflächen des Reiters leicht nach unten, konnten sich die Schulterblätter öffnen, der Atem des Reiters vertiefte sich und der Unterkörper des Reiters verband sich mit dem Oberkörper. Mir wurde klar, dass auf diese Weise die Mitte nach unten sinken und den Rücken stabilisieren konnte. Selbst auf Gemälden konnte ich die Energie dieser Reiter erkennen, die aus der Körpermitte kam. Sie strahlte nach innen und unten aus und wirkte vollkommen lebendig und nie starr oder verspannt. Sie nahm die Energie des Pferdes auf.

Ich erkannte nun, dass andere Reiter aussahen, als seien sie in zwei Hälften geteilt, eine obere und eine untere. Ihre Pferde waren in der Vor- und Hinterhand unverbunden.

Auf der ganzen Welt und in allen reiterlichen Disziplinen gab es diesen natürlichen Effekt. Aber niemand sprach darüber.

## Tai-Chi ist wieder am Ball

Im Tai-Chi kommt die Quelle der Energie aus dem Dantian oder dem Hara der Körpermitte. Es gilt, eine „O"-Haltung einzunehmen, die weich, aber kräftig ist, und die bewirkt, dass sich der Mensch mit passivem Chi füllt, mit guter Energie. Es wird gelehrt, die Bauchdecke nach innen sinken zu lassen, so dass sich die Körpermitte nach innen-unten absenkt. Arme und Beine stellen die Verlängerung dieser Bewegung dar. Im Anfängerunterricht des Tai-Chi wird häufig gelehrt, dass man „den Ball halten“ soll, das heißt, man soll sich vorstellen, einen großen Strand- oder Pezziball zu umarmen und mit dieser Armhaltung im Raum umhergehen. Dann verbindet man die Bewegung bis hinunter zu den Füßen, so dass der gesamte Körper sich sehr klar ausdrückt und die Körpermitte sozusagen das Orchester des Körpers dirigiert.

Ich versuchte, meine Tai-Chi-Übungen zu machen und dabei meine Daumen aufrecht zu halten, so wie ich es im Reitunterricht gelernt hatte. Es funktionierte nicht. Im Gegenteil bewirkte es, dass mein Unterkörper unkoordiniert war.

Warum lernten wir als Reiter eine solche Körperhaltung? Mir wurde klar, dass ich mich von einer „korrekten“ Körperhaltung beim Reiten wegbewegen und das Reiten mehr aus körpersprachlicher Sicht betrachten musste, nicht wie eine Dressurprüfung. Aus der körpersprachlichen Perspektive passiert Folgendes, wenn wir unsere Daumen aufrecht halten und die Ellbogen an den Körper pressen: Wir atmen flacher und spannen den Bizeps an. Wir sind in einer klassischen Zug- und Druck-Haltung. Es ist erstaunlich, wie raffiniert unsere Muskulatur arbeitet, sich miteinander verbindet und wie unser Körper unwillkürliche, sozusagen automatische Antworten bereithält. Ich habe bei Physiotherapeuten, Chiropraktikern, Bodybuildern und Yogalehrern nachgefragt, um mehr darüber zu erfahren, wie der menschliche Körper Dysbalancen ausgleicht. Wenn man den Oberkörper bis zu dem Punkt stabilisiert, an dem er unbeweglich wird, kann man den Unterkörper trotzdem immer noch bewegen. Das ermöglicht es uns, Dinge zu tragen, während wir große Entfernungen zurücklegen, eine Fähigkeit, die wir früher als Nomaden brauchten. Bewegt sich der Oberkörper, *muss* sich auch der Unterkörper bewegen, um das Gleichgewicht auszubalancieren. Mit anderen Worten, wenn Ihre Arme und Hände locker und entspannt sind, *müssen* sich Ihre Körpermitte und Ihre Beine anpassen, um das Gleichgewicht wieder herstellen. Tun sie das nicht, kippen Sie um.

Diese Erklärung gab der Tatsache einen Sinn, dass Rocky so viel Wert darauf legte, dass ich die „O"-Haltung übte. Da diese Haltung sich auch bei fortgeschrittenen Reitern fand, die eins mit ihrem Pferd zu sein schienen, musste es ein Prinzip der „Körperweisheit" geben, das hinter all dem stand. Es musste mit unserer angeborenen, unterbewussten Kontrolle zu tun haben, die uns davor bewahrt, nicht hinzufallen.

Ich wollte meine unbewussten Reaktionen gerne an mein Bewusstsein koppeln, damit ich meine Körperweisheit in vollem Umfang nutzen und gleichzeitig den gesamten Pferdekörper wahrnehmen konnte. Ich wollte, dass meine natürliche Fähigkeit, sich auszubalancieren, um ein Element erweitert wurde, nämlich darum, dass auch mein Pferd den Wunsch hatte, im Gleichgewicht zu sein. Obwohl ich mich nicht so *fühlte*, als sei ich steif, und obwohl ich immer stolz darauf war, eine leichte Zügelhand zu haben, hatte mein Körper Rocky ein Signal übermittelt, das er nicht mochte. Sobald ich meine Hände ein wenig drehte, wanderte eine Weichheit von meiner Körpermitte aus hinauf zu meinen Armen, zu den Schultern, den Schlüsselbeinen und bewirkte, dass meine Atmung sanfter wurde. Beim Reiten hatte ich dann das Gefühl, dass Rocky und ich uns in einem natürlichen Fluss vorwärts bewegten.

Mir fiel auf, dass Rocky mir beibrachte, wie man ein Pferd ritt, und nicht, wie man in einer bestimmten Disziplin gut abschnitt. Er machte mir klar, wie ich mich mit meiner eigenen Körperweisheit verbinden konnte und ich beschloss, lieber dem Rat eines Pferdes zu folgen, statt dem, was Menschen *über* Pferde sagten. Da ich weder beim Militär bin noch aktiv Turniere reite, habe ich die Freiheit, zu reiten, wie es mir gefällt. Meine reiterliche Ausbildung und die reiterlichen Traditionen hatten sich aber in mir festgesetzt und ich kämpfte ein wenig. Ich beschloss, einige Elemente dessen, was Rocky mich gelehrt hatte, probeweise in meinen Reitunterricht einzubringen.

## Funktioniert es?

Es verschlug mir die Sprache, als ich begann, die „O“-Haltung und die etwas veränderte Handhaltung zu unterrichten. Die Wirkung auf die Pferde war dramatisch und sofort da. Ich ließ meine Schülerinnen ihre Hände so drehen, dass die Handflächen komplett nach unten zeigten. Dann ließ ich sie mit der Vorstellung reiten, den Tai-Chi-Ball zu „halten“, nachdem ich ihnen die „O“-Haltung erklärt hatte. Diese Änderungen bewirkten offensichtlich, dass sie geerdeter und stabiler waren. Die Pferde fingen sofort an, zu entspannen, tiefer zu atmen und Kopf, Hals und Schultern zu dehnen. Ihre Schritte waren gleichmäßig und locker. Einige von ihnen waren so entspannt, dass sie anfingen, zu gähnen.

Ich fragte meine Schülerinnen, wie sie sich fühlten. Sie waren sich einig darin, dass sie sich weniger angespannt fühlten und dass sie gar nicht wahrgenommen hatten, wie viel Spannung sie normalerweise in sich trugen. Jetzt konnte ihr tiefer Atem viel besser zirkulieren. Auch wenn ich den Reiterinnen zuerst sagte, dass sie losreiten und ihren Körper ein wenig zusammensacken lassen durften, wenn ihnen das half, die „O“-Haltung zu erreichen, so fanden die meisten von ihnen recht schnell zu einer neuen Beziehung zu ihrem Rücken. Die Haltung schadete ihrem Rücken nicht, sondern bewirkte, dass sie mit Hilfe ihrer Körpermitte den Rücken mühelos gerade und flach halten konnten, da ihr Oberkörper so durchlässig war.

Als Nächstes wollte ich verstehen, wie man sich dieses neugewonnene Gefühl der Offenheit in einer Wendung erhalten konnte. Oft wird eine Wendung so geritten, dass die Reiter eine Hand in Richtung Oberschenkel ziehen. Dadurch wird das Pferd total aus dem Gleichgewicht gebracht. Ein Zurückziehen von Arm und Hand aktiviert den Bizeps und bewirkt Anspannung. Zieht man die Hand in Richtung der Oberschenkel, so schickt man ein Signal an das innere Vorderbein des Pferdes, das die Bewegung des Beines einschränkt. Dreht man die Hand jedoch so, dass die Handfläche nach unten zeigt und führt die Hand in Höhe der eigenen Körpermitte weg vom Mittelhals-Button (Sie sehen ihn auf Seite 57), bringt das nicht nur die Vorhand des Pferdes ins Gleichgewicht, sondern gibt dem Pferd auch den Impuls, sich auf einem natürlichen Kreisbogen zu bewegen.

Diesen natürlichen Kreisbogen würde es auch ohne Reiter aus eigenem Antrieb formen. Bei einem natürlichen Richtungswechsel in Freiheit benutzt das Pferd seinen Kopf und Hals als Gegengewicht. Es biegt sich um seinen Mittelhals-Button herum. Ahmt der Reiter diese Bewegung nach, bewirkt das eine geradezu unglaubliche Bewegungsfreiheit in der Vorhand. Außerdem stellte ich fest, dass meine Reitschülerinnen bereits die korrekten Schenkelhilfen gaben, weil ihre Körper sich in die Biegung einfanden und ihr Gleichgewicht mit den Beinen unterstützte. Das Phänomen der körpereigenen Weisheit verstärkte die Wirkung der bewusst gegebenen Schenkelhilfen enorm.

Natürlich konnten meine Reitschülerinnen nicht in dieser Haltung auf einem Turnier antreten. Also musste ich an der Fähigkeit ihrer Muskeln, sich zu erinnern, arbeiten. Für die Pferde war es wichtig, dass sich die Körper der Reiterinnen auf eine bestimmte Art anfühlten, mit einer gewissen Offenheit, selbst wenn sie während eines Turniers auf etwas traditionellere Art und in einer etwas traditionelleren Haltung im Sattel saßen.

Nach einigen Wochen des Übens verfeinerten wir die Bewegungen so, dass sie konventioneller aussahen. Trotzdem hatten wir diese winzige Verlagerung unserer Aufmerksamkeit längst in unsere Körper integriert – und das fühlten die Pferde auch. Die sanfte Drehung der Hände in Richtung „Handfläche nach unten" war fast nicht zu sehen und wir waren bereit für den Wettkampf.

## Auf zum Turnier!

Bei den Hochschulturnieren in den USA werden reihum Wettkämpfe abgehalten, die im Wechsel organisiert werden. Bei jedem Turnier gibt es eine begrenzte Anzahl an Pferden, die von allen Teilnehmern geritten werden. Die Teilnehmer wissen zwar, welches Pferd sie reiten, dürfen es vorher aber nicht anfassen oder kennenlernen, bis sie an der Reihe sind. Am Ende des Tages sind die Pferde fertig und müde von der endlosen Reihe ihrer Reiter und können ziemlich grantig werden.

Manche Hochschulen gelten als pferdenärrisch und haben sehr talentierte Reiter in ihren Teams. Leider gehörte unsere Hochschule nicht dazu. Einige unserer Reiterinnen hatten erst im vorigen Semester reiten gelernt. Andere hatten schon viel Erfahrung im Reiten und im Umgang mit Pferden. Ich musste beiden Gruppen gerecht werden, den hochtalentierten Reiterinnen und den Anfängern. Außerdem war mein Ziel, dass alle Reiterinnen Spaß hatten und nach ihrem Ritt mit dem Gefühl vom Platz gingen, dass sie dem Pferd etwas Gutes getan hatten. Mein oberstes Ziel war, dass alle sicher waren. Es war nicht ungewöhnlich, dass ein müdes und gelangweiltes Pferd am Ende des Tages buckelte.

Eine meiner am wenigsten erfahrenen Schülerinnen hatte ein Pferd zugeteilt bekommen, das bei der letzten Runde gebuckelt hatte. Das machte sie nervös und sie überlegte, zurückzuziehen. In der letzten Sekunde siegte ihr Mumm und sie beschloss, es doch zu versuchen und saß auf. Auf dem Weg zur Reithalle beobachtete ich, wie sie ihre Handflächen total nach unten drehte und einige tiefe Atemzüge in der „O“-Haltung machte. Dabei bog sie Kopf und Hals des Pferdes leicht von einer Seite zur anderen, um die Spannung in seinem Genick etwas zu verringern. Am Einlass setzte sie sich korrekt hin und auf ging`s. Das Pferd lief wie am Schnürchen, so, als ob die beiden sich schon eine Ewigkeit kennen würden. Es bewegte sich nicht besonders schön, aber seine zur Seite geneigten Ohren verrieten, dass es zufrieden war, während meine Schülerin sich ununterbrochen auf alle beruhigenden Hilfen konzentrierte, die sie gelernt hatte. Ihre Abteilung ritt nur Schritt und Trab, denn sie hatte nur ein Semester lang Reitunterricht gehabt, aber sie wurde Dritte. Das ganze Team freute sich so sehr für sie und für mich hatte sich die ganze Arbeit mehr als gelohnt. Die veränderte Haltung im Oberkörper schien mindestens zur Folge zu haben, dass sich die Sicherheit der Reiter und das Wohlbefinden des Pferdes erhöhten.

Danke, Rocky!

## Und sonst noch?

In den Stunden, die ich über alten Fotos und Schriften gebrütet hatte, um herauszufinden, ob es Sinn ergab, was ich von Rocky lernte, hatte ich auch einen anderen Aspekt des Reitens überdacht. Dieser Aspekt hatte mit der Dressur und ihrem Ziel zu tun, die Körpermitte und die Hinterhand des Pferdes zu aktivieren. Das soll bewirken, dass das Pferd sich in seiner Bewegung „setzt“, mit der Hinterhand kraftvoll nach vorn tritt und den Reiter mit der Körpermitte anhebt. Dadurch wird die Vorhand frei und das Pferd ist in der Lage, Schulen über der Erde auszuführen oder wunderschöne, tänzerische Bewegungen wie Piaffe und Passage. Der Hals des Pferdes ist gerundet, der Widerrist ist angehoben, so dass die Brust hervortritt und die Schultern in ihrer Bewegung frei sind.

Mir war klar, dass dieses ultimative Pferd-Reiter-Erlebnis völlig darnieder lag. Um das dafür erforderliche Ausmaß an Kraft zu erreichen, ohne die Kontrolle zu verlieren, mussten Reiter innerlich immer ruhiger werden und die Pferde dabei unterstützen, ihre kraftvollen Bewegungen an den Reiter „auszuleihen", ohne dabei aggressiv zu werden.

Die Dressur stammt ursprünglich aus dem Kampf, und dort war Aggression durchaus angebracht – aber nicht, wenn sie außer Kontrolle geriet.

Als Künstlerin neige ich dazu, einzelne Details an Personen wahrzunehmen. Auf vielen Fotos und Zeichnungen, die fortgeschrittene Dressurarbeit zeigten, fiel mir auf, dass die Schulterblätter (Scapulae) der Reiter nach hinten rotierten und ihre Hände und Arme leicht nach innen gedreht waren.

Ich ging die Tai-Chi-Positionen durch, die ich kannte, und stieß natürlich auf die gegenläufige Arm-Rotation. In dieser Haltung sinkt das Dantian nach unten und erdet oder verankert den Unterkörper so tief, dass ein wirklicher Tai-Chi-Meister in einem Kampf nicht zu bewegen ist.

Ich selbst nutzte diese Haltung meist, wenn ich so viele Einkaufstaschen wie möglich vom Auto ins Haus tragen will, um nur ein Mal gehen zu müssen. In dieser Löffelstellung rotiert der Oberarm nach außen und das „Auge" des inneren Ellbogens dreht sich nach vorne, wodurch die Schulterblätter und die Subscapularis-Sehne in die Bewegung einbezogen werden. Diese Sehne zieht sich in die Achselhöhle. Infolge dieser Bewegung wird die schräge Bauchmuskulatur der Bauchwand aktiviert (sie setzt u.a. am oberen Schambein an.)

Wenn ich also meine Arme drehte, indem ich die Daumen nach außen brachte, aktivierte ich damit mein Becken. Meine Beine waren dadurch wunderbar geerdet.

## Wie der Löffel hilft

Ich saß auf Rocky auf und nahm die „Löffelhaltung" an. Als ich meine Körpermitte dieser natürlichen Bewegung folgen ließ, stellte ich fest, dass sie sich gerne einziehen und nach unten sinken wollte. Mein Genick (unterhalb des Okzipitalgelenks an der Schädelbasis) wollte sich lang machen und runden. Meine Beine wickelten sich um Rocky, was sich sowohl bequem als auch sehr konzentriert anfühlte.

Ich setzte eine Bewegung aus dem Tai-Chi ein, die sich „Wolkenhände" nennt. Eine Seite des „Löffels" betonte ich stärker als die andere und drehte meinen Daumen, meinen Oberarm und das Schulterblatt in einer flüssigen Bewegung, um zu sehen, was passierte. Rocky fühlte sich unter mir sehr weich an und ich konnte meinem Gefühl von einer Hand diagonal durch meinen Körper bis zum anderen Sitzbein folgen. Von da aus strömte das Gefühl ins gegenüberliegende Bein: Wenn ich meinen großen Zeh etwas anhob, schien die Erdung, die diese beidseitige Bewegung meines Körpers auslöste, die Wellenbewegung zu vervollkommnen. Ich spürte sanft meinem eigenen Körpergefühl nach und Rocky bog sich mühelos zuerst in die eine, dann in die andere Richtung. Während ich damit spielte, wie stark meine Körpermitte jeweils nach innen und unten sank oder wie meine Schenkelhilfe ausfiel, bog sich Rocky stärker oder weniger stark, oder weiter vorne oder hinten. Es fühlte sich im Grunde so an, als würde ich Tai-Chi *mit* meinem Pferd machen, nicht nur *auf* meinem Pferd. Ließ ich dagegen alle Hilfen sein und kehrte ins Neutral Null zurück, ging Rocky einfach einige Schritte geradeaus.

Und dann geschah etwas ganz Unerwartetes. Es war, als schöbe sich Rockys gesamte Hinterhand unter mich und seine Vorhand hob sich vor mir an. Sein Rücken wölbte sich auf und ich wurde von einer wundervollen Rollbewegung vorwärts getragen. Er fing an, mit gerundetem Genick und in stolzer Manier vorwärts zu gehen. Einige Minuten lang ritten wir auf diese Weise, dann fiel sein Rücken plötzlich in sich zusammen, als müsse er sich neu regulieren. Rocky schnaubte und wackelte ein bisschen mit dem Kopf. Ich saß ab und rieb seine Ohren. Wir waren beide zufrieden.

Ich führte das Experiment mit der Löffelhaltung auch beim Führen durch. Während ich Rocky führte, lud ich ihn ein, meiner Daumen-Arm-Schulterblatt-Drehung zu folgen (als ob ich etwas Eis aus einem großen Behälter herauslöffeln würde). Was dann passierte, war spannend. Rocky gab sofort im Genick nach und bog sich in die Richtung, die ich ihm vorschlug. Da wir ja vorwärts gingen, wurde er in Hals und Genick weich und bog sich zu mir hin.

Um noch mehr darüber herauszufinden, bot ich die Löffelhaltung an, während ich die Richtung wechselte oder während ich anhielt oder losmarschierte. Jedes Mal wurde die Bewegung durch den „Löffel“ weicher und bewirkte, dass Rocky sich bog oder entspannt nachgab. Mit fiel auf, dass die Wirkung nicht eintrat, wenn ich vergaß, meine Handfläche mit dem Daumen nach unten an den Führstrick zu legen. Führte ich ihn mit dem Daumen nach oben und zum Halfter zeigend, wurde Rocky sofort starr, selbst wenn der Führstrick durchhing. Ich bemerkte auch, dass meine eigene Körpersprache unbewusst angespannt und kämpferisch wirkte, wenn mein Daumen nach oben zeigte, weil mein Bizeps aktiviert war.

Ich hatte entdeckt, wie ich meine Spannungen loslassen konnte, die ich unbeabsichtigt in alles einbrachte, das ich mit Pferden unternahm. Ich hatte das geheime Anspannungsversteck ausfindig gemacht! Vielleicht fühlte ich mich nicht emotional angespannt, aber mein Körper vermittelte eine andere Botschaft, und zwar eine, mit der Rocky nicht glücklich war.

Rocky folgte meinen Bewegungen mit der Handfläche nach unten und der eingesunkenen Körpermitte bereitwillig, wenn ich vom Boden aus mit ihm arbeitete. Er schien sich dadurch weniger frustriert zu fühlen, wenn ich ihn führte. Mit der Zeit glätteten diese beiden Bewegungen jeden Wirrwarr, in dem unsere Arbeitseinheiten zu enden pflegten.

Wenn ich meine Handgelenke beim Führen so drehte, dass die Handfläche nach unten zeigte, fühlte sich der Führstrick entspannend, beruhigend und verankernd an. Der „Löffel" vom Boden aus war von großem Nutzen, wenn ein Pferd vorhatte, mich beim Führen durch die Gegend zu ziehen, was die Tierschutzpferde, mit denen ich arbeitete, häufiger taten. Wenn ich den „Löffel" bei einem angespannten, ängstlichen oder schwierigen Pferd machte, übermittelte der Führstrick eine Botschaft ohne jegliche Abwehr und das Pferd wendete sich mir wieder zu, statt zu flüchten oder mit mir zu kämpfen. Setzte ich den „Löffel" ein, sah das Pferd an und bat es, einige Schritte rückwärts zu machen, war es ihm oft möglich, den Rücken aufzuwölben und die Hinterhand zu entspannen oder sich schön durch den ganzen Körper zu biegen. Insgesamt gesehen führte diese Praxis dazu, dass es keine Aufgabe mehr war, ein Pferd zu führen, sondern ein Tanz.

Ich war so froh, zu sehen, dass selbst Pferde, die sich vorher wirklich schwer führen ließen, schnell auf diese neue Herangehensweise reagierten und dass meine Schüler sie ebenfalls sehr schnell lernten. Im Gegensatz zu Trainingstechniken, die normalerweise auf Gehorsam aufbauen, empfanden sie den „Löffel" mit den Handflächen nach unten schon nach kurzer Zeit ganz natürlich. Pferd und Mensch fühlten sich dadurch so wohl, dass es eigentlich gar nichts zu lernen gab.

Man musste die Leichtigkeit und das Wohlbehagen, die diese Art der Körpersprache mit sich brachte, nur ein oder zwei Mal gespürt haben, und schon konnte man sich nicht mehr daran erinnern, wie „falsches" Führen eigentlich ging. Die innere Körperweisheit hatte die Führung übernommen.

## Körpersprache und Reiten

Als ich mir bewusster darüber wurde, wie die Körpersprache beim Reiten aussieht, erschloss sich mir plötzlich der tiefere Sinn der unterschiedlichen Arten zu sitzen. Es war, als ob sich das Geheimnis der Körperweisheit, das jeder einzelnen Reitdisziplin zugrunde liegt, auf einmal offenbaren würde. Ich verstand, wie Körpersprache und Reitstil zusammenhingen. Was ich vorher nur als bestimmte Regeln betrachtet hatte, die ein festgelegtes Reitsystem betrafen, war nun logisch und passend. Es schien direkt aus der Biomechanik des Körpers zu stammen, die die perfekte Körpersprache meisterhafter Reiter ausmachte. Ob ich einer talentierten Westernreiterin beim Zusammentreiben von Kühen zusah oder ob ich einen Meister der klassischen Dressur beobachtete – neben den offensichtlichen oberflächlichen Unterschieden bestand in der Tiefe eine Übereinstimmung, die es dem Pferd ermöglichte, seinen Körper direkt entsprechend einzusetzen. Indem ich die „O"- und die „X"-Haltung oder die Handflächen nach unten und den „Löffel" übertrieben einsetzte und das Ganze sehr, sehr einfach hielt, war es mir möglich, eine Vielzahl von Pferden zu „erreichen". Es klappte sowohl mit den Tierschutz- und Reitschulpferden, als auch mit den unterschiedlichsten Privatpferden meiner Kunden, mit denen ich arbeitete. Diese Pferde hatten unterschiedliche Hintergründe und viele Lücken in ihrer reiterlichen Ausbildung, doch indem ich es ihnen auf einfache Art leicht machte und genau wusste, wo wir begannen, entspannten sie sich beim Reiten und durchliefen zum Teil erstaunliche Veränderungsprozesse. Selbst weit ausgebildete Pferde atmeten tiefer und die gereizte, spannungsgeladene Energie, die sich unter ihrer Oberfläche angestaut hatte, verschwand.

Rocky hatte mir einen Weg aufgezeigt, wie ich eine Unterhaltung *vom Rücken des Pferdes aus* beginnen konnte. Ich stieg nicht auf und erwartete, dass er sich wie ein lebendiges Motorrad verhielt.

Wenn wir aufsitzen, gehen wir davon aus, dass unsere Pferde unsere Hilfen und unseren Stil einordnen können. Trotzdem versuchen Pferde oft zu erraten, was uns glücklich macht. Manche Reiter sind mit einem langsamen, trödeligen Schritt zufrieden, andere wollen, dass der Schritt sich energetisch und lebendig anfühlt. Die unbewusste Körpersprache jedes Reiters gibt eine Rückmeldung, welche Bewegung sich „richtig" anfühlt, und diese kann bei jeder einzelnen Person anders sein. Und das Pferd steht da und weiß nicht, warum es so schwer ist, Menschen zufriedenzustellen.

Wenn eine Person davon überzeugt ist, einen korrekten Sitz zu haben, wird das „Problem" normalerweise dem Pferd zugeschrieben. Es ist seine Schuld, wenn es eine Lektion nicht ganz perfekt zeigt. Rocky hat mich gelehrt, wie unerfreulich sich das für Pferde anfühlt. Auf sein Geheiß hin suchte ich nach tieferen Ursachen und fand heraus, dass ich die Erwartungen überdenken musste, die sich in Jahren des Reitens geformt hatten. Ich hatte mir antrainiert, ihm Sätze zu übermitteln, wie diese: „ Mir ist es egal, was du möchtest. Ich will, dass du für mich arbeitest. Ich bitte dich nicht und lasse dir auch keine Wahl. Ich erwarte, dass du schneller oder langsamer wirst, wenn ich dich dazu auffordere. Und es ist erst vorbei, wenn ich sage, dass es vorbei ist."

Ich fand es unmöglich, ein Pferd als meinen Partner zu betrachten, wenn ich auf der anderen Seite Gehorsam von ihm forderte. Rockys erste Lektion an mich war es, dass ich seine Erlaubnis zum Aufsitzen erbat. Mich mit seinem Körper zu verbinden, anstatt zu erwarten, dass er meinem Körper gehorcht, war die nächste Lektion. Sie gipfelte darin, dass wir als eine wirkliche Einheit *Irgendwohin gingen.* Danach brauchte ich nur noch ein Heubändchen um seinen Hals, konnte aufsitzen und hatte Spaß. Gleichzeitig lernte Rocky, eine umgedrehte Maurertonne mit dem Vorderhuf zurechtzuschubsen und mich anzusehen, um mir einen Ritt anzubieten.

Die anderen Pferde, mit denen ich arbeitete, öffneten sich in dieser Zeit, wurden weicher und interessierter an ihrem eigenen Alltag. Meine Schüler konnten ihre Pferde „hören“, und auch wenn nicht jeder Tag rosig und froh war, so gab es doch immer weniger unliebsame Zwischenfälle. Es kam fast gar nicht mehr vor, dass Pferde „explodierten“, und falls doch, war es ein Hinweis darauf, dass dieses Pferd ein anderes, wirklich ernst zu nehmendes Problem hatte.

Ich fühlte, wie alles an seinen Platz fiel. Was ich von Rocky gelernt hatte, war ein Geschenk.

## *Lecken und Kauen*

Indem ich offen für das war, was mein Pferd mich lehren wollte, und indem ich mich von ihm führen ließ, konnte ich die Vorurteile und Grenzen überwinden, an die ich in meiner Vergangenheit in der Arbeit mit Pferden immer gestoßen war. Meine neue Weltanschauung machte mir manchmal Angst, häufig war sie kompliziert. Ich musste zulassen, dass mein Praxiswissen nichts mehr galt. Nur auf diese Weise konnte ich den Durchbruch erleben, den Rocky mir ermöglichte. Meine Belohnung nach diesem steinigen Weg war alle Mühe wert.

# KAPITEL 6

# „O“ trifft „X“

Die „O“-Übungen mit Dakota brachten uns auf eine ganz neue Stufe. Es machte ihr Spaß, besser zu werden. Es war leicht, ihre vier Hufe einzeln zu bewegen, je nachdem, wie ich meinen Arm und meine Hand oder auch nur die Körpermitte drehte. Manchmal genügte es bereits, dass ich meine „O“-Haltung bei der Bodenarbeit einsetzte, oder sehr gerade und aufgerichtet dastand. In der Arbeit mit Dakota begriff ich auch, dass das Gegenteil von einem „O“ das „X“ ist.

Die „X“-Haltung beinhaltet hochgezogene, angespannte Schultern, zusammengepresste Lippen, harte Augen, angehaltenen Atem, angespannte Beine. Aber sie hat viele Nuancen und Variablen. Abhängig davon, wie sie eingesetzt wird, kann „X“ motivieren, bremsen oder blockieren. Es kann ein Wartesignal sein.

Ich konnte mit meiner Körpermitte in eine „O“-Haltung gehen, um ein Pferd zu entspannen, dabei aber auch eine „Prise X“ einnehmen, indem ich meine Arme und Beine aktivierte und mit den Schultern eine kleine, schwungvolle Aufwärtsbewegung machte.

Ich entdeckte winzige „X"-Haltungen, etwa das Deuten mit dem Zeigefinger, um mehr Aktivität zu erzeugen. Das bedeutete, dass ich in der Freiarbeit oder an der Longe Seitengänge erarbeiten konnte. Es war, als ob ich Autofahren lernte. Wie viel Gas, Kupplung, Bremse waren nötig? Und, oh ja, welcher Gang eigentlich?

Das war aufregend! Mit den etwas raffinierteren Formen von Freiarbeit im Hinterkopf, die ich irgendwann einmal gesehen hatte, übte ich viele neue Arten der Bodenarbeit mit Dakota.

## Was sind das für Punkte?

Ich fuhr fort, so viele unterschiedliche Disziplinen wie möglich unter die Lupe zu nehmen, um zu sehen, welche tiefergehenden Elemente sie gemeinsam hatten. Ich erforschte das ganze Spektrum, vom Training des australischen Stockhorses über die Arbeit der Hirten in der mongolischen Steppe bis zum Tricktraining der schauspielernden Pferde. Ich kaufte, lieh oder downloadete mir so viele Videos wie möglich und suchte nach den Übereinstimmungen zwischen Ausbildern und „Pferdeflüsterern". Ich drehte die Lautstärke herunter, so dass ich nicht durch die Worte der Menschen abgelenkt wurde. Ich sah, wie sich ihre Körper taktmäßig mit denen der Pferde bewegten. Ich beobachtete, stoppte, spulte zurück, beobachtete von Neuem.

Schließlich fiel mir auf, dass die Menschen dieselben Punkte auf dem Pferdekörper benutzten, wenn sie ein Pferd beeinflussen wollten. Vielleicht setzten sie unterschiedliche Methoden ein, doch die Punkte waren dieselben. Warum waren diese Punkte magisch?

Rocky hatte mir bereits beigebracht, in solch einem Fall ein Pferd zu fragen, also ging ich zurück zu meiner Herde.

## Drückeberger

Während ich mehr über diese scheinbar wichtigen Punkte herausfand, dachte ich noch immer wie eine Ausbilderin. Ich war eine freundlichere, sanftere Ausbilderin, aber noch immer machte ich die Pferde zum Objekt. Meine Haltung war nach wie vor: „Was kann ich aus dir herausholen?"

Plötzlich erkannte ich, dass ich damit aufhören und einen neuen Weg gehen musste. Ich würde mein Geld auf andere Weise verdienen, aber was die Pferde anging, so wollte ich einfach nur noch verstehen, wie, warum und wann sie diese besonderen Buttons für ihre eigenen Zwecke einsetzten.

## AHA-MOMENT

Meine Herde war gewachsen, denn ich hatte drei weitere Pferde aus dem Tierschutz aufgenommen. Darunter war auch eine Stute mit Fohlen. Zusammen mit dieser kleinen Familiengruppe konnte ich die Geheimnisse entschlüsseln, die mich beschäftigten. Die neuen Herdenmitglieder hatten alle eine schwierige Vergangenheit, wovon das Baby aber nichts wusste. Zuschauen zu können, wie die Pferde zusammenkamen, um das Fohlen zu erziehen, war von unschätzbarem Wert für mich.

Rocky liebte das Fohlen abgöttisch und übernahm die Führung der Gruppe. Gelegentlich stellte ich andere Pferde einige Monate lang zur Herde, um ihnen und ihren Besitzern zu helfen. Rocky und ich arbeiteten dann zusammen, um den richtigen Zugang zu diesen Pferden zu finden.

Eines Tages sah ich, dass Rocky nacheinander drei der magischen Punkte benutzt hatte, um das Fohlen dazu zu bringen, sich zuerst in eine bestimmte Richtung zu bewegen und ihr dann zu sagen, dass sie anhalten solle.

Es war einer dieser Momente, in denen einem ein Licht aufgeht. Es handelte sich gar nicht um „Punkte". Es waren „Buttons"! Sie gehörten weder einem der Ausbilder, die ich mir angesehen hatte, noch gehörten sie mir. Sie gehörten den Pferden. Die Buttons waren ein Teil ihres Kommunikationssystems und wir nahmen sie für uns und unsere Vorstellung von Ausbildung in Besitz.

In diesem Frühling und Sommer ritt ich nicht. Ich baute mit Hilfe von Steckpfosten einen Weg von meinem Paddock durch den Wald zur Wiese eines Nachbarn, auf der ich die Pferde grasen lassen durfte. Dadurch wurde es uns möglich, zusammen durch den Wald zur Wiese zu laufen. Oft liefen die Pferde anfangs mit mir und begannen dann, fröhlich auf dem Weg zur Wiese zu galoppieren. Der Rückweg verlief meist ruhiger. Jeden Tag saß ich zwei Stunden da und beobachtete die Herde auf der Wiese, um zu lernen. Ich hatte eine Kamera und einen Skizzenblock dabei und hielt so viel wie möglich fest.

Trotzdem hatte ich das Gefühl, dass alle Vorurteile unendlich groß und laut zu werden schienen. Ich musste alles in die Luft werfen, was ich wusste oder gelernt hatte und es dann durchsieben, um zu einer ganz neuen Sichtweise zu gelangen, zu neuem Wissen und Verständnis.

## Der Schatten des Unbekannten

Ich hatte alle meine Kunden abgegeben und unterrichtete oder coachte nicht. Was mich antrieb war so stark, dass ich es nicht ignorieren konnte. Ich hatte keine Ahnung, wohin es mich führen würde und musste mein Einkommen auf andere Art erwirtschaften, aber ich war voll dabei.

Einige meiner Reitschüler waren in diesem Sommer bei mir und hatten Lust auf einen Gedankenaustausch zu meinem Projekt. Mehrmals in der Woche saßen sie zusammen mit mir auf der Wiese, um zu sehen, was sich dort *tatsächlich* abspielte, und nicht, um zu sehen, was wir *dachten*, dass es sich dort abspielen würde. Da sie studierten, sahen sie vor allem unendlich viele Möglichkeiten und verschanzten sich noch nicht hinter ihrem Praxiswissen.

Es ist ziemlich unangenehm, mit dem Unbekannten konfrontiert zu sein. Sechs Pferde zu versorgen, während man versucht, auf authentische Art mit ihnen in Kontakt zu treten, erfordert schon einige Hingabe. Es gab Momente, in denen ich den Pferden Halfter anzog, oder in denen ich Bodenarbeit mit dem Fohlen machte, um es auf den Umgang mit Menschen, dem Tierarzt oder dem Schmied vorzubereiten. Manchmal musste ich auch irgendetwas mit den Pferden machen, den Schmutz abbürsten zum Beispiel oder Fliegenspray auftragen. Aber ich blieb meiner Idee, sie nicht zu stören, so treu wie es irgend möglich und verantwortbar war.

Mit der Zeit fingen mein Team und ich an, mehr und mehr zu sehen und aufzuschreiben, wie die Pferde die Buttons und die „X"- und die „O"-Haltung für ihre Kommunikation untereinander nutzten. Ich begriff, dass sie sehr viel subtiler waren, als ich es mir jemals vorgestellt hatte.

## Ich sehe jetzt klarer

Eines Tages schob Jag sich etwas zu unverschämt in Rockys Raum. Jag war eine seiner Lieblingsstuten, aber sie konnte aufdringlich sein. Rocky reagierte etwas heftig und biss sie in den Mittelhals-Button. Es war kein schlimmer Biss, aber sie rannte in die hinterste Ecke und stand dort griesgrämig an einem anderen Heuhaufen. Nach ungefähr fünf Minuten veränderte sich Rockys gesamte Haltung. Er schnaubte einige Male, kippte die Ohren zur Seite und schien seine Schultern hängen zu lassen — alles, während er sein Heu fraß. Dann drehte er sich herum und sah nach Jag. Ihre Ohren stellten sich sofort auf, sie hob den Kopf und schnaubte ebenfalls. Dann berührte sie den Boden leicht mit dem Maul. Ihre ganze Art kam mir so vor, als würde sie sagen: „Upsie, kann ich jetzt zurückkommen?"

Rocky hob ein wenig den Kopf und berührte dann den Boden leicht mit *seinem* Maul. Jag schlenderte wieder zurück zu ihm, hielt einige Schritte entfernt von ihm an, sah zur Seite, berührte wieder den Boden mit dem Maul und leistete ihm dann bei seinem Heuhaufen Gesellschaft.

Dann berührten die beiden sich sehr ausdrücklich nicht nur ein Mal, sondern drei Mal an den Nüstern. Eine meiner Schülerinnen war an diesem Tag mit mir auf der Wiese und nachdem wir Zeuginnen dieses Austauschs geworden waren, entspann sich eine große Diskussion darüber, was es zu bedeuten hatte.

Ich legte den Pferden nur einen einzigen mittelgroßen Heuhaufen hin, statt ihn in viele kleinere, einzelne Haufen zu teilen. Immer wieder beobachtete ich die Rangordnung der Pferde und wie sie kleine Meinungsverschiedenheiten regelten und scheinbar auch Entschuldigungen anboten. Fast ihre gesamte Kommunikation lief über die wenigen Buttons an Kopf und Hals ab. Außerdem schien es wichtig zu sein, wann der Kopf angehoben oder gesenkt wurde, wie und wann das Pferd wegschaute und wann die Begrüßung am Maul ausgeführt wurde.

Ich fing an zu erkennen, dass Pferde anscheinend Gespräche führten, die einen Anfang, ein Ende und einen Wiederbeginn hatten. Es gab Muster, die wiederholt wurden und anzeigten, dass die Pferde miteinander verbunden waren und wie ihre Rangordnung oder ihr Miteinander aussah. Jedes dieser Muster verlief nach einem bestimmten Plan, ob es nun über einem Heuhaufen geführt wurde oder während eines Spaziergangs über die Wiese. Pferde konnten ein Gespräch beginnen und beenden. Sie konnten es auch da wieder aufnehmen, wo sie unterbrochen hatten. Ich beobachtete, wie Rocky einige Male mit einer Stute über etwas „sprach“, und dann bei einer anderen Stute „das Thema wechselte“, um dann wieder zur ersten Stute zurückzukommen und den Gesprächsfaden genau da aufzunehmen, wo er ihn unterbrochen hatte.

Obwohl die Pferdeunterhaltungen gemächlich abliefen und es keinen Druck zu geben schien, etwas „sagen“ zu müssen, waren die Pferde eigentlich immer in irgendein Gespräch verwickelt, selbst dann, wenn sie vollkommen still standen.

## Also was nun?

Ich musste in die Herde gehen und die Bewegungen nachahmen. Mit der „X"- und der „O"-Haltung fühlte ich mich bereits vertraut, nun prägte ich den Begriff „Upsie", der immer etwas mit Druck zu tun hatte. „Upsie" konnte mehrere Bedeutungen haben: „Kannst du den Druck wegnehmen?" oder „Ich nehme den Druck weg", „Ich mochte es, wie du den Druck weggenommen hast", „Ich möchte dich etwas mehr entspannen" oder „Ich möchte mich mehr entspannen" . Diese Bewegung bezieht sich auf die Intensität in einer Beziehung oder der momentanen Beziehung des Pferdes zu seiner Umwelt.

Natürlich können wir uns als Menschen nicht den ganzen Tag lang herunterbeugen und mit der Nase in der Erde schnobern. Daher sah meine Entsprechung so aus, dass ich mit der Fußspitze im Boden scharrte und mich zu einem übertriebenen „O" einrollte.

Wenn ich das tat, verstanden die Pferde mich immer. Manchmal kamen sie ganz sanft direkt zu mir. Manchmal senkten sie ihr Maul zum Boden. Wenn ich als Reaktion auf eine angespannte Situation Upsies machte, berührten sie die Erde und schnaubten, um Spannung loszuwerden. Wenn ich aus irgendeinem Grund zu sehr „X" war, drehten sie ihre Köpfe leicht zur Seite und schnupperten am Boden. Schnupperte ein Pferd am Boden und dann an meinem Schuh, während ich es führte, so folgte darauf häufig, dass es seinen Kopf halb anhob und sich zu mir bog. Ich begriff, dass dies ein Vorschlag war, zusammen irgendwohin zu gehen. Sobald ich anfing, diesen Vorschlag zu verstehen, hielt ich nach den kleinen Feinheiten Ausschau, wie das Pferd an meinem Schuh schnupperte, in welchem Winkel es Kopf und Hals hielt. Manchmal war es nur eine Bitte, mich selbst neu zu positionieren. Dann musste ich herausfinden, welche Position das Pferd für mich vorschlug, wenn es vielleicht seine Schulter an mich drückte und sie sanft mit meiner in Übereinstimmung brachte. Schnupperte es dann beim nächsten

Mal am Boden und dann an meinem Schuh und lehnte schließlich seine Schulter in meine Richtung, ging ich von selbst zu seiner Schulter zurück, was mir ein schönes Schnauben, ein freundliches Kopfschütteln und Lecken und Kauen einbrachte.

Ich wurde dafür gelobt, eine neue Lektion gelernt zu haben!

## Immer und immer wieder

So erweiterte ich mein Repertoire von Pferdisch nach und nach. Ich begann mit einer bestimmten Bewegung, die entweder vom Pferd oder von mir eingeleitet wurde, und versuchte dann, diese Begegnung immer wieder und in den verschiedensten Settings und aus den unterschiedlichsten Gründen zu wiederholen. Ich blieb immer offen für die Möglichkeit, dass das Pferd Gründe haben konnte, die ich noch nicht verstand, doch ich experimentierte nach besten Kräften mit möglichst genug Variablen, um die grundsätzliche Bedeutung einer bestimmten Bewegung oder eines Signals zu untermauern.

Das alles fing an, noch mehr Sinn zu ergeben, nachdem ich den Bewegungen einprägsame Namen verpasst hatte, die man gut behalten konnte. Dann platzierte ich sie je nach Button auf dem Pferd. Ich achtete darauf, den Ablauf der einzelnen Bestandteile der pferdlichen Kommunikation in den Griff zu bekommen, die Begrüßung, die Rangordnung, die Kontaktaufnahme, die Bewegung und den Abschied.

Ich verglich das, was ich mit den Pferden tat, mit dem Erlernen einer neuen Sprache (ich hatte einige Jahre Spanisch gelernt). So stellte ich mir bestimmte Worte vor, Substantive, Verben, Adjektive, und die Grammatik, die unterschiedlichen Zeiten und andere Feinheiten. Es liegt auf der Hand, dass man nicht nur die Worte einer Sprache lernen muss, sondern auch, wie sie zusammengestellt werden, um etwas auszudrücken. Und dann gibt es natürlich noch die Kunst, die Sprache zu sprechen, und zwar fließend.

Ich sagte mir, dass der überwiegende Teil der unbewussten Kommunikation von Menschen in Wirklichkeit körpersprachlich abläuft. Auf Reisen in fremde Länder wird das deutlich. Wir zeigen auf unseren Mund, wenn wir uns in einem fremden Land erkundigen möchten, wo wir etwas zu essen bekommen können. Diese Geste ist von jedem menschlichen Wesen nachvollziehbar. Die subtileren Feinheiten der Körpersprache eines Landes oder einer Kultur werden stark von Gewohnheiten oder Traditionen beeinflusst, aber um auszudrücken, dass man friert, kann man trotzdem überall seine Arme um den Körper schlingen, und so tun, als ob man zittert, und jeder wird es verstehen.

Wie sah diese umfassende Bedeutung bei Pferden aus, was waren die offenkundigsten körpersprachlichen Signale, so wie das Zeigen auf den Mund, wenn man hungrig ist? Wie konnte ich sie so nachahmen, dass die Pferde mich verstehen würden?

Das Lustige war: Als ich erst damit anfing, wurden die Pferde richtig gesprächig!

## Vom Rat zur Tat

Eines Tages bekam ich einen Anruf der Leiterin eines örtlichen Tierschutzhofes. Dort gab es einen Mustang, der sich von niemandem anfassen ließ. Sie wusste zwar, dass ich gerade eine Auszeit nahm, wollte aber wissen, ob ich ihr nicht jemanden schicken könnte, der sich den Mustang ansehen und ihr vielleicht einen Rat geben würde. Zu diesem Zeitpunkt hatte ich einige Monate lang mit keinem Pferd außer unseren eigenen gearbeitet. Doch ich fühlte mich durch die Anfrage nicht gestört. Vielleicht war es an der Zeit, über den Tellerrand zu schauen.

Okay, dachte ich. Warum nicht.

Der kleine Mustang stand am hinteren Ende seines Paddocks, ohne sich zu rühren. Er konnte direkt vom Paddock in seine Box laufen. Links und rechts neben ihm standen seine Kumpels, doch wegen verschiedener Verletzungen oder anderer Probleme jeder für sich. Das musste zunächst auch einmal so bleiben.

Der kleine Kerl warf mir einen kurzen Blick zu und drehte sein Hinterteil so deutlich und warnend in meine Richtung, dass die Botschaft nicht zu überhören war.

Okay, dachte ich. Wird schon schiefgehen.

Ich begann damit, etwa fünf Meter entfernt von seinem Paddock auf und ab zu gehen, so dass er mich von allen Seiten sehen konnte. Dann hielt ich an und machte Upsies.

Der Mustang drehte sich um und senkte innerhalb von zwei Sekunden den Kopf zum Boden.

Zu dieser Zeit waren mir die zeitlichen Abläufe noch nicht ganz klar, also blieb ich stehen und leckte und kaute mit Mund und Lippen. Er streckte die Nase in meine Richtung und atmete drei schnüffelnde Atemzüge lang ein. Ich ahmte ihn nach, denn ich dachte, dass er sicher besser als ich wusste, was als Nächstes kommen würde. Dann drehte er den Kopf deutlich zur Seite und ich tat das Gleiche. Wieder atmete er schnüffelnd in meine Richtung und senkte dann den Kopf bis zum Boden. Ich betrachtete das als Einladung, näher zu kommen.

Ich schlenderte in einer übertriebenen „O“-Haltung zu ihm und streckte den Arm aus. Dabei hielt ich die Hand in einer lockeren Faust mit den Fingerknöcheln nach oben. Dies machte ich auch bei meinen Pferden so, anstatt sie mit der Nase zu begrüßen. Er berührte meine Faust leicht mit der Nase und drehte sich dann weg und ging in seine Box. Das Gespräch schien beendet zu sein.

Ich ging weg, um einige der anderen Pferde zu besuchen. Einige Minuten später sah ich wieder bei ihm vorbei. Der Mustang wartete am Zaun auf mich und streckte den Hals aus, um meine Faust erneut zu berühren.

Ich gab dem alten Drang nach, ihn an der Stirn zu berühren, was zur Folge hatte, dass er die Ohren anlegte und sich wegdrehte.

Ups!

Hastig ging ich einige Schritte rückwärts und scharrte mit dem Schuh im Sand. Er reagierte, indem er wieder am Boden schnüffelte. Dann ging er langsam nach links. Das tat ich auch. Ich hielt an, als er anhielt. Das schien ihm zu gefallen. Ich war neugierig, was passieren würde, wenn ich nach rechts ginge, also machte ich einen Schritt. Das kleine Pferdchen machte eine schöne lange Pause, bevor es sich umwendete und auch nach rechts bewegte. Nun wusste ich wieder nicht mehr, was ich als Nächstes tun sollte und atmete laut aus. Der Wallach begann zu gähnen. Es fühlte sich an, als sollten wir ein Schläfchen halten, also setzte ich mich auf den Boden außerhalb seines Paddocks. Er winkelte ein Hinterbein an und schloss die Augen.

Was würde Rocky nun tun, fragte ich mich. Vor meinem inneren Auge sah ich, wie Rocky die Ohren zur Seite kippen ließ und mit den Lippen wackelte. Die Ohren konnte ich zwar nicht kippen, aber ich wackelte mit den Lippen. Der Mustang erwachte aus seinem Tagtraum und ließ dann die Ohren zur Seite kippen und wackelte mit den Lippen. Darauf folgte eine weitere Runde ausgiebiges Gähnen. Ich atmete tief ein und dehnte dabei die Rippen, um noch mehr Luft aufnehmen zu können. Auch der Bauch des Mustangs dehnte sich mit einem schnüffelnden Atem aus, so dass er eine Minute lang dicker aussah.

Ich war nicht sicher, was ich als Nächstes machen sollte und erhob mich. Dem Mustang schien klar zu sein, dass ich nicht mehr weiter wusste. Er schlug mit dem Schweif und verschwand in seiner Box. Als Antwort darauf schlug ich mit der Hand in Richtung meiner Oberschenkel. Er blieb stehen, schaute über die Schulter zu mir hin, schlug wieder mit dem Schweif und schnaubte.

Ich hatte keine Ahnung, ob es dem kleinen Mustang gutgetan hatte, aber ich war überglücklich. Die Ehrenamtlichen, die zugeschaut hatten, löcherten mich mit Fragen und ich stimmte zu, dass ich für einen Fortbildungstag wiederkommen würde, an dem ich einige der Bewegungen, die ich gemacht hatte, erklären würde.

Am nächsten Tag bekam ich einen Anruf. Der Mustang war einer der Ehrenamtlichen an der Boxentür entgegengekommen und hatte sich ein Halfter anziehen lassen. Nun konnte er auf eine größere Weide gebracht werden. Die Leiterin des Hofes meinte, er sei sehr viel entspannter, als ob er nun plötzlich angekommen wäre.

Ich war begeistert – aber überrascht. Wie konnte ein einziger Besuch, bei dem ich das Pferd nicht einmal angefasst hatte, solch eine Veränderung bewirken? War es einfach Zufall oder hatte es einen Grund?

## Ja, aber versuche mal, es zu unterrichten!

Ich unterrichtete eine Serie kürzerer Fortbildungen auf dem Tierschutzhof, während derer ich auf mein gesammeltes Wissen zurückgriff. Ich wollte die Helfer darin unterstützen, ein gutes Verhältnis zu den ihnen anvertrauten Tieren aufzubauen. Für den Unterricht gliederte und straffte ich meine Aufzeichnungen der Pferdesprache. Dadurch war es mir möglich, den Stoff in Häppchen anzubieten, die das Lernen erleichterten. Inzwischen weiß ich, dass Pferde den lieben langen Tag unterschiedliche Gespräche beginnen und beenden, aber wenn man sich mit einem Pferd verständigen möchte, wie fängt man an und warum?

Eine Unterhaltung mit einem Pferd kann zwanzig Minuten dauern oder in dreißig Sekunden vorüber sein. Pferde sagen Dinge schnell oder langsam, wie es ihnen eben passt. Die ganze Bandbreite der Geschwindigkeiten und Intensitäten, die sie einsetzen, kann zur Folge haben, dass wir das Muster nicht erkennen können.

Eigentlich ist es sogar ein Risiko, das Wort Muster zu benutzen, da wir als Menschen in Versuchung geraten, Muster sofort einsetzen zu wollen. Muster sind wie Vorlagen, die uns dazu dienen, ein Ziel zu erreichen. Ich versuche immer, Pferdisch so zu beschreiben, dass man nicht in Versuchung gerät, damit Macht auszuüben. „Ablauf" oder „Regel" klingt zum Beispiel bewusster als „Muster". Ich wurde Zeugin davon, dass Pferde ihr eigenes System sehr bewusst benutzen und indem ich ihren Abläufen und Regeln gefolgt bin, entdeckte ich zu meiner Begeisterung, dass die meisten Pferde innerhalb weniger Augenblicke ein vollkommen anderes Verhältnis zu mir bekamen.

Ich musste eine Möglichkeit schaffen, das Gespräch mit Pferden auf eine vorhersagbare, wiederholbare Art zu beginnen und dem Pferd zu vermitteln, dass wir Menschen versuchten, mit ihm zu sprechen, wenn auch mit heftigem Akzent.

Plötzlich traf mich die Erkenntnis aus heiterem Himmel, dass wir nun ja wirklich versuchten, zu *sprechen* und dass dies nicht geschah, weil wir etwas erreichen oder passieren lassen wollten. Der kleine Mustang hatte mir an diesem Tag, den ich bei ihm verbracht hatte, genau gezeigt, wo wir beginnen sollten. Natürlich damit, uns zu begrüßen!

Aber wie sollte ich das anderen Menschen beibringen, wenn es doch sowohl zwanzig Minuten, als auch dreißig Sekunden dauern konnte? Und wenn ich Pferde dabei beobachtet habe, wie sie drei oder mehr Abläufe brauchten, um eine einzige Sache zu sagen?

Es fühlte sich erdrückend und eigentlich unmöglich an. Die Pferde auf dem Tierschutzhof blühten allerdings auf, obwohl ich ja nur kurze Abläufe verstand und anwenden konnte. Es schien so, als fühlten sie sich sicherer und verhielten sich entgegenkommender, sobald ich oder die anderen Ehrenamtlichen auf dem Hof auch nur versuchten, Pferdisch zu sprechen.

## Der zweite Akt

Ich kehrte zurück an die Schule, um zu unterrichten und auszubilden. In einer nahegelegenen therapeutischen Reitschule wählte ich einige Gruppen mit jüngeren Schülern aus, die pferdegestützt unterrichtet wurden. Ich wollte versuchen, das Verhältnis zwischen Pferden und Menschen durch meine neue Arbeit konkreter werden zu lassen.

Mein Ziel war es nicht nur, meinen Schülern Unterrichtseinheiten zu bieten, die sie zufrieden machten. Ich wollte außerdem die Pferde auf eine Art einbeziehen, die es ihnen ermöglichte, ihr natürliches Einfühlungsvermögen einzubringen. Pferde sprechen mit dem ganzen Körper, doch der Kern ihrer Gespräche beruht auf Gefühlen. Sie *fühlen* die Welt um sich herum und reagieren auf das Leben entsprechend ihrer Gefühle. Sie sind fühlende Wesen.

Wann immer große Ideen sich in Lernsysteme verwandeln, geht etwas von ihrer Kunst zugunsten einer Perspektive verloren, die für andere nachvollziehbar ist. Die Vorteile, die Pferdisch bieten kann, sind das wert. Ich wollte Pferdisch nie für mich alleine, doch ich hoffe, dass das nur die Spitze des Eisbergs ist. Es gibt sicherlich noch viele weitere Schichten zu entdecken und mit der Zeit auch zu genießen.

### *AHA-Moment*

Indem ich das einsetzte, was ich inzwischen „Pferdisch" nannte, konnte ich sichergehen, dass sich die Pferde mit meinem Platz in der Rangordnung wohl fühlten und meiner Führung bei allen Entscheidungen, die ich traf, folgen würden und dass sie gefühlsmässig zugänglich waren und Empathie zeigten.

Als ich lernbehinderte Schüler unterrichtete, wurde mir klar, dass einige Gehirne Körpersprache besser verstehen können, als andere.

Das also war das ganze Geheimnis. Gute Pferdeflüsterer konnten die Körpersprache von Pferden sehr schnell entschlüsseln. Wenn ich den Entschlüsselungsprozess in ein System bringen konnte, würde es lehrbar und erlernbar sein, statt mystisch und geheimnisvoll.

## Sonnenlicht

Noch immer lebt Rocky bei mir, zusammen mit seiner Gruppe von Stuten und einem Wallach. Manchmal, wenn ich am Ende eines Tages oder Wochenendes vom Unterrichten in der näheren Umgebung oder aus weiter entfernten Ställen nach Hause komme, kann ich tief durchatmen. Meine Füße finden den Weg nach draußen in seine Welt von ganz alleine und ich schnüffele an seinem Hals. Normalerweise schnuppert er zurück, manchmal leckt er meinen Handrücken sachte ab. Dakota kommt leichtfüßig heran und fordert mich zum Spielen auf und die anderen rennen herum wie ein Fischschwarm, ziehen immer engere Kreise, bis ich von ihnen umschlossen bin. Sie fangen an, sich zu beknabbern und lehnen sich zu mir hinüber. Ich lege die Hände auf jede juckende Stelle, an die ich herankomme. Sie bewegen sich vorsichtig mit mir in der Mitte ihrer Welt, drehen und wenden sich, damit ich jeden von ihnen berühren kann.

Manchmal unternehmen Rocky und ich am Ende des Tages, wenn die Sonne untergeht, einen Ausflug in den Wald. Er hat ein Halfter an und Zügel mit Schnapphaken, aber sie liegen auf seinem Widerrist, während wir auf dem ausgetretenen Pfad laufen. Manchmal gehen wir weit, manchmal nur eine kurze Strecke. Es ist egal, weil wir bestimmen, wie wir jeden einzelnen Moment *zusammen* verbringen.

Ich kann immer noch voller Ehrfurcht einen fehlerlosen Ritt durch den Parcours oder eine Grand-Prix-Kür zur richtigen Musik bewundern. Auch Freiarbeit sehe ich mir gerne an. Aber alles, was ich in Wirklichkeit brauche, sind diese Tage, an denen das Sonnenlicht in den Baumkronen leuchtet und ich mit meinem besten Freund durch den Wald schlendere. Unser gegenseitiges Vertrauen und unsere Freundschaft geht weiter als jedes Kunststück, das ich lernen oder lehren könnte. Und nebenbei bemerkt ist seine enorme Weisheit noch lange nicht erschöpft … .

## *Lecken und Kauen*

Ich wollte die Welt der Pferdeflüsterer entmystifizieren. Obwohl es natürlich inspirierend und schön sein kann, sind viele Leute ratlos, was sie als Nächstes tun sollen, wenn man in der Arbeit mit Pferden nur auf Intuition setzt. Häufig wird davon ausgegangen, dass ein „Guru" die richtige Magie besitzt und dass wir uns glücklich schätzen können, wenn ein wenig von seiner Magie auf uns übergeht.
Ich hatte angefangen, den Schlüssel zu „Pferdisch" zu knacken. Dadurch konnte jeder lernen, sich die Pferdesprache anzueignen. Es ging nicht mehr ums Flüstern. Es ging darum, Gespräche zu führen.

KAPITEL 7

# Die Wahrheit kommt ans Licht

## Welpenkuscheln

Uns allen ist klar, dass Pferde keine Hunde sind. Obwohl sich viele von uns wünschten, sie wären es. Sie haben sicher schon mal einen Haufen Welpen gesehen, die eng zusammen kuscheln. Aber haben sie schon einmal einen Haufen Fohlen gesehen, die miteinander kuscheln?

Ein angeborener Unterschied zwischen Hunden und Pferden besteht darin, dass Hunde sich auf die sympathischste Weise in den Raum anderer Hunde oder ihrer Menschen drängeln. Pferde tun das untereinander nicht. Wenn sich ein Pferd wie ein Welpe benimmt, wurde dieses Verhalten durch unklare Botschaften ausgelöst, die Menschen häufig aussenden. Pferde haben keine Idee davon, wie sie auf Ihren Schoß krabbeln könnten –und wenn sie es dennoch versuchen, kann das sehr schmerzhaft für den Menschen werden.

Ein fröhlicher, warmherziger Mann kam mit seinem Pferd zu einem meiner Kurse. Das Pferd war ein Mustang, und er hatte einige Jahre lang fleißig mit ihm trainiert. David, wie wir ihn nennen wollen, brachte das Pferd von Zeit zu Zeit zu einem Trainer mit sehr gutem Ruf, um es korrigieren zu lassen. Doch innerhalb eines Monats kamen sämtliche Probleme des Pferdes wieder an die Oberfläche.

Der Mustang, den wir hier Timmy nennen werden, lebte mit einer älteren Stute zusammen, die dafür sorgte, dass er entspannt war. Ohne die Stute fand Timmy es auf meinem Kurs allerdings schwer, sich zu beruhigen. David sah zwar vergnügt aus, aber sein Lachen klang unbehaglich. Er schüttelte den Kopf und murmelte: „So ist mein Timmy, so ist er einfach!"

Ich fragte ihn, wie häufig er mit Timmy im Roundpen trainiert hatte. Er antwortete, dass er zwar jedes Mal in den Roundpen ging, wenn er etwas mit Timmy machte. Auf Anraten seines Trainers hin verlangte er aber nur einige Richtungswechsel und ein paar Runden im Trab und Galopp. Verzichtete er auf diese Übungen, buckelte Timmy ab, schnappte und war zu aufgeregt, um geritten zu werden. Mitunter war es sowieso nicht möglich, Timmy zu reiten, weil er sich einfach nicht beruhigte.

David erzählte, dass sein Trainer sehr darauf achtete, dass David ruhig blieb. Er hatte mit ihm geübt, tief zu atmen. David war sich sicher, dass er die Anweisungen seines Trainers befolgte und konnte nicht verstehen, dass Timmy nach so vielen Jahren immer noch so aufbrausend und verspannt war.

Oberflächlich betrachtet hatten wir es hier wirklich mit einem schwer kontrollierbaren Pferd zu tun, das „einfach so war". Zumindest sah es für die meisten Leute so aus. Die Situation war herzerweichend. David betete sein Pferd an. Der Ausbilder, dem er sein Vertrauen geschenkt hatte, war bekannt dafür, wohlüberlegt und bedächtig an die Arbeit mit Pferden heranzugehen. Der Mustang wurde von niemandem geschlagen, gejagt oder geängstigt, damit er sich unterwarf. Es klang, als sei sogar die Stute, mit der er seinen Alltag zu Hause verbrachte, besonders geduldig und freundlich zu ihm.

## Der Stall brennt

Ich beginne meine Kurse immer damit, einige Dinge zu erklären, bevor es so richtig losgeht. Wenn alle Kursteilnehmer auf engem Raum zusammensitzen, weise ich häufig darauf hin, dass sich keiner berührt, obwohl alle so dicht beieinander sind. Selbst verheiratete Paare oder beste Freundinnen sitzen sich nicht auf dem Schoß.

Als Gattung gehen wir sehr bewusst mit unserem persönlichen Raum um. Das gilt auch für Pferde. Hunde sprechen mit ihrem Verhalten unseren Wunsch nach Nähe an, Pferde dagegen unser Bedürfnis nach Sicherheit durch die Unversehrtheit unseres persönlichen Raumes.

Pferde und Menschen haben noch weitere Gemeinsamkeiten: Wir möchten, dass unser persönlicher Raum klar umgrenzt ist und respektiert wird, und wir möchten, dass die Umgebung, in der wir uns befinden, sicher ist. Sollte der Stall plötzlich während eines Kurses Feuer fangen, würden wir unsere Unterhaltung nicht fortsetzen. Stattdessen würden wir nach draußen drängen und dabei vielleicht die anderen umrennen. Wenn Pferde in einer Situation, die sie als gefährlich empfinden, zur Flucht drängen, vermeiden sie möglichst, andere Pferde umzurennen. Damit das immer und überall klappt, üben sie täglich viele Male zum Wohl und im Sinne der Herde, den persönlichen Raum der anderen zu umrunden. Pferde haben ein so großes Bedürfnis nach einer sicheren Umgebung, dass sie skeptisch bleiben, solange es keinen Beweis dafür gibt, dass alles in Ordnung ist. Erinnern Sie sich daran, was im zweiten Kapitel stand? Wenn Menschen einen Stall betreten, nehmen sie innerhalb von Sekunden alle Gegenstände im Raum wahr, Türen, Bürsten, Matten, Halfter, Führstricke, Weidezaunlitzen. Wir benennen all diese Dinge und beanspruchen sie damit für uns. Wir nehmen unsere Umgebung in Besitz und halten die Dinge für ungefährlich, da wir wissen, wie sie heißen. Pferde vergegenständlichen die Welt nicht auf diese Weise. Sie nehmen Dinge in Besitz, nachdem sie sie inspiziert, berührt oder bewegt haben. Aber sie verallgemeinern ihre Erfahrung nicht, so lange sie ein einzelnes Objekt nicht so gut kennengelernt haben, dass eine generalisierte Lernerfahrung garantiert ist. Mit anderen Worten: Ein Pferdehänger steht nicht für alle Pferdehänger, so wenig wie eine Bürste für alle Bürsten steht.

Pferde erleben ihre Welt direkt und ihre Gedanken klingen ungefähr so: „Dieses wackelige Ding (Führstrick) riecht nach mir und meinem Menschen…es ist meins." Oder „Das Wasser in der Tonne riecht gut. Das Wasser in der anderen Tonne riecht anders. Es ist wunderbar, gutes Wasser zu trinken."

Pferde können so lange keine direkte Partnerschaft mit uns eingehen, bis sie festgestellt haben, dass ihre unmittelbare Umgebung sicher ist. Wenn sie ein Jahr lang in einen Stall hinein- und wieder hinausgeführt werden, ohne je die Umgebung erkunden und alle Gegenstände in dieser Umgebung berühren zu können, werden sie sich nie völlig sicher sein, dass diese Gegenstände ungefährlich sind.

Bevor eine Pferdemutter ihrem kleinen Fohlen sagt, dass es vorwärts gehen und losrennen soll, berührt sie alles in ihrer Umgebung und nimmt es unter die Lupe. Und wenn Sie ein Pferd auf einem neuen Reitplatz oder Paddock laufen lassen, geht es zunächst einmal herum und schnuppert und inspiziert jeden Pfosten, Stein oder Baum, bevor es beschließt, dass die Gegend sicher ist. Dieses Verhalten ist tatsächlich vollkommen vorhersagbar. Der einfachste

Weg, um einem Pferd zu sagen, dass alles sicher ist, besteht darin, das Verhalten der Pferdemutter zu nachzuahmen. Damit sagt man dem Pferd, dass man, genau wie seine Mutter, die Gegend inspiziert hat und alles in Ordnung ist.

Wenn der Stall nach Ansicht des Pferdes brennt, wird es schwierig, ihm „Hallo“ zu sagen. Ignoriert man das Pferd in einem solchen Fall einfach ein paar Minuten lang, geht herum und inspiziert die Dinge auf der Stallgasse, während es in seiner Box steht, beeindruckt man es am schnellsten. Verhalten Sie sich so, als gehöre Ihnen der Stall, wird es sich sehr für Sie interessieren. Dann werden Sie es leicht haben, Ihr Pferd davon zu überzeugen, dass Sie ein gütiger Führer sind, der nach jedem Schreckgespenst Ausschau hält, das Ihr Pferd drangsalieren könnte.

Führen Sie Ihr Pferd in einer fremden Umgebung, dann nehmen Sie sich die Zeit, mit ihm herumzugehen, sich alles anzusehen oder zu beriechen, egal ob es Schilder, Mauern, Regale, Eimer oder Kisten sind. Während Sie mit einer gewissen zielstrebigen Entschlossenheit gegen all diese Dinge treten oder sie bewegen, wird Ihr Pferd Sie genau beobachten, um herauszufinden, was Ihnen noch alles gehört. Laden Sie Ihr Pferd dazu ein, es Ihnen gleichzutun und diese Dinge auch zu „besitzen“, wird es sich Ihnen anschließen.

Ich kenne einige Reiter, die Ihre Pferde lange vor der Zeit auf den Turnierplatz bringen, damit sie vor den Augen ihrer Pferde gegen ein paar Ständer treten können, solange sie unbeobachtet sind. Die Pferde sind während der Prüfungen wesentlich ruhiger, wenn sie das getan haben!

## Timmys Roundpen brennt

Ich begann mit Timmy genau auf diese Weise. Ich ignorierte seine halsbrecherischen Mätzchen. Er raste, rutschte und lief im Roundpen umher und ich blieb vor dem Roundpen und schnaubte drei sanfte Atemzüge in seine Richtung um ihn erst einmal zu begrüßen. Er wurde wütend, legte die Ohren an und entfernte sich von mir.

Spannend.

Ich ging an die Arbeit, trat gegen den Zaun des Roundpens, schlug gegen die Rinde eines Baums, der in der Nähe stand und schleuderte ein paar Steine in die Büsche am Rand. Nach etwa drei Minuten hörte Timmy auf, herumzurennen, stand still wie eine Statue und starrte zu mir hin. Ich schaute in seine Richtung und bot ihm noch einmal drei schnaubende Ausatmer an. Sanfte, schnaubende Ausatemzüge sind eine Einladung zum Kontakt. Auf Seite 55 lesen Sie mehr über Atembotschaften.

Wieder legte Timmy die Ohren an. Aber er schaute auch zur Seite. Auf Pferdisch ist es eine sehr höfliche Geste, zur Seite zu sehen. Raum ist für Pferde eine ähnliche Währung wie Geld. Wenn sie ein bisschen Raum geben, geben sie diesen Raum *Ihnen*. Ich würdigte Timmys Geschenk der Kopffreiheit, indem ich einen Schritt nach hinten trat und meinerseits den Kopf zur Seite wendete. Das hieß „Danke für den Raum. Hier ist etwas Raum für dich."

Dann machte ich weiter damit, Steine zu werfen und Timmy zu ignorieren. Dadurch wurde die Beziehung zwischen uns nicht zur Hauptsache. Die Hauptsache war die Sicherheit der Umgebung, Timmys Gegenwart war zweitrangig. Ich hatte „das Sagen", weil ich die Sicherheit zu meinem Hauptanliegen machte.

Es funktionierte. Timmy ließ den Kopf bis zum Boden sinken, schnüffelte daran und machte Upsies. Das bedeutete „Ich möchte etwas Druck rausnehmen" und war eine respektvolle Bitte um etwas mehr Nähe. Wieder bot ich ihm drei schnaubende Ausatmer an und stellte mich dabei in die „O"-Haltung, indem ich mit meinen Armen ein „O" vor dem Körper formte und mich leicht nach vorn beugte. Das ist ein universelles Willkommenszeichen.

Timmy schlenderte zum Roundpenzaun herüber. Seine Augen waren weich, aber sie hatten Sorgenfalten. Sein Kinn war zusammengezogen, aber seine Nüstern flatterten, weil er meinen Geruch einatmete. Ich hielt meine geschlossene Faust mit den Fingerknöcheln nach oben in Richtung seines Mauls.

Pferde begrüßen einander in Dreierserien. Dabei kann das Aussehen dieser Dreiersets durchaus variieren, je nachdem, welche Pferde daran beteiligt sind. Timmy wollte meine Hand schnell berühren und atmete dabei geräuschvoll. Das ist typisch für einen angespannten Wallach. Männliche Pferde, die ein wenig angriffslustig wirken, berühren einander für gewöhnlich drei Mal hintereinander sehr schnell mit den Nüstern am Maul. Pferde, die sich gut kennen, berühren sich langsamer, wenn sie sich begrüßen und lassen zwischen den einzelnen Berührungen etwas Zeit vergehen. Pferde, die dabei sind, die Hierarchie zu regeln, weiten den ganzen Prozess sogar aus und führen nacheinander drei Dreierserien aus.

Ich wollte mich Timmy gegenüber wie eine Mentorin verhalten, also berührte ich ihn ein einziges Mal mit den Fingerknöcheln an den Nüstern und bat ihn dann um etwas mehr Langsamkeit. Ich wollte nicht, dass er die Geschwindigkeit unseres Begrüßungsrituals bestimmte, also drosselte ich das Tempo etwas. Das mache ich nicht immer so. Manchmal lasse ich es zu, dass das Begrüßungsritual zunächst sehr schnell vonstatten geht, wenn das Pferd angespannt oder nervös ist. Später jedoch komme ich dann noch einmal darauf zurück und dann ist auch ein schönes, langsames Gespräch möglich.

Zwischen den Berührungen an Timmys Nüstern schaute ich weg, so als ob irgendwo am Horizont ein Schreckgespenst aufgetaucht wäre. Ich lernte diese Geste, als ich Wächterpferde dabei beobachtete, wie sie junge oder ängstliche Herdenmitglieder unterrichteten. Das Wächterpferd suchte dann den Horizont nach einer

Gefahr ab, um den anderen dabei zu helfen, sich zu beruhigen. Das Vorgehen des Mentorpferdes ist in dieser Situation in etwa das Gleiche, egal, ob der Mentor eine Stute, ein Wallach oder sogar ein Hengst ist.

Die Regel Nummer eins bei Pferdisch lautet: Geh langsam und atme viel.

Nachdem ich Timmy zum zweiten Mal an den Nüstern berührt hatte, ging er weg. Jede der drei Berührungen, die Pferde für ein vollständiges Gespräch über die Rangordnung, die Führung, die Sicherheit und die Verbindung untereinander ausführen, bietet die Gelegenheit, das andere Pferd einzuschätzen. Derjenige, der den Horizont nach dem Tiger absucht, ist auch derjenige, der die Führung anbietet. Geht ein Pferd bei der zweiten Berührung weg, ist es nicht zu einer engeren Verbindung bereit. Die dritte Berührung stellt die Bindung her, und Timmy war dafür noch nicht bereit.

Ich trat ebenfalls zurück und atmete lange und seufzend aus. Ich sah zu Boden und Timmy senkte den Klopf. Ich betrachtete seine starren Augen und blinzelte. Mentoren setzen das Blinzeln ein, um ein nervöses Pferd davon zu überzeugen, dass es nichts Beunruhigendes gibt, das man anstarren müsste. Blinzeln kann auch ein Indiz für inneres Neutral Null sein. Pferde setzen es ein, um auszudrücken, dass sie sich satt, zufrieden und behaglich genug für ein kleines Schläfchen fühlen. Ein Lieblingsgespräch unter Pferden!

Nachdem er mir zugeblinzelt hatte, atmete Timmy laut und seufzend aus und schnaubte. Das bedeutete, dass er einen Neuanfang wollte. Er kam direkt auf mich zu und berührte meine Hand zum dritten Mal. Dabei knabberte er sanft an meinen Fingerknöcheln und hielt seine Lippen zärtlich an meine Hand.

Knabbern bedeutet, dass das Pferd sich Nähe wünscht. Da Timmy so explosiv war, bot ich ihm keine Gegenberührung an. Wie schon erwähnt, machen Pferde erst dann gegenseitige Fellpflege, wenn sie sich sicher fühlen, wenn ihre Beziehung ausgewogen und ihr Bauch voll ist und der perfekte Zeitpunkt für ein wenig Fellpflege gekommen zu sein scheint. Berührung steht auf der Prioritätenliste von Pferden nicht sehr weit oben, auf unserer Liste dagegen sehr wohl. Timmy wusste das und sagte mir, dass ich nun loslegen und in seinen Raum „eindringen“ könne. Ich aber wollte ihm zeigen, dass ich nicht in seinen Raum eindringen würde. Indem ich das tat, machte ich ihm zusätzlich klar, dass er auch nicht in meinen Raum eindringen konnte. Gegenseitigen Respekt aufzubauen war im Moment das Sinnvollste, was ich tun konnte.

Um zu betonen, dass wir gerade über Raum verhandelten, deutete ich mit meinem Zeigefinger auf seinen „Geh-weg-Gesichts-Button“ unter dem Auge auf der Pferdewange (Seite 57). Ich streckte nicht die Hand durch den Zaun, um den Button direkt zu berühren. Ich brauchte nur den Zeigefinger für etwa dreißig Sekunden so zu halten, dass er auf den Button zeigte und Timmy wendete höflich den Kopf zur Seite.

Nun hatte ich wirklich seine volle Aufmerksamkeit.

Timmy kam zurück und wollte auf der Stelle ein „Kurzes Hallo“. Das Kurze Hallo, wie ich es nenne, ist ein weicher Maul-Knöchel-Kontakt, den Pferde untereinander einsetzen, um eine Verbindung herzustellen. Sie können sich gegenseitig am Maul berühren oder Kontakt an irgendeiner anderen Körperstelle herstellen oder sogar nur aus einiger Entfernung auf das Maul deuten. Zwischen Menschen und Pferden ist das Kurze Hallo mit Maul-an-Knöchel-Kontakt eine beruhigende Geste, die die Verbindung stärkt und den persönlichen Raum dennoch achtet.

Sobald Timmy mit dem Kurzen Hallo fertig war, forderte ich ihn wieder auf, den Kopf zur Seite zu wenden. Er folgte freudig. Wir wiederholten den gesamten Ablauf noch drei weitere Male. Beim vierten Mal bewegte er den ganzen Kopf und Hals zur Seite und ließ ihn dort, während er mich aus dem Augenwinkel beobachtete. Er stand absolut still. Ich lobte ihn laut und ging sachte ebenfalls zur Seite. Das war das beste „Ja“, das ich ihm geben konnte, Raum und Atem.

Nun begann Timmy mehrmals zu gähnen. Er ließ so viel Spannung los, dass seine Augen nach oben rollten. Ich nickte mit dem Kopf, um Zustimmung zu signalisieren und wackelte mit den Lippen, während ich den Kopf von Seite zu Seite schüttelte. Er schüttelte den Kopf ebenfalls von einer Seite zur anderen und wackelte mit den Lippen zurück. Das bedeutete, dass er auch das Gefühl hatte, einen guten Tag zu haben. Wir brauchten nicht mehr nervös wegen des anderen zu sein. Als seine neue Führerin bot ich an, dass wir ein Schläfchen halten könnten. Wir standen etwa eine Minute lang still und dann sagte ich zu David, dass wir nun gehen würden, damit Timmy das Erlebte verdauen konnte.

Ich hatte alle Informationen, die ich brauchte, um zu wissen, was den Mustang störte.

## Es geht um Ihr Gesicht

Wenn Sie nicht sicher sind, was der Gesichtsausdruck Ihres Pferdes bedeutet, ahmen Sie ihn nach. Pferde und Menschen besitzen greiffähige Lippen und viele Gesichtsmuskeln. Wir machen tatsächlich aus ähnlichen Gründen ähnliche Gesichtsausdrücke.

Menschen spannen ihre Gesichter im Umgang mit Pferden oft an. Wenn Sie sich konzentrieren, verspannt sich Ihr Mund, Ihr Kinn kräuselt sich, Ihre Augen treten hervor und Sie halten den Atem an. In der Pferdesprache sehen Sie die gleichen Merkmale, wenn ein Pferd sich ärgert und sagt, dass es gleich beißt, wenn das andere Pferd nicht weggeht. Menschen sehen fast die ganze Zeit wie „Beißer“ aus, also müssen Pferde nach anderen Signalen Ausschau halten, um herauszufinden, was wir wollen. Sobald Menschen damit anfangen, ihre Lippen, Augen und ihre Mimik zu entspannen, fangen Pferde an, sich für uns zu interessieren und sich wohl mit uns zu fühlen.

## „X", „O" und Gedankenkontrolle

Da es nicht immer möglich ist, unsere Gedanken zu kontrollieren, gewöhnen Sie sich am besten an, Ihre Augen, Ihren Mund und Ihre Haltung zu entspannen. Wenn Ihr Körper ein „O" bildet, hilft Ihnen das auch, im inneren Neutral Null zu sein. Das ist die beste Möglichkeit, um sicherzustellen, dass Sie friedlich wirken und diese friedliche Wirkung auch beibehalten.

Von Zeit zu Zeit fordern Pferde eine „X"-Haltung ein. In einem „X" gehen unsere Arme und Beine entschieden nach außen und unsere Intensität wird größer. Wir formen ein „X", um die Motivation zur Bewegung zu erzeugen oder um eine Bewegung zu blockieren oder um eine Absicht zu signalisieren. Pferde haben von Natur aus keine Angst vor einer „X"-Haltung, aber sie fürchten sich vor einer Person, die im „X" feststeckt. Viele Leute finden es schwierig, ihre eigene Intensität anzupassen und was eigentlich nur bestimmt wirken soll, wirkt häufig angriffslustig. Um dies verständlich zu machen, unterrichte ich normalerweise, wie man zwischen fünf verschiedenen Ebenen der Intensität unterscheidet: Null, Absicht, höfliche Frage, Befehl und schließlich die Forderung.

***Intensitätsebene eins*** entsteht einfach dadurch, dass Sie mit einer Absicht auf einen Button schauen. Im Gegensatz dazu blinzeln Sie im Neutral Null ab und zu mit den Augen.

***Intensitätsebene zwei*** ist die erste Anfrage an einen Button, etwas zu tun. Dies kann die Bitte sein, stillzuhalten, zu Ihnen zu kommen oder wenn nötig wegzugehen. Der Intensitätslevel entspricht dem Druck, den Sie anwenden, wenn Sie die Hand eines Krabbelkindes halten. Es ist nicht viel Druck, und er ist sehr sanft.

***Intensitätsebene drei*** entsteht, wenn Sie wirklich wollen, dass ein Pferd etwas tut, das Pferd aber nicht so wirkt, als habe es Lust dazu. Es kann bedeuten, dass Sie mit der Hand am Seil abwärtsgleiten und Ihre Nachricht übermitteln, oder etwas mehr Druck in Ihre Berührung legen oder ein Geräusch wie das Schnippen der Finger oder ein Schnalzen einsetzen. Ich finde, dass viele Leute etwas zu häufig schnalzen, daher schnippe ich lieber mit den Fingern, da dies eine Botschaft ist, die man sich vorher bewusst gemacht hat.

***Intensitätsebene vier*** entsteht, wenn Sie wirklich wirklich, wollen, dass ein Pferd etwas tut, und das Pferd möchte dies wirklich, wirklich nicht. Diese Intensitätsebene haben wir auch, wenn ein Pferd vor einem anderen angibt, zum Beispiel während die Pferde auf der Weide miteinander spielen. Damit sie es nicht übertreiben, zeige ich meinen Schülern, wie sie eine sichere und angemessene Intensitätsebene vier entwickeln, die auf Pferde glaubhaft, aber nicht beleidigend wirkt. Tatsächlich bin ich ganz am Anfang einer Einheit mit einem neuen Pferd beim Absuchen des Horizonts und dem Sichern der Umgebung mit Rücksicht auf das Pferd oft auf Intensitätsebene vier. Ich zeige dem Pferd, dass ich mich mit der großen, beängstigenden Welt auskenne. Ich möchte jede Konfrontation mit dem Pferd vermeiden. Wenn ich mich also wie eine starke Führungspersönlichkeit verhalte (basierend auf dem Modell der Mutterstute), und alle Schreckgespenster untersuche, ist es unwahrscheinlich, dass ich in der direkteren Arbeit mit dem Pferd über eine Ebene drei hinausgehen muss. Ich habe dann ja bereits bewiesen, dass ich zur Ebene vier fähig bin. Manchmal möchten Pferde wissen, wie unsere Ebene vier aussieht. Das bewirkt, dass sie sich sicher fühlen. Ironischerweise trifft das vor allem auf Pferde zu, die misshandelt wurden. Leider machen viele Leute den Fehler, diese Angst zu zementieren, indem sie aggressiv statt bestimmt reagieren. Ich biete besondere Übungen an, in denen man lernt, den Unterschied zwischen beidem zu verstehen. In der Pferdewelt kann Bestimmtheit eine starke Intensität bedeuten, aber sobald die Situation vorüber ist, ist sie auch vorüber ... und alle machen ein Schläfchen.

Die meisten Menschen möchten nicht aggressiv mit ihren Pferden umgehen, darum untertreiben sie ihre „X"-Energie. Es kann also vorkommen, dass eine Person sich zwar äußerlich korrekt verhält und „Marsch" oder „Halt" sagt. In ihrem Innern möchte sie aber nicht, dass das Pferd sich angegriffen fühlt oder sie hat Angst davor, aus Versehen die Verbindung zu ihrem Pferd zu gefährden.

Das Wort „Grenzen" ist kein Schimpfwort. Es bedeutet keine Strafen, keine Einschränkung der Glaubwürdigkeit, keine Grobheit. Pferde brauchen gute und vernünftige Grenzen, die so sind wie zwei Flussufer. Ist der Fluss am Rand zu matschig, vermischt sich der Fluss mit dem Land und alles wird überschwemmt. Pferde bevorzugen auch untereinander klare Grenzen. Das Wir-Gefühl in ihrem Zusammenleben hängt unter anderem davon ab, wie sie ihre großen Körper geschickt umeinander herum bewegen. Im Fall einer Krise bedeutet diese Fähigkeit, dass alle Pferde in Höchstgeschwindigkeit rennen können, ohne übereinander zu stolpern.

Straßen haben Markierungen, so dass wir nicht über die Linien und in andere Autos fahren. Für ein Beutetier bedeuten Grenzen das Randgebiet ihres privaten, persönlichen Raumes, die Linie auf der Straße, die man besonders aufmerksam überschreitet.

Wir können uns unsere Grenzen wie einen Suppenteller vorstellen. Hat dieser Teller Risse, dann läuft die Suppe aus. Nun nehmen Sie die Suppe als Symbol für den nährenden Teil Ihrer Beziehung zu Ihrem Pferd. Damit Mensch und Pferd die Versorgung bekommen, die sie brauchen, ist es notwendig, dass es klare, gesunde Grenzen gibt. Ein unaufwändiges Durchsetzungsvermögen bekommt gesunden Pferden am besten. Es braucht wenig Zeit und wenig Energie. Daher nenne ich es auch „kalorienarmes Gespräch“. Wenn ein Pferd den Kopf anhebt, die Ohren zurücknimmt und die Lippen anspannt, während es mit den Augen auf den Geh-weg-Gesichts-Button eines anderen Pferdes deutet, möchte es lediglich, dass das andere Pferd das Gesicht etwas wegdreht. Pferde haben einen langen Hals und einen großen Kopf. Es gilt als höflich, das Gesicht aus dem Raum eines ranghöheren Pferdes wegzubewegen. Es geht oft gar nicht darum, die Füße zu bewegen, außer, wenn das ranghöhere Herdenmitglied den Raum, in dem sich das rangniedrigere Herdenmitglied gerade befindet, für sich beansprucht.

Wenn Sie das im Hinterkopf behalten, wird Ihnen klar werden, dass die „O“-Haltung zusammen mit dem inneren Neutral Null dafür sorgt, den Frieden in Gesprächen aufrechtzuerhalten. Pferde haben ständig irgendwelche Anliegen aneinander. Indem sie den Kopf gesenkt halten, die Ohren zur Seite klappen, entspannte Augen mit weichem Blick und entspannte Lippen, Maul und Kinn beibehalten, bleiben sie in der Pferdeversion der „O“-Haltung. Auch innerlich sind sie in der Neutral-Null-Energie.

Von Neutral Null aus können Sie den Geh-weg-Gesichts-Button ansprechen und dann wieder zu Neutral Null zurückkehren, wenn Ihrer Forderung nachgekommen wurde. Falls Sie das Pferd verwirrt haben und es der Meinung ist, dass Ihr Neutral Null eine Einladung darstellt, zurückzukommen, könnte es sein, dass es ganz schnell wieder in Ihrem Raum steht. In diesem Fall könnten Sie eine Grenze festlegen, indem Sie konstant in der „X“-Haltung bleiben, innerlich aber immer im Neutral Null sind. Ihr Ziel ist nur, eine Verwirrung aufzuklären, und nicht, eine Negativhaltung einzunehmen.

Wenn Ihre Grundlage immer das innere Neutral Null bleibt, können Sie die „X“-Haltung, die als Begrenzung für Ihr Pferd dient, nach und nach ausschleichen. Die meisten von uns haben schon einmal ein Leitpferd gesehen, das kaum den Kopf hebt und lediglich seine Augen als „X“ einsetzt. Da Menschen dazu neigen, die „X“- und „O“-Haltungen unbewusst miteinander zu verschmelzen, haben Pferde sich angewöhnt, uns nicht mehr zuzuhören. Dann denken wir, dass es nötig sei, unsere „X“-Energie auf eine lächerliche Art zu übertreiben, um Gehör zu finden.

Und genau das war leider Timmys Problem.

## Timmy und David finden Neutral Null

Ich bat David, Timmy aufzuhalftern und mir kurz die Bodenarbeit zu zeigen, die er sonst auch mit seinem Pferd machte. Obwohl man oberflächlich betrachtet sehen konnte, dass David und Timmy die Übungen kannten, die sie zusammen machten, wurde mir Einiges klar. Nachdem ich beobachtet hatte, wie David Timmy einfing, aufhalfterte und führte, schätzte ich ihn als fröhlichen Menschen ein, der sein Pferd liebte. Doch wenn er ihm nahe kam, verspannte er sich und schien abwehrbereit zu sein. Das war verständlich. In dem Moment, als er Timmy zu führen begann, fing Timmy an, an David herumzuknabbern. Das Pferd war nicht besonders angriffslustig oder gar gefährlich, es kam mir eher wie ein Spiel vor, das so aussah:

Timmy: „Ich möchte an deinem Arm herumkauen.“

David: „Nein Timmy, nein Timmy, komm, lass das sein, nein Timmy, NEIN TIMMY!“

Timmy: „Hmmmmppppf, SUPER!“

Dann zog Timmy für ungefähr eine Minute eine Schnute mit angespannten Lippen und Fältchen über den Augen, bevor es wieder losging.

Ich verstand, dass David sicherlich nicht wollte, dass sein Pferd an ihm herumknabberte, aber er fand es nicht soo schlimm, dass Timmy mit ihm zu spielen versuchte. Sein „X“ und „O“ waren unklar und die Suppe leckte aus dem Teller.

In meinem vorherigen Gespräch mit David hatte ich erfahren, dass Timmy sich im Roundpen irgendwann beruhigte. Das zeigte mir, dass Timmy wusste, wo sein Platz war, wenn David eine glaubwürdige „X“-Haltung einnahm. Sobald Davids „X“ kräftig genug war, verbesserten sich Timmys Manieren. Nun musste ich David etwas fragen.

„David, du magst es nicht wirklich, Timmy ständig sagen zu müssen, dass er aufhören soll, oder?“, fragte ich frei heraus.

„Nein“, gab David zu. Und er fügte hinzu: „Ich möchte seine Gefühle nicht verletzen. Ich habe diesen Kerl, seitdem er ein paar Monate alt war, und manchmal, wenn ich ihn zurechtweise, habe ich das Gefühl, dass er hinterher nicht mehr zu mir kommt. Ich möchte, dass er mir vertraut. Ich möchte, dass er weiß, dass ich ihm nie wehtun würde. Mein Ausbilder sagt mir, dass ich strenger sein soll, aber nicht böse. Ehrlich, ich sehe keinen Unterschied zwischen ‚strenger‘ und ‚böse‘. Und manchmal benimmt Timmy sich so ungestüm, dass ich tatsächlich böse werde. Und dann fühle ich mich schlecht.“

### *AHA-Moment*

Es war ein echter Sumpf. Timmy benahm sich genau wie ein menschliches Krabbelkind, das sowohl Grenzen als auch genügend Raum braucht, um zu sagen „Ich kann das alleine“.
Das eine Ufer von Timmys Fluss ermöglichte es ihm, verantwortlich für seine eigenen gesunden Grenzen zu sein. Die andere Seite des Ufers gehörte David und seiner Fähigkeit, die Balance zwischen einer Freundschaft zu seinem Kumpel und der fördernden Betreuung seines Schülers zu finden.

---

Ich fragte David, ob er glaube, dass Timmys Mutter ihrem Fohlen erlaubt haben würde, jederzeit an ihr herumzuknabbern.

Davids Augen leuchteten auf. „Ich habe ihn mit seiner Mutter zusammen gesehen, als er erst einige Tage alt war. Sie war eine coole Socke mit ihm, und er knabberte nicht an ihr. Ich habe gesehen, wie sie seinen Kopf abgeleckt hat. Wenn ich daran denke, hat es mich immer traurig gemacht, dass er ihr weggenommen wurde, und ich glaube, ich wollte diesen Verlust wieder gutmachen. So ist es eben auf einer Mustang-Auktion."

Nun war mir vollkommen klar, warum und wann diese Beziehung so sumpfig geworden war.

Ich sagte David, dass ich nun so mit ihm arbeiten würde, dass er in seinem Körper fühlen konnte, was der Unterschied zwischen aggressiver und böser Energie und einfacher, bestimmter und klarer „X"-Energie war. Ich erklärte ihm, dass Timmys Mutter klar und einfach mit ihm gewesen war, und dass sie ihm deswegen ihre Zuneigung schenken konnte, ohne dass er außer Kontrolle geriet. Ich sagte David auch, dass es an der Zeit war, Timmy erwachsen werden zu lassen, statt für immer das Baby aus Davids traurigen Erinnerungen zu bleiben.

David wollte ja selbst, dass Timmy sich ordentlich benahm, doch seine Erinnerungen hatten die Beziehung belastet. Also machten wir einige Übungen zusammen, die David helfen sollten, ohne belastende Erinnerungen zur Durchsetzungskraft zu finden. Ich zeigte ihm die verschiedenen Stadien der „X"-Haltung und „X"-Gesten, indem ich sie in seine Richtung ausführte. Er sagte mir, welche er als aggressiv und welche als höflich, aber bestimmt empfand.

Ich erklärte ihm, dass er als Leitpferd seines Pferdes das Verhalten zeigen musste, das er sich auch von seinem Pferd wünschte. Wenn wir inkonsequent herumfuchteln, teilen wir dem Pferd dadurch mit, dass es genauso sein soll. Sind wir starr und unnachgiebig, dann ist das unsere Botschaft an unser Pferd.

Ich unterstützte David dabei, sein Neutral Null zu finden und beizubehalten. Danach kümmerten wir uns um seine „O"-Haltung und dann sollte er etwas Aktives machen, wie zum Beispiel einen Stein werfen und gleich danach wieder ins Neutral Null zurückgehen. David war überrascht, wie schwierig es war, zu Neutral Null zurückzukehren, nachdem sein Adrenalispiegel angestiegen war, als er einen Stein an einen Baumstamm geworfen hatte. Ich erklärte, dass genau so das immerwährende „X" entstehen kann, das Pferde so verwirrt.

Für David gab es kein wirklich tragfähiges Neutral Null. Ich vermutete, dass er nicht wie ein Tyrann auf sein Pferd wirken wollte und Angst davor hatte, Timmys Gefühle zu verletzen. Daher war er zu passiv. Seine passive Energie war aber auch nicht Neutral Null. Er musste das Rätsel lösen, wie er auf der einen Seite entschieden und auf der anderen Seite liebevoll und offen sein konnte.

Plötzlich dämmerte es David, dass er vielleicht selbst Rat wusste. Seit Jahren schon machte er Kampfsport und er erzählte mir, wie er gelernt hatte, Kiai zu rufen, wenn er zum Beispiel auf ein Brett schlug. Sein Lehrer hatte ihm gesagt, dass sich dadurch alle aufgestaute Energie mit einem Schlag löst und die Person von jeglicher Anspannung befreit wird, so dass man in einen Zustand der Ruhe kommt.

## Kiai

Ich lächelte breit. „David, am besten machst du das ‚Kiai' in Timmys Nähe, so dass er dich sehen und hören kann."

Erst hatte David Angst, dass Timmy sich aufregen könnte. Ich versicherte ihm, dass diese Demonstration von Kraft, die *sofort zu Neutral Null zurückkehrt*, genau das war, wonach Timmy suchte.

Wir gingen auf Timmys Paddock und das Pferd hob den Kopf, kam aber nicht zu uns herüber. Ich ließ David auf den Rand des Paddocks zielen. Er sollte so tun, als ob er auf eines der Zaunelemente schlug. Wir wollten natürlich in Wahrheit nichts kaputt machen. Timmy wurde sehr sehr ruhig und sah David an, der da stehen blieb, wo er war und seine Kampfsportart ausübte. Er atmete mit den Handflächen nach unten zum Boden gerichtet, um sich zu erden.

Dann bot Timmy ein deutliches Geh-weg-Gesicht an, bewegte sogar den Hals zur Seite und blieb für eine gute Minute in dieser Haltung. David war verblüfft. Machte Timmy ihm etwa Platz? Bot Timmy ihm etwa Raum an? Ihm fiel ein, dass er diese Geste schon häufiger gesehen, sie aber so gedeutet hatte, dass Timmy ihn ignorieren wollte.

Als Timmy seine normale Haltung wieder einnahm, waren die Falten um seine Augen verschwunden und seine Ohren zur Seite abgeklappt. Er nickte mit dem Kopf und machte dann „Upsies", um zu bekräftigen, dass er diese ruhige und respektvolle Energie beibehalten wollte und dass sie für beide genau richtig war. Ich sagte David, dass er dasselbe tun sollte: mit dem Kopf nicken und mit der Schuhspitze sachte im Boden scharren. Danach sollte er sich etwas drehen, so dass er Timmy einlud, sich zu seiner Schulter zu bewegen. Dorthin stellen sich Pferde, um miteinander Kontakt zu knüpfen.

Timmy ging auf kürzestem Weg zu Davids Schulter und hielt genau außerhalb von Davids Blase des persönlichen Raums an. Dort wendete er wieder den Kopf und machte Upsies, um sicherzugehen, dass er willkommen war. Dann streckte der Mustang seinen Hals zu David hinüber und berührte Davids Fingerknöchel in einer korrekten, höflichen, sanften Begrüßungsgeste mit den Lippen.

David lächelte von einem Ohr zum anderen.

Dann aber wurde er übereifrig und griff durch beide Blasen des persönlichen Raums hindurch, um Timmy am Kopf zu rubbeln. Timmy sprang sofort zurück, legte die Ohren an und verspannte sein Gesicht, so dass er richtig empört aussah. Er streckte den Hals und kniff in Davids Arm. Dann ging er weg.

Ich musste gar nichts sagen. David riss die Augen weit auf und rief aus: „ Ich hab es total vermasselt, oder?“

David hatte einen ersten Eindruck von dem bekommen, was in Wahrheit Timmys Problem war. Er schirmte seinen persönlichen Raum extrem ab, und wenn David besonders freundlich zu ihm sein wollte, fand Timmy das aufdringlich. Ein stoischeres Pferd hätte Davids liebevolle Art vermutlich einfach ignoriert und gelernt, sie in Kauf zu nehmen. Timmy war aber ein in der Wildnis geborener Mustang. Sein persönlicher Raum würde immer wichtig für ihn bleiben.

Wir übten Davids Kiai auf verschiedenen Stufen und stellten gleichzeitig sicher, dass er zuverlässig im Neutral Null blieb oder sich wieder dort einfand. Außerdem brachte ich ihm bei, sich eine Glaswand zwischen uns vorzustellen, gegen die wir buchstäblich prallen würden, wenn wir uns während der Übungen bewegen würden. David sollte seinen Arm wie ein Verkehrspolizist ausstrecken, wenn ich versuchte, ihm zu nahe zu kommen. Er musste mich nicht körperlich abbremsen oder anschreien, er sollte mich nur immer wissen lassen, wo seine Glaswand sich befand.

Als Nächstes half ich ihm, sich seines Bauchnabels bewusst zu werden. Warum das? Weil wir dahin gehen, wohin unser Bauchnabel zeigt. Wir können nach links schauen, aber wenn unser Bauchnabel nach rechts zeigt, werden wir am Ende rechts landen. Pferde wissen das. Für sie ist das Richtungszentrum die Brust. Wo auch immer ihre Brust hinzeigt, ist die Richtung, in die sie sich bewegen möchten. Ich ließ David seine Verkehrspolizistenhand auf den Bauchnabel halten, um ihm zu zeigen, wie er seine Blase des persönlichen Raums wahren konnte. Indem er lernte, die Grenzen seiner eigenen Blase zu wahren, würde er auch Timmys Grenzen besser wahren können. Dadurch würde Timmy sich sicher fühlen und dies würde wiederum dazu führen, dass die beiden eine wirklich authentische Verbindung zueinander eingehen konnten. Die natürliche Zuneigung, die David bei Timmys Mutter beobachtet und die ihn so berührt hatte, würde ein Bestandteil dieser Verbindung sein.

## Die dritte Runde

David betrat Timmys Paddock mit einem tiefen Atemzug. Er nickte mit dem Kopf, drehte sich etwas zur Seite und richtete seine Schulter auf das Pferd. Dann streckte er seine Fingerknöchel aus. Er beugte sich ein bisschen nach vorne, um mehr in die „O“-Haltung zu gehen und Timmy so einzuladen, an seine Seite zu kommen. Timmy verschwendete keine Zeit und ging mit gesenktem Kopf, zur Seite gerichteten Ohren und vielen schnüffelnden Atemzügen zu David. Timmy sah einladend aus, um David zu sagen, dass er es auch noch einmal mit ihm versuchen wollte.

Sie hatten ein, zwei, drei Knöchelkontakte, die schnell und sanft abliefen, aber nicht in der Überschallgeschwindigkeit, die Timmy mir zu Anfang angeboten hatte. Der Mustang wollte alle drei Knöchelkontakte mit David ausführen, um auszudrücken, dass dies eine offizielle Begrüßung darstellte, in denen die Regeln beachtet wurden. Das war sehr, sehr gut. Wenn Timmy sich an die Regeln des Pferde-„Knigges“ hielt, und David diesen Verhaltenscodex auch befolgte, würde das Ergebnis für beide viel besser ausfallen.

Timmy bot nun seinen Geh-weg-Gesichts-Button an. Er hielt ihn für eine halbe Minute sehr ausdrücklich und betont. Ich riet David, dies nachzuahmen und er drehte seinen Kopf zur Seite, um auszudrücken „Danke, sehr gut.“ Der Mustang streckte sich und berührte höflich Davids Fingerknöchel für ein Kurzes Hallo. Er suchte Kontakt und Sicherheit, wie er es auch bei jedem Pferd suchen würde, mit dem er sich angefreundet hätte. David blieb eine Weile so stehen, dann nahm er seine Hand weg. Das war perfekt, denn Timmy bot sofort als Antwort seinen Geh-weg-Gesichts-Button an. So zeigte er, dass er Davids persönlichen Raum achtete. Ich empfahl David, nun einen klaren, betonten Schritt weg von seinem Pferd zu machen, um zu vermitteln, dass der persönliche Raum ihm derzeit wichtiger war als eine Berührung. Auch Timmy ging nun einen klar definierten Schritt weg von David. Ich nenne das Nachahmen.

Nun sollte David ein Kurzes Hallo einleiten, und danach sofort auf den Geh-weg-Gesichts-Button deuten. Dadurch konnte er beginnen, seine Führungsrolle zu demonstrieren. David machte seine Sache gut, klar und geschickt, und Timmy machte nicht nur das Geh-weg-Gesicht, sondern bewegte seinen gesamten Körper ein Mal im Kreis und kam dann für ein Kurzes Hallo zu David zurück. Ich erklärte David, dass Timmy ihm auf diese Weise zeigte, dass er ihm mit seinem gesamten Körper, mit allen Buttons und tatsächlich seinem ganzen Wesen vertraute.

Wenn ein Pferd Ihnen dieses höfliche „Vorbeisegeln" zeigt, das langsam und bewusst ausgeführt wird, drückt es damit aus, dass es darauf vertraut, dass Sie sich nicht wie ein Tyrann benehmen. Es lädt Sie ein, jeden Teil von ihm zu bewegen. Timmy segelte nicht nur vorbei, er bewegte sich auch auf einem Kreis und kam dann zurück. Das bedeutete, dass er der Meinung war, dass David und er Freunde waren und dass er zu David zurückkommen sollte.

David gab zu, dass ihm zwischendurch Zweifel gekommen waren. Eine leise Stimme in seinem Kopf hatte geflüstert „Siehst du, er geht weg von dir" und „Das funktioniert nie und nimmer" und „Er ignoriert dich". Aber das Gefühl, als Timmy umdrehte und zu ihm zurückkam, war warm und glücklich.

Davids größte Angst war es gewesen, dass er Timmys Zuneigung und vielleicht sogar sein Vertrauen verlieren würde, wenn er Grenzen setzte. Die Folge davon, dass er keine klaren, niedrigschwelligen Grenzen gesetzt hatte, war, dass Timmy sich hektisch und überfordert gefühlt hatte und schnappte.

David hatte nun Wege gefunden, um mit Hilfe von Pferdisch Grenzen zu setzen. Er hatte das Handwerkszeug, um dies auf sichere und vernünftige Art zu tun.

## Der Kochkurs

Der Unterschied zwischen Training und Kommunikation lässt sich am besten mit einer Metapher aus dem Kochkurs erklären. Sagen wir, Sie wollen lernen, eine richtige, klassische italienische Lasagne zuzubereiten. Sie melden sich für einen Kochkurs an und haben dieses Ziel im Hinterkopf. Sie betreten den Klassenraum voller Wohlgerüche mit einem breiten Lächeln im Gesicht. Sie brannten noch nie so dafür, etwas Neues zu lernen. Sie setzen sich neben einen anderen Kursteilnehmer. Ihr Lehrer begrüßt die Klasse mit „Ciao" – und spricht danach nur noch Italienisch.

Nehmen wir an, Sie sprechen kein Italienisch, aber viele andere in Ihrem Kurs tun es, und so ergibt sich um Sie herum eine nette Unterhaltung in einer fremden Sprache. Küchenutensilien werden ausgepackt und das Essen vorbereitet. Zutaten werden in Würfel geschnitten, gekocht, gehackt, gedünstet. Am Ende des Unterrichts verstehen Sie, dass nun etwas aus dem Ofen geholt wird. Ihres sieht nicht so aus wie die anderen. Aber es riecht lecker und Sie denken, dass Sie es so ungefähr begriffen haben. Trotzdem war der Unterricht verwirrend, Sie haben keinen einzigen Witz verstanden und konnten keine einzige Frage stellen.

Willkommen im Leben eines Pferdes.

Pferde sprechen die Menschensprache nicht, obwohl viele von ihnen genug lernen, um einigermaßen klarzukommen. Was auch immer ein Pferd gelernt hat und wie auch immer es gelernt hat, unsere Erwartungen zu erfüllen, im Grunde bleiben sowohl das gewünschte Ergebnis, als auch der Grund, warum wir es uns wünschen, ein Geheimnis für unser Pferd. Falls es zufällig ein Muster in unserer Verrücktheit erkennen sollte und im Voraus erahnen kann, was wir von ihm wollen, wird es bestraft, weil es uns zuvorkommt. Es ist oft verwirrt, versteht unseren Humor nicht und kann seine Fragen normalerweise nicht stellen.

Und meistens mag es nicht einmal Lasagne!

Das Hauptziel des Kochkurses war es, etwas über die Zubereitung von Mahlzeiten zu lernen. Doch im Kurs selbst ging es darum, ein soziales Miteinander zu pflegen, Gespräche zu führen, Kontakte zu knüpfen, zusammenzusein… All das ist nur möglich, wenn man die Sprache der anderen spricht. Und was machen Sie, wenn sich ein anderer Kursteilnehmer all Ihre Gerätschaften leiht, seinen gehackten Knoblauch über den gesamten Teil Ihrer Arbeitsplatte schüttet und Wein auf Ihre Schürze gießt? Sie würden dann nicht nur frustriert sein, weil Sie nicht ausdrücken könnten, wie unmöglich er sich verhält, Sie würden ihm auch gerne eine runterhauen (oder ihn beißen).

Bei Pferdisch geht es darum, die Sprache zu lernen, so dass eine Verständigung möglich ist. Sobald ein Pferd weiß, dass Sie versuchen, mit ihm zu kommunizieren, wird es Ihnen zuhören, selbst wenn Ihr Akzent ziemlich heftig ist.

## Timmy und David machen Lasagne

Timmy und David standen vor einem Neuanfang. Trotzdem gab es noch einige Aspekte in ihrem Umgang miteinander, um die wir uns kümmern mussten, damit ihre Beziehung glücklich werden konnte.

In all den Jahren, die sie miteinander verbracht hatten, war das Aufhalftern immer eine ziemliche Plage gewesen. David erzählte, dass Timmy dabei die Ohren anlegte und versuchte, sich zu entziehen. Es kommt häufig vor, dass das Aufhalftern mit Hektik einhergeht. Ich bat David und Timmy, eine Übung zu machen, die ich „Sag Hallo zu deinem Halfter“ nenne. Sie besteht aus drei Berührungen des Halfters, dann das Geh-weg-Gesicht, wobei sowohl Timmy, als auch das Halfter sich abwenden, um einander Respekt zu bezeugen. Dann bat ich David einen kleinen Kreis zu gehen und wieder mit dem Halfter zurück zu Timmy zu kommen, um ihm zu zeigen, dass er ihm vertrauen konnte. Timmy hielt den Kopf gesenkt, schnaubte intensiv, leckte sich die Lippen und blinzelte, um geräuschvoll zu demonstrieren, dass er einverstanden war. Mehr noch, er drückte so etwas aus wie: „Mann, ich bin froh, dass das jetzt geklärt ist!“

Als David ihm das Halfter anzog, ließ er seinen Bauchnabel schön nach vorne zeigen und richtete seine Schulter an der von Timmy aus. Timmy stand mustergültig still. Sie schauten in die gleiche Richtung und David stand etwas weiter hinten als normalerweise. Der größere Unterschied bestand allerdings darin, dass David sein Pferd sonst immer angeschaut hatte und sein Bauchnabel und vielleicht auch ein Teil der „X“-Haltung übten so viel Druck aus, dass Timmy versucht hatte, sich zu entziehen.

Ich bat sie, die Übung einige Male zu wiederholen. Am Ende ging David mit dem Halfter in der Hand langsam durch den Paddock, während Timmy dem Halfter folgte, als habe er sich frisch verliebt. Als David zum letzten Mal mit dem Halfter auf Timmy zutrat, stülpte der Wallach sich das Halfter praktisch selbst über. David grinste von einem Ohr zum anderen und schüttelte den Kopf.

Nun war es an der Zeit, Timmy mit Hilfe der Körpersprache zu führen.

Als Baby lernen wir zunächst einmal zu krabbeln. Wir stützen uns auf unsere Handflächen, um vorwärts zu kommen. Unser Gehirn hat abgespeichert, dass wir geerdet sind, wenn unsere Handflächen nach unten zeigen. Diese Botschaft kann man über das Führseil dem Pferd direkt übermitteln. Normalerweise halten Sie das

Führseil wahrscheinlich mit dem Daumen nach oben in Richtung Halfter und Pferdekopf. Die meisten Leute denken nicht weiter darüber nach, sie greifen nach dem Strick, der am Halfter befestigt ist und gehen los. Das scheint zwar zu klappen, aber wenn wir nach etwas greifen und den Daumen nach oben halten, arbeitet (unter anderem) unser Bizeps. Beim Kanufahren oder wenn wir einen Graben ausheben wollen, ist das wunderbar. Wenn wir aber möchten, dass ein Pferd uns willig folgt, funktioniert es nicht so gut.

Ich machte es vor. Ich bat David, das Ende des Führseils in zwei Händen mit ausgestreckten Armen vor sich her zu tragen. Das Seil hing nach unten durch, so wie es auch hängen würde, wenn das Ende am Halfter befestigt worden wäre. Ich nahm das Seil auf die übliche Art mit dem Daumen nach oben in die Hand und bewegte mich so, dass David mir folgen sollte. Ich übte nur einen Hauch von Druck am Seil aus, gerade so viel, dass das Pferd, in diesem Fall David, wusste, dass es vorwärtsgehen sollte. Genau so würden es die meisten von uns machen. Ich beobachtete, wie Davids Oberkörper auf den plötzlichen Druck reagierte. Er stolperte einen Schritt nach vorne, und man sah seinen Augen die Überraschung an, dann verspannte er das Gesicht und ging trotzig und verbissen vorwärts.

Dann setzte ich zu einer scharfen Wendung an, wie man das normalerweise vor einem Weidetor oder der Boxentür machen würde. David rannte in mich hinein und ich gebrauchte meinen Ellbogen, um ihn daran zu hindern, mich unter sich zu begraben. David meinte, die Sache mit dem Ellbogen käme ihm leider sehr bekannt vor. Nachdem wir diese Erfahrung eine Minute lang abgeschüttelt hatten, begannen wir von vorne. Wieder sollte er das Ende des Führstricks vor sich hertragen. Diesmal übertrieb ich es, meinen Arm zu beugen und die Handfläche nach unten zu halten, um ihm zu zeigen, wie der Führstrick gehalten wird – mit dem kleinen Finger nach oben und dem Daumen nach unten. Wenn man dann vorwärtsgeht, um das Pferd zu führen, sind die Fingerknöchel in der gleichen Position, in der sie auch bei der Begrüßung oder für ein Kurzes Hallo gehalten werden. Vielleicht möchte Ihr Pferd dann sogar kurz Hallo sagen. Dies wäre natürlich wunderbar, weil es das Vertrauen und die Verbindung zu Ihnen als freundlichem Leittier fördert, dem Ihr *Pferd gerne folgt.*

Außerdem können Sie Ihre Fingerknöchel einfach in Richtung des Geh-weg-Gesichts-Buttons heben oder mit dem Finger darauf zeigen, falls Ihr Pferd beim Führen schnappt oder etwas widersetzlich ist. Sie können Ihr Pferd den ganzen Weg über auf diese Weise führen, falls das nötig ist. Das vermittelt ihm „Lass uns auf dem ganzen Weg einander Raum geben, während wir zusammen irgendwohin gehen". Meist ist es Pferden, die zum Schnappen tendieren, beim Führen einfach zu eng und sie haben das Gefühl, dass die Führperson ihnen zu nah kommt und in ihren Raum eindringt. Manchmal sind sie aber auch unsicher, was genau zu nah oder nicht nah genug ist. Wenn Ihre Handfläche am Führseil nach unten zeigt, hat das eine stabilisierende Wirkung auf das Pferd.

David war überrascht, denn nun trotteten wir in perfekter Harmonie den Weg entlang. Er ging gerne mit mir im Gleichschritt und hielt sogar gleichzeitig mit mir an. Doch er fragte sich, was er tun sollte, wenn Timmy frech wurde.

Lächelnd bat ich ihn, sich gegen mich zu wehren. Er ist ziemlich groß und als er am Seil in die entgegengesetzte Richtung zog, machte ich die „Löffel-Bewegung", die ich mit Rocky entdeckt hatte. Meine Hand halte ich dabei in der gleichen Haltung mit der Handfläche nach unten, rotiere meinen ganzen Arm, als ob ich eine riesige Portion Eiscreme aus einem großen Behälter heraus „löffeln" wollte. Dann blieb ich einfach stehen. Nach etwa einer halben Minute ließ der Zug, den David auf das Seil ausübte, nach und auch die Spannung wurde geringer. Sofort ging ich aus der Löffelhaltung heraus, als sei sie eine heiße Kartoffel. Dann „löffelte" ich noch ein Mal und David folgte meiner Bewegung bereitwillig und ohne darüber nachzudenken. Ich ging mit der Hand wieder in die Haltung mit der Handfläche nach unten und ließ das Führseil länger, so dass er mehr Raum hatte. Er schlenderte an meine Seite und ich hob Arm und Hand an und hielt sie etwas mehr nach außen, so dass ich ihn willkommen heißen und einladen konnte, mir zu folgen, aber dennoch meine Blase des persönlichen Raums klar umrissen hatte.

David wollte diese neue Führtechnik gerne sofort mit Timmy ausprobieren. Er betrat den Roundpen und Timmy trottete unverzüglich zu ihm hinüber. David begrüßte ihn und atmete ein Mal lang und tief aus, um seine Verbindung zu Timmy auszudrücken. Timmy atmete zurück und senkte den Kopf. David zog ihm problemlos das Halfter über und befestigte das Führseil daran. Timmys Kopf schoss in die Höhe und er sah bekümmert aus. Ich erklärte, dass der einzige Weg, um das zu überwinden, darin bestand, weiterzumachen. Er sollte damit anfangen, sein Pferd zu führen. Nach ein paar nervösen Schritten bat ich David, seine Führhand (mit der Handfläche nach unten) auf Timmys Geh-weg-Gesichts-Button zu richten. Gleichzeitig sollte er dem Mustang etwas mehr Seil geben. Nach etwa zwei Schritten atmete der Wallach tief und erleichtert aus und schüttelte den Kopf wie ein Hund, der sich nach dem Schwimmen das Wasser aus dem Fell schüttelt. Sein Kopf sank weiter nach unten und seine Ohren kippten zur Seite. Ich ermutigte die beiden, um die Bodenhindernisse im Roundpen zu gehen und einige Male die Richtung zu wechseln. Ich erinnerte David daran, ein Mal klar aufzustampfen, wenn er anhalten wollte, weil Pferde über ihre Hufe führen und sich gegenseitig auch auf diese Weise anhalten. Timmy stoppte innerhalb einer Sekunde und richtete seine Vorderhufe nach Davids Füßen aus.

## Rückwärtsgehen, um vorwärtszukommen

David führte Timmy aus dem Roundpen und führte ihn in der Umgebung des Stalles herum. Timmy wurde einige Male nervös und versuchte, David zurück zum Roundpen zu drängen. David aber verstärkte seine „X"-Haltung inzwischen mit Hilfe der Kiai-Energie genau in der richtigen Dosierung. So konnte er Timmy über den Mittelhals-Button und den Schulter-Button weiter führen. Er setzte außerdem das Therapeutische Rückwärts ein, wenn Timmy anfing, zu drängeln. Diese spezielle Bewegung löst die Anspannung im hinteren Rücken und im Becken des Pferdes und deswegen nenne ich es eben auch therapeutisch. Pferde klemmen genau wie Hunde mit dem Schweif, wenn sie nervös sind. Ihr Becken kann eine Menge Anspannung speichern. Wenn man diese Spannung löst, ermöglichen wir es dem Pferd auch, Nervosität oder Angst loszulassen.

Als ich David das erste Mal zeigte, wie er ein Therapeutisches Rückwärts mit Timmy erarbeiten kann, widersetzte Timmy sich. Er schlug mit dem Schweif und stieg zur Verdeutlichung seines „Neins". Ich bat David, auf Timmys Kruppe zu sehen und den Rückwärts-Button dabei zu kitzeln. Dieser sitzt seitlich am Buggelenk (Seite 57). Im selben Augenblick, in dem David den Button berührte, zitterte Timmys ganzes Vorderbein. Dieser Punkt ist gut mit Nerven versorgt. Darum reicht es meist auch, wenn man nur darauf zeigt, um eine Wirkung zu erzielen. David machte einen „umgekehrten Löffel" unter Timmys Kinn und zog von da aus zur Brust seines Pferdes. Das bewirkte, dass Timmy rund wurde und sich entspannte. Erstaunt beobachtete David, wie Timmys Hinterhand buckelte und sich dann weich absenkte. Er bat ihn um einen einzigen Schritt nach hinten. Das Therapeutische Rückwärts soll sich gut anfühlen fürs Pferd. Es soll sich nicht gedrängt fühlen. Die beiden machten jeweils einen Schritt und dazwischen Pausen. Nach ein paar Minuten begann Timmy ausdrucksvoll zu gähnen. Ich bat

David, sich an die Schulter seines Pferdes zu stellen und darauf zu achten, dass sein Bauchnabel nicht auf das Pferd zeigte. So nahm er allen Druck weg, damit Timmy sich noch mehr entspannen konnte. Als sie ihren Spaziergang fortsetzten, hatte Timmy Kopf und Hals gesenkt und die Anspannung im Bauchbereich gelöst. Er sah kürzer und dicker aus. Er blinzelte und atmete tief.

Nun war es an der Zeit, einen Ausdruck für die Liebe zu finden, die David für Timmy empfand. Wir brachten Timmy zurück in den Roundpen und ließen ihn dort frei. Ich erklärte, dass Pferde Zuneigung nur dann genießen können, wenn alle anderen Aspekte einer Beziehung geklärt sind und sie sich rundherum wirklich sicher fühlen.

David nickte leicht mit dem Kopf, um Timmy wissen zu lassen, dass er gerne näher kommen würde. Timmy bewegte den Kopf und die Schulter zur Seite und verlagerte die Schulter in Davids Richtung, um ihm zu sagen, dass er bereit für mehr Kontakt war. David ging zu seiner Schulter und begann, vom Widerrist aus besänftigend nach unten zu streichen. Hoch und runter zu kratzen kann sich mitunter auch gut für das Pferd anfühlen, aber es kann sehr anregend wirken und dann überstimulieren. Während er das tat, schaukelte er weich mit dem eigenen Körper und Timmy senkte den Kopf sofort und gähnte so herzhaft, dass seine Augen zurück rollten.

Ich bat David, nun zwei kleine Schritte auf Timmys Kopf zuzugehen und dabei seine Hand in Timmys Mähne nach vorne zu bewegen. Als Davids Hand an Timmys Genick angekommen war, hatte dieser den Kopf noch weiter gesenkt und die Ohren zur Seite gekippt. Ich sagte David, dass er seine Hand mit festem und gleichzeitig sanftem Druck zwischen die Ohren seines Pferdes gleiten lassen konnte und von da aus weiter bis zur Stirn. Timmy drückte seinen Kopf dicht an Davids Körper, während dieser ihn streichelte. Ich ermutigte David, mit den Händen leicht über Timmys Augen zu streichen und sich dabei zu wünschen, dass Timmy die Augen schließen und ihm vertrauen solle. Timmy mochte das so sehr, dass er seinen Kopf liebevoll in Davids Hände gab.

In solchen Momenten darf man nicht zu gierig sein. Ich sagte David, dass es nun an der Zeit sei, ruhig zur Seite zu treten und wegzugehen. Timmy sah dem großen Mann hinterher, als stünde er unter Drogen. Dann stampfte er sich die Erde zurecht und legte sich hin! Wir sahen ihm dabei zu, besprachen in Ruhe, was David erlebt hatte und wachten derweil über dem friedlich schlafenden Timmy.

David fühlte sich schuldig, weil er die wirklichen Bedürfnisse seines Pferdes zuvor nicht erkannt hatte. Er wusste, dass sein üblicher Ausbilder es gut meinte, aber im Grunde hatte David die Bedeutung und Absicht hinter den Reaktionen und Botschaften seines Pferdes nicht verstanden und nicht gewusst, in welcher Weise die Arbeit, die er mit Timmy machte, sein Verhalten beeinflusste.

Pferde vergeben sehr viel schneller als Menschen. Timmy war es nur wichtig, dass sich David ab jetzt stimmiger verhalten würde, wo nun doch die Grundlagen ihrer Beziehung geklärt waren.

Als Timmy so still dastand, erzählte David mir, dass ihre Begegnung ihn an die tiefe Liebe erinnert hatte, die er zwischen Timmy und seiner Mutter beobachtet hatte. Er war unglaublich glücklich, dass er diese innige Verbindung nun mit seinem Pferd erleben durfte, denn dies war die ganze Zeit über sein Ziel gewesen. Es war die Kraft gewesen, die ihn während jeglicher Trainingsmethode angetrieben hatte.

## Übergänge

Nach diesem Höhepunkt war David optimistisch, was all die anderen Dinge anging, die er mit seinem Pferd machen wollte. Sie liebten gemeinsame Ausflüge ins Gelände und David wollte gerne auf Westerndressur-Turnieren starten. Unterm Sattel benahm sich Timmy meist ordentlich, doch gelegentlich hatten die beiden etwas Streit. Von seinem neuen Standpunkt aus betrachtet sah David diese Streitereien in anderem Licht und hatte eine leise Ahnung, was sein Pferd die ganze Zeit über gestört haben könnte.

Beim nächsten Mal, wenn David mit Timmy den Roundpen betrat, sollte er ein genaues Bild dessen, was er tun wollte, im Kopf haben. Er sollte es sogar aufschreiben: „Timmy, wir gehen in den Roundpen und üben Übergänge, um uns aufs Reiten vorzubereiten. Das soll Spaß machen und ich bin für dich da. Mach dir keine Sorgen." Das Problem bestand nicht unbedingt in der Arbeit an den Übergängen im Roundpen. Das Problem war, dass die beiden ihre Verbindung zueinander verloren, während sie daran arbeiteten. Wenn ein Pferd trabt oder galoppiert, entsteht dadurch nicht notwendigerweise eine magische Verbindung. Timmy würde sich durch diese Arbeit nicht plötzlich sicher fühlen oder zuverlässig reagieren. David war gefangen in seinen eigenen Gefühlen gewesen. Er war so traurig und schuldbewusst, dass Timmy zuerst sein Leben in Freiheit und danach auch noch seine Mutter verloren hatte. Daher hatte es ihm keinen Spaß gemacht, Timmy durch die Gangarten zu führen. Er hatte das nur gemacht, weil Timmy danach unter dem Sattel sicherer zu sein schien.

David hatte nun eine Idee davon, wie er selbst während der Arbeit im Roundpen mit Timmy in Verbindung bleiben konnte, und das war das fehlende Puzzleteilchen gewesen. Ich war zuversichtlich, dass sie sich durch zukünftige Missverständnisse hindurcharbeiten würden. David war sich der Kommunikationsmittel seines Pferdes bewusst und hörte Timmy zu. Die Tatsache, dass wir es bis zu solch einem schönen und liebevollen Augenblick zwischen den beiden geschafft hatten, war ein Garant dafür, dass David wertschätzte, wie Timmy ihn sah und wie er seine Beziehungen nach außen gestaltete.

## Lecken und Kauen

In der Top Ten-Liste der Missverständnisse zwischen Pferden und Menschen stehen gesunde Grenzen meiner Meinung nach ziemlich weit oben. Vielleicht kommt das daher, dass wir Pferde sehen und uns Welpenknuddeln wünschen, oder es kommt daher, dass wir die Angewohnheit haben, uns eher auf die Vorstellung in unseren Köpfen als auf die Realität direkt vor uns zu beziehen.

Gesunde Grenzen sind für viel zu viele Menschen aus den unterschiedlichsten Gründen eine der Herausforderungen des Lebens. Pferde bieten uns die Chance, im Kontakt zu ihnen dieses Wirrwarr zu überwinden. Sie wollen und brauchen es, dass wir hinsichtlich unserer Blasen des persönlichen Raumes geradlinig, ruhig und klar sind, bevor wir mit ihnen verschmelzen. Pferde haben aus diesem Grund den Geh-weg-Gesichts-Button als reinsten, direktesten und ruhigsten Button. Der erscheint vielleicht zu einfach, aber Pferdisch ist manchmal wirklich so leicht.

Sobald wir verstehen, dass ein Pferd, das seinen Kopf ruhig von uns abwendet, oder das sachte beiseite tritt, uns ein liebevolles Kompliment macht, und dass Pferde Raum wie eine Währung benutzen, werden wir vieles klarer sehen. Selbst wenn ein Pferd sich wegdreht und sich scheinbar nicht mit Ihnen befassen möchte, so hat es Ihnen durch sein Wegdrehen doch Raum überlassen. Vielleicht will es gerade jetzt nicht mit Ihnen zusammen sein, aber es hat Sie nicht weggejagt, sondern Ihnen Raum gegeben. Wir ruinieren die Möglichkeit einer friedlichen Unterhaltung, wenn wir das persönlich nehmen und beleidigt sind.

Jeder braucht klare „X"s und „O"s und keine verwirrenden Mischsignale. Der Kontakt gelingt immer besser, sobald die Grenzen klar sind. Und denken Sie daran: Um wirklich klar mit einem Pferd kommunizieren zu können, müssen wir die dunklen Gedanken, die in den hinteren Ecken unseres Inneren lauern, kennen. So wie ein Pferd uns Raum gibt, müssen auch wir diesen dunklen Gedanken etwas Raum geben. Erst dann können wir wirklich eine Verbindung eingehen.

KAPITEL 8

# Das Pferd auf dem Berg

## Bäume im Nebel

Ein Tierschutzhof setzte sich mit mir in Verbindung. Es ging um ein Pferd, das sich nicht einfangen ließ. Als ich auf dem Hof ankam, wurde ich von einer fröhlichen Frau mittleren Alters begrüßt, die ich hier Rosa nenne. Sie hatte den Tierschutzhof einige Jahre zuvor gegründet. Zu diesem Zeitpunkt hatte sie entdeckt, dass eines der Pferde, die sie einmal verkauft hatte, verhungert war. Die Polizei hatte einen Tipp erhalten und den Stall, in dem das Pferd gelebt hatte, gestürmt.

Ich habe an diesem Tag von vielen traurigen Pferdeschicksalen erfahren. Doch für Rosa war die schreckliche Erinnerung an den Tod eines Pferdes, das einst ihr eigenes gewesen war, einschneidend und immer präsent. Sie hatte es seitdem geschafft, über hundert Tierschutzpferde in ein neues, artgerechtes und liebevolles Zuhause zu vermitteln. Einige der Tiere kamen aus Auktionen, einige aus Familien, die gerade harte Zeiten durchlebten und die Kosten für die Haltung nicht mehr aufbringen konnten, und einige kamen aus furchtbaren Verhältnissen.

Das Pferd, dem ich helfen sollte, hatte eine unglückliche Vorgeschichte. Der letzte Besitzer betrieb einen fragwürdigen Verleihstall für Geländeritte, in dem die Pferde in schmutzigen Boxen standen.

Das Pferd hatte seine Box offensichtlich mehrere Wochen lang nicht verlassen, da es eine Phlegmone am Bein hatte und nicht geritten werden konnte. Seine Hufe waren viele Monate nicht bearbeitet worden, die Phlegmone nässte und das Pferd war extrem abgemagert.

Rosa nannte dieses Pferd Marty. Marty war ein großer Grauschimmel, der aussah wie ein Percheron-Mix. Er war ruhig und freundlich, aber jeder, der mit ihm während der ersten Monate auf dem Tierschutzhof gearbeitet hatte, war hinterher tieftraurig.

Als Marty gesund genug war, wurde er zusammen mit den anderen Tierschutzwallachen auf eine Weide gebracht. Dies war das letzte Mal, das ihn jemand angefasst hatte. Er feierte seine neue Freiheit und hatte offensichtlich nicht die geringste Absicht, jemals wieder von dem Hügel herunterzukommen, der nun sein Zuhause zu sein schien. Rosa ließ Wasser und Futter in der Nähe des Tores stehen, und jeden Morgen und jeden Abend war das Futter gefressen. Doch Marty kam nicht heran, wenn Rosa oder ein anderer Mensch das Futter brachte.

Das Letzte, was Rosa vorhatte, war, Marty zu jagen, oder ihn dazu zu zwingen, sich einfangen zu lassen. Die Gründe waren naheliegend. Trotzdem mussten Martys Hufe bearbeitet werden und die Wunde am Bein, deren Heilungsprozess noch nicht abgeschlossen war, musste vom Tierarzt kontrolliert werden. Ein Ehrenamtlicher hatte bereits einen Tag lang geduldig versucht, in Martys Nähe zu gelangen – ohne Erfolg. Ein anderer hatte angeboten, auf einem anderen Pferd auf die Weide zu reiten und Marty mit dem Lasso einzufangen. Rosa wusste, dass das für Marty eine neuerliche traumatische Erfahrung werden würde, aber viele Alternativen hatte sie nicht.

Marty war auf einer riesigen Weide, zu der auch ein steiler Hügel gehörte, der Teil eines Berghangs war. Alle anderen Wallache standen am Fuß des Hügels. Oben, am Rand der Baumgrenze, konnte ich einen flüchtigen Blick auf etwas Großes, Graues erhaschen, das sich wie Nebel zwischen den Bäumen bewegte.

Ich verfolgte die Bewegungen der Herde. Es gab einen großen Fuchs, der mit dem Gesicht zu mir stand, und obwohl er fraß, starrte er genau zu mir her. Er hatte sich an die Spitze der Herde gestellt. Die anderen Wallache standen aufgefächert wie eine Gänseschar hinter ihm. Rosa sagte mir, dass er „Red" hieße.

Mit diesem Pferd musste ich mich unterhalten.

## Der große Red

Rosa, ich und zwei ehrenamtliche Helferinnen, die das Ganze beobachten wollten, gingen auf die Weide. Vorsichtshalber hatte ich ein Baumwollführseil zusammengerollt in meiner Hosentasche. Ich war noch nie in dieser Pferdegruppe gewesen und man weiß nie, was passieren wird. Das Seil war mein Handwerkszeug für den Notfall, um als verlängerter Arm Abstand zwischen mich und die Pferde zu bringen, falls das nötig sein sollte. Ich habe niemals eine Gerte, eine Peitsche oder einen Trainingsstock dabei, wenn ich auf eine Weide mit unbekannten Pferden gehe. Man kann nie wissen, wie ein Pferd auf einen Menschen mit diesen Hilfsmitteln reagiert. Eine Stricklänge ist jedenfalls ein vernünftiger Sicherheitsabstand.

Ich besah den Boden, das Tor, den Wasserbottich, als ob die Herde gar nicht da wäre. Schon hatte ich die Aufmerksamkeit des Fuchses. Ich schlenderte ein paar Meter nach links und inspizierte die Bäume in dieser Richtung. Dann leckte ich mir die Lippen, drehte um und schlenderte nach rechts, um mir die Bäume dort anzuschauen. Schließlich ging ich einige Schritte auf Red zu, knickte mit der Hüfte ein, stocherte mit dem Fuß im Sand und atmete laut und seufzend aus.

Ich sagte also: „Hm, rechts ist nichts Schlimmes, links ist nichts Schlimmes. Du scheinst auch nicht schlimm zu sein. Ich denke, ich bleibe hier und entspanne mich.“ Red hob den Kopf und nickte ein klein wenig. Ich nickte zurück, seufzte wieder und scharrte ein wenig mit dem Fuß, um ihm mitzuteilen, dass ich keinen Plan hatte.

Red schaute nach links und nach rechts, dann schaute er nach unten und kam schließlich den ganzen Weg im schönsten Schaukelschritt auf mich zu. Wenn Pferde sich schwungvoll mit schaukelndem Rücken bewegen, drücken sie damit aus „Ich habe es nicht eilig, hier ist nichts, worüber man sich beunruhigen müsste“. Wäre er hölzern, starr und mit erhobenem Kopf auf mich zugekommen, wäre ich in die „X“-Haltung gegangen, um ihm zu sagen, dass er anhalten solle. Dann hätte ich die Weide einen Moment lang verlassen, um das Gespräch nach einer Pause wieder aufzunehmen. Das genügt normalerweise, um einem Pferd mitzuteilen, dass es nicht so eilig oder aggressiv auf mich zukommen soll. Der zweite Versuch verläuft dann viel ruhiger.

Red war bereits ruhig, also brauchte ich glücklicherweise nichts zu tun, außer im Neutral Null zu bleiben und häufig seufzend auszuatmen. Als er herankam, lächelte ich und blinzelte mit den Augen. Der Fuchs hielt genau außerhalb der Blase meines persönlichen Raumes an und schaute wieder nach links, nach rechts und nach unten. Er sagte mir bereits, dass er mir zustimmte, dass es keinen Grund zur Beunruhigung gab und dass wir einen schönen Tag zusammen verbringen könnten.

Ich streckte meinen Arm lang nach unten zu seinem Maul aus, mit den Fingerknöcheln nach oben. Zuerst fuhr er mit der Lippe über meine Hand, weil er ein Leckerli erwartete. Rosa erklärte mir, dass sie häufig Leckerlis gab, damit die Wallache froh und neugierig blieben. Sie alle hatten eine bewegte Vergangenheit und sie wollte sie wissen lassen, dass sie nun geschätzt wurden. Ich nahm meine Hand wieder weg und schaute nach links, um Red wissen zu lassen, dass es sich hier um eine echte Begrüßung handelte und nicht um Leckerligaben. Er tat es mir gleich, um mir zu vermitteln, dass er meiner Führung folgen würde. Ich streckte ihm wieder meine Hand entgegen und er berührte den Handrücken nun höflich und sehr sanft. Ich richtete mich auf, lächelte und nickte ihm zu und er wendete das Gesicht mit einer schönen Geh-weg-Geste ab, um mir Respekt zu zeigen.

Ich brauchte nicht lange auf den dritten Begrüßungskontakt zu warten. Red leitete ihn bereits ein. Wir verweilten ein wenig dabei und ich atmete lang und weich in Richtung seines Mauls aus. Er weitete seine Nüstern als Antwort und atmete meinen Geruch tief ein. Dieser schnüffelnde Atem bedeutet: „Ich kenne dich." Der Name eines Pferdes ist sein individueller Geruch. Ich sagte ihm, dass ich ihn ebenfalls „kenne". Die drei Berührungen hatten ihm gezeigt, dass ich Pferdisch sprechen kann und vertrauenswürdig war. Auch er war vertrauenswürdig, schließlich war er das Leittier der Wallachherde.

Rosa erklärte, dass Red einmal ein wild lebender Hengst gewesen war, dessen gesamte Herde zusammengetrieben und erschossen wurde. Einzig er war wegen seiner Größe und seines kräftigen Körperbaus verschont worden. Einige Jahre lang arbeitete er als Ranchpferd, doch nach einer Verletzung hatte man ihn zu einer Auktion gebracht. Er konnte inzwischen ein wenig geritten werden und Rosa liebte es, mit ihm ins Gelände zu gehen, weil er so klug und trittsicher war.

Als unsere Begrüßung abgeschlossen war, bat ich Red, sein Gesicht abzuwenden. Das tat er auch, und bewegte danach langsam seine Hufe. Dann setzte er seinen gesamten Körper in Bewegung, um in einem sanften Bogen dorthin zurückzutrotten, wo er hergekommen war, bevor ich auftauchte. Ich wedelte mit der Hand in Höhe meines Oberschenkels. Das symbolisiert das Schweifwischen eines Pferdes, das besagt „Ich bin fertig“. Er antwortete, indem er den eigenen Schweif schwenkte.

Die anderen Pferde hatten uns beobachtet und kamen einer nach dem anderen nun einige Schritte näher. Ich schlug Rosa und den Ehrenamtlichen vor, dass wir zusammen zu jedem Wallach gehen und den Knöchelkontakt am Maul machen sollten, um allen Pferden formell „Hallo“ zu sagen. Wir gingen nach und nach zu allen acht Pferden, und es war interessant zu sehen, dass einige von ihnen alle drei Berührungen nacheinander verlangten, während andere nur zwei haben wollten und sich dann abwandten, ohne eine dritte zu machen. Ich erklärte meiner eigenen kleinen Menschenherde, dass wir gerade wertvolle Informationen darüber bekamen, womit sich die einzelnen Pferde wohlfühlten und dass man ihr Verhalten nicht persönlich auf sich beziehen solle.

Die Wallache wurden schnell munter. Viele von ihnen schnaubten, schüttelten ihren Kopf oder nahmen die Ohren zur Seite. Einige blinzelten. Alle senkten ihre Hälse und Schultern und entspannten ihre Bauchmuskulatur. Mehrere wackelten mit den Lippen. Dies alles waren Wohlfühl-Botschaften, die mit Sicherheit und Vergnügen zu tun hatten.

Ich erklärte, wie man den Geh-weg-Gesichts-Button benutzt, falls Rosa und die anderen mehr Raum brauchten oder weiter gehen wollten. Ich zeigte ihnen, wie sie ihren Zeigefinger einsetzen sollten, um ein Pferd zu bitten, zur Seite zu gehen und Raum zu geben, statt das Pferd mit der Handfläche wegzudrücken. Für ein Pferd fühlt sich der Druck der Handfläche wie eine Einladung an, näher zu kommen. Um das zu demonstrieren, bat ich Rosa, ihre Handfläche an Reds Geh-weg-Gesichts-Button zu drücken, sie dann wegzunehmen und einen Schritt nach hinten zu machen. Als ob er an einer unsichtbaren Schnur hinge, wendete Red seinen edlen Kopf in Rosas Richtung und sah sie verliebt an. Er bewegte sich genau auf ihre Hände zu und sie streichelte liebevoll seine Stirn.

## *AHA-Moment*

Nun ging jedem ein Licht auf. Alle wollten sowohl den Zeigefinger, als auch die Handfläche auf dem Button ausprobieren. Ich erklärte, dass dies zwar eine gute Idee sei, jedoch war es wichtig, zwischen zwei unterschiedlichen Forderungen eine deutliche Pause zu machen und selbst zurück zu Neutral Null zu gehen. Ansonsten würde es schnell zu einer undeutlichen Wischi-Waschi-Körpersprache werden und die Pferde verwirren.

Rosa und jede der Ehrenamtlichen setzten zunächst ihre Zeigefinger ein, um zu signalisieren, dass das Pferd Platz machen solle. Dann traten sie zurück und atmeten tief. Erst danach machten sie wieder einen Schritt vorwärts und übten am selben Button Druck mit der Handfläche aus. Nach dem Handflächendruck erklärte ich ihnen, dass sie ihre Hand zu sich heranholen sollten, als zögen sie an einer unsichtbaren Schnur. Überraschtes Gelächter und Entzückenslaute mischten sich mit Schnauben und Kopfschütteln. Zwei- und Vierbeiner genossen diese nette Begegnung.

Die beiden Pferde, die zuvor auf den dritten Begrüßungskontakt verzichtet hatten, kamen nun heran und wollten die Begrüßung abschließen. Jeder konnte das Lösen der Spannung fühlen. Es war, als sei eine Wärmewelle durch unsere Körper geflossen und habe Anspannung in Anmut verwandelt.

Zusammen übten wir, die Blase des persönlichen Raums jedes Pferdes zu betreten und wieder zu verlassen. Manchmal ist es schwierig, herauszufinden, wo die imaginäre Glaswand dieser Blase sich befindet und dann stehen wir zu dicht am Pferd. Orientieren Sie sich an der

Schulter des Pferdes, nicht an seinem Kopf. Wie bereits gesagt, benutzen Pferde ihre Schultern, um sich anzufreunden, und ihre Gesichter, um sich zu begrüßen oder über Dinge zu verhandeln. Ist die Begrüßung abgeschlossen und man steht noch sehr dicht beieinander, fühlt sich das unbehaglich an. Das gilt für Pferde und für Menschen gleichermaßen, denn auch Sie fühlen sich bestimmt unwohl, wenn jemand nach einem Händedruck zu nah bei Ihnen stehen bleibt.

Ich riet Rosa und ihren Helfern, ihre Körper nach derselben Richtung auszurichten wie die Pferde. Dadurch zeigte ihr Bauchnabel nicht mehr in die Richtung der Pferde. Sobald sich nun alle wohlfühlten, bat ich sie, die Lieblingskratzstellen der Pferde zu kratzen. Einer nach dem anderen verrieten uns die Wallache vorsichtig, wenn sie gerne die Stelle wechseln wollten, indem sie erst an unseren Schuhen schnüffelten oder ihre Hufe klar und laut und langsam zur Seite bewegten. Jedes Mal kündigte das Pferd seine Absicht an, bevor es sich eine halbe Minute später umsichtig und um das Wohlbefinden seines Partners besorgt bewegte.

Je mehr wir Menschen uns bewusst, aufmerksam und respektvoll um die Blasen des persönlichen Raums von Pferden herum bewegen, desto achtsamer werden sich auch die Pferde verhalten.

Wir waren mit Kratzen und Putzen und damit beschäftigt, uns mit der Herde anzufreunden, als es plötzlich eine laute Fehlzündung auf der nahe gelegenen Straße gab. Wir schraken alle zusammen und schauten dorthin, wo der Krach hergekommen war, der unseren Frieden gestört hatte. Eine der Helferinnen hatte spontan die Hand auf ihr Herz gelegt. Red war im Wächter-Modus. Sein ganzer Körper war in Alarmstimmung und seine Augen, Ohren, Nüstern und seine Aufmerksamkeit richteten sich auf den beängstigenden Lärm. Auch die anderen Pferde waren alarmiert, aber sie schauten auch nach Red. Ich dachte mir, dass das ein guter Augenblick für Marty werden könnte, der uns sicher alle beobachtete.

Ich stellte mich neben Red, spannte meinen Körper an und starrte genau wie er zur Gefahr hin. Ich prustete einmal laut und gewaltig, als wollte ich sehr viele Kerzen auf einmal auspusten, und blieb dann eine volle Minute lang alarmiert und starr stehen. Dann ging ich in gebückter Haltung ein paar Schritte nach vorn, leckte meine Lippen, atmete tief und erleichtert aus, und drehte mich von der Straße weg, um Red anzusehen. Er belohnte mich mit dem Zucken seines Ohres. Ich blieb stehen, leckte meine Lippen und scharrte ein wenig mit dem Schuh im Boden. Dann senkte Red den Kopf, schnaubte, leckte sich die Lippen und hielt seinen Kopf hinter meinen Körper.

Wow.

Dieses Kompliment hatte ich nicht erwartet. Indem er seinen Kopf hinter mich hielt, sagte Red nicht nur, dass er mir vertraute, sondern auch, dass ich seine Wächterin sein durfte. In der Dynamik einer Herde ist ein Pferd der vertrauenswürdige Wächter, auf den man hört. Es gibt immer einige nervöse Pferde, die bei allem und jedem ein Wächterschnauben ausstoßen. Sie werden von den anderen Pferden ignoriert, da sie wissen, dass dieses Pferd nur schwache Nerven hat. Auch der Clown der Herde wird ignoriert, wenn er die anderen mit einem Wächterschnauben ärgern möchte. Red signalisierte, dass er meiner Wächtermeinung traute, und das bedeutete, dass mir auch alle anderen Pferde vertrauen konnten, da normalerweise ja er ihr Wächter war. Ich streckte meinen Arm nach seinem Freundschafts-Button aus (S. 57). Ich streichelte seinen Kopf und seine Augen sanft und liebevoll. Er lehnte sich einige Momente lang an meine Hand und drehte dann den Kopf weg. Mit dem „Zitteratem" sagte ich ihm, dass ich mich ihm sehr verbunden fühlte. Der Zitteratem besteht aus zwei kurzen Einatemphasen mit darauffolgendem langem Ausatmen. Er schnaubte laut und entspannte daraufhin seinen hinteren Bauch. Das bedeutete: „Ich auch."

Alle anderen Wallache gingen für ein Kurzes Hallo zurück zu Rosa und ihren Helferinnen. Lippen berührten Fingerknöchel. Auch sie schnaubten, schüttelten sich und leckten ihre Lippen.

Ich „wischte mit dem Schweif" und bat die anderen, es mir gleich zu tun. Auf diese Weise konnten wir unser Erlebnis abschließen. Anschließend wollte ich zu Marty gehen, um mit ihm zu sprechen.

Alle Wallache erwiderten unser Schweifwischen und wedelten zurück. Dann trotteten sie langsam fort und grasten weiter.

## Mir geht's gut

Rosa fasste die Quintessenz unserer Gespräche mit der Wallachherde zusammen. „Wir hatten alle einfach eine schöne Zeit zusammen. Oberflächlich betrachtet haben wir nicht viel getan. Trotzdem ist gleichzeitig so viel passiert! Ich fühlte mich wirklich wie früher als Kind. Damals konnte ich einfach raus auf die Wiese, die zur Farm meines Opas gehörte und dort mit den Pferden zusammen sein. Es fühlte sich so leicht an, aber auch zielgerichtet."

Wir besprachen noch einmal die Schritte, die wir mit den Wallachen durchgegangen waren. Alle waren der Meinung, dass die Herde in diesen Augenblicken vollkommen friedlich gewesen war. Die drei Frauen wollten nicht nur, dass sich die misshandelten und verstoßenen Wallache wohl und behaglich fühlten, sie waren sich auch einig, dass sie leichter zu vermitteln sein würden, wenn man sie auf diese Art entspannte. Es war also eine Win-Win-Situation.

## Ein Treffen mit Herrn Nebel

Nun hatten Rosa und die Herde einen Vorgeschmack von dem bekommen, was durch Pferdisch möglich war. Ich war bereit, herauszufinden, wie das Angebot an den armen Marty aussehen könnte.

Obwohl ich schon mit vielen Pferden gearbeitet habe, setze ich nichts als selbstverständlich voraus. Jedes neue Pferd ist ein eigenständiges Wesen und nur, weil ich mit Marty reden wollte, hieß das noch lange nicht, dass er auch mit mir reden würde. Ich überprüfe meinen Plan immer am Eingang, bevor ich so eine Mission beginne. Ich bin nicht die Heldin, die die Lorbeeren gewinnt. Ich hoffte wirklich und betete, dass Marty offen für ein Gespräch sein würde.

Wir gingen alle zurück zur Wiese und bemerkten, dass Red mit seiner Herde ganz nach rechts gewandert war, vielleicht, um zu dem kleinen Bach zu gehen. Red hob den Kopf an und ich nickte ihm zu, dann schaute ich zu Marty hin und wischte ein Mal mit meinem Hand-Schweif in Reds Richtung. Red schnaubte, schüttelte den Kopf und ging zurück zum Grasen.

Marty war ein wenig nach unten an die Kante der Baumgrenze gekommen. Dort gab es etwas Gras zum Knabbern. Sein Körper war seitwärts zu mir ausgerichtet, sein Kopf zeigte in Richtung der Herde.

Er starrte zu Red hin und Reds Gesicht zeigte in seine Richtung. Obwohl der Abstand zwischen ihnen mindestens 150 Meter betrug, hatten sie intensiven Kontakt miteinander. Interessant!

Ich bat die Damen, zurückzubleiben und sich einen Platz zu suchen, wo sie bequem auf der Erde sitzen und zusehen konnten. Dann ging ich langsam auf einer Parallellinie zu Martys Gebiet hin und her. Ich hatte vor, drei Richtungswechsel einzubauen, so dass Marty alle Seiten meines Körpers von vorne und hinten sehen konnte.

Bei Pferdisch werden drei Richtungswechsel eingebaut, während man eine Entscheidung fällt, was zu tun ist, oder diese bereits gefällt hat. Meine Körperseite zu zeigen bedeutet:

1. Ich deutete nicht mit dem Kopf auf ihn.
2. Ich hatte keine Angst vor ihm und zeigte ihm meinen gesamten Körper.
3. Ich fand es in Ordnung, dass er nicht das Gleiche tat.

Als ich damit fertig war, und nachdem ich sicherheitshalber noch einige Steine ins Gebüsch und in Richtung der Bäume geworfen hatte, wendete ich ihm in einer deutlichen „O“-Haltung mein Gesicht zu, grub meine Schuhspitze in den Boden und leckte mir geräuschvoll die Lippen. Ein Pferd leckt sich nur dann die Lippen, wenn es entspannt genug ist, um das Gaumensegel zu lösen. Das Gaumensegel ist ein Gewebelappen, der die Luftwege verschließt und die nasalen Atemwege öffnet. So kann das Pferd durch die Nase atmen, aber es kann nicht schlucken. Bei einem angespannten und fluchtbereiten Pferd schließt sich das Gaumensegel, damit es notfalls rennen kann, ohne sich zu verschlucken. Geräuschvolles Lecken ist also ein sicherer Weg, um zu vermitteln, dass keine Gefahr droht und es nichts Besonderes zu sehen gibt.

Ich hatte Martys Aufmerksamkeit. Er drehte Kopf und Hals, um mich genau fixieren zu können, mit lebhaftem Ohrenspiel und weit geöffneten Nüstern. Ich bot ihm den Nährenden Atem an, ein Geräusch, das dem Laut einer Mutterstute gleicht, die ihrem Fohlen sagt, dass es sicher ist und nuckeln kann. Ältere Pferde beruhigen sich mit diesem Geräusch gegenseitig. Es hört sich ungefähr so an, als ob man die Nase hochziehen oder als ob ein Mensch das Grunzen eines Schweines nachahmen würde.

Marty nickte nachdrücklich mit dem Kopf, schnüffelte am Boden und kam direkt auf mich zu!

Ich war ein wenig überrascht, um es gelinde auszudrücken.

Ich blieb in einer übertriebenen „O“-Haltung stehen und hielt ihm meine Fingerknöchel entgegen. Marty wollte einen sehr sanften Knöchelkontakt, dann eine Wendung des Kopfes nach rechts, eine Berührung mit den Nüstern und einen Blick nach links, der etwas länger und besorgter ausfiel. An diesem Punkt wurde ich aktiv und schnaubte den Tiger mit einem Wächterschnauben in diese Richtung fort.

Marty stellte sich hinter meine rechte Schulter, um mir zu sagen, dass er froh war, dass ich seine Wächterin sein wollte. Dass er mir gestattete, seine Wächterin zu sein, war ein erster Schritt auf dem Weg. Ich wollte sein Leitpferd, seine Mentorin oder eine Art Mutter für ihn werden und hatte die beschützende Rolle übernommen. Wir standen in einem 45-Grad-Winkel. Ich streckte ihm meine Fingerknöchel für den dritten Knöchelkontakt hin und er ließ es mit sehr entspannten, einladenden Lippen und blinzelnden Augen geschehen.

Ich richtete meinen Körper zur Seite aus, um dem großen Grauen zu zeigen, dass ich als erstes Raum wollte, keine Berührung. Das ist für ein Pferd wie dieses der Beweis dafür, dass der Mensch nicht zur gewöhnlichen Tagesordnung übergehen und es gleich als Nächstes anfassen würde. In meinem Inneren sah es anders aus. Da hätte ich Marty am liebsten die Arme um den Hals geworfen und seine Mückenstiche einen nach dem anderen gekratzt.

Ich deutete mit dem Zeigefinger auf den Geh-weg-Gesichts-Button und Marty bog den Kopf sehr schön zur Seite und ließ ihn dort. Das bedeutete, dass er nicht die Absicht hatte, in meinen Raum einzudringen. Ich drehte mich nun so, dass mein Rücken an seiner Schulter war. Er streckte sich, um meinen Rücken mit dem Freundschafts-Button zu berühren und stieß mich sachte mit der Stirn an. Ich drehte mich etwas um und sah, dass er den Kopf sehr tief hielt, die Ohren zur Seite geklappt. Heerscharen von Fliegen schwirrten um ihn herum. Niemand hatte es geschafft, ihm eine Fliegenmaske überzuziehen oder ihn mit Insektenspray einzusprühen.

Zuerst nickte ich nun mit dem Kopf, um eine Bewegung einzuleiten und zu fragen, ob er mir folgen würde. Dann streckte ich meine Fingerknöchel zu seinem Widerrist, um ganz formell Fellpflege anzubieten. Er lehnte sich an meine Hand und zitterte leicht. Wieder ergriff ich die Initiative und griff an seine Brust. Er schürzte die Lippen und ächzte, während ich die juckenden Stellen kratzte.

Ich wollte nicht gierig sein, was die Berührungen anging. Daher hörte ich auf und wischte mit meinem Hand-Schweif. Dann ging ich weg. Ich bewegte meinen Körper mit einem schönen Hüftschwung wie ein etwas angeberischer Cowboy. Damit zeigte ich Marty, dass es keinerlei Druck gab.

Marty folgte mir.

Beim Näherkommen bat ich Rosa und ihre Helferinnen, aufzustehen und in die „O"-Haltung zu gehen. Marty und ich liefen auf sie zu und er ging an den Menschen entlang und schnüffelte alle Fingerknöchel drei Mal ab, bevor er zur nächsten Person wechselte. Dann verließ er die Reihe und kam in einem Kreisbogen zurück. Er stand da mit gesenktem Kopf und locker herabhängenden Lippen. Seine Augen waren weich, seine Ohren entspannt. Ich bat alle, viel zu blinzeln, mit den Lippen zu wackeln und ihren Nacken zu entspannen, indem sie den Kopf langsam von links nach rechts und zurück bewegten, als würden sie „Nein" sagen.

Marty ahmte diese Geste nach, schüttelte sein Genick und gähnte ausgiebig. Dann dehnte er den Rücken und schaukelte von einem Huf auf den anderen. Wir ahmten diese Bewegung nach. Marty führte seinen Körper in immer tiefere Entspannung und wollte, dass wir es ihm gleichtaten. Nun war es an der Zeit, ihm einige Fragen zu stellen.

## Was ist deine Geschichte?

Ich bat die anderen, sich ein wenig seitlich zu Marty zu stellen, um ihm ihre Verbundenheit zu zeigen. Dann ging ich auf ihn zu und arbeitete seine Buttons der Reihe nach durch, indem ich mit dem Zeigefinger auf seinen Körper deutete oder ihn leicht berührte. Er wendete sein Gesicht, seinen Hals, die Schulter (dadurch bewegten sich die Vorderhufe) und die Gurtregion. Als ich zum Spring-Auf-Button kam, der etwa 15 Zentimeter hinter dem Gurt-Button liegt

(Seite 57), stand ich gut dreißig Zentimeter entfernt von ihm, immer noch auf Schulterhöhe, falls dieser Button ein Problem für ihn darstellen sollte.

Wenn ich Informationen über ein neues Pferd sammle, ist es an irgendeinem Punkt wichtig, einmal alle 13 Buttons nacheinander abzufragen. Angestaute Nervosität oder schlechte Erfahrungen werden dann deutlich und man kann wenigstens beginnen, sie zu bearbeiten.

## Kann ich den Schlüssel haben?

Pferde brauchen es, einander zu folgen, aber sie brauchen es auch, vorwärtsgetrieben zu werden. Der Treiber (das hintere Pferd) sagt: „Geh einfach vorwärts. Ich passe hier hinten auf und falls ein Kojote auftaucht, schlage ich nach ihm aus."

Die sanftesten Pferde laufen in der Mitte. Sie folgen einem ranghöheren Pferd und werden von einem Pferd beschützt, das die Fähigkeit hat, in jeder Situation gelassen zu bleiben, während es die Herde vorwärtstreibt. Viele Pferde passen in die Kategorie der „Pferde in der Mitte". Sie möchten weder führen, noch treiben. Beide Rollen sind wichtig und es ist wichtig, sie anzubieten.

Marty hatte mir bereits gesagt, dass ich seine Wächterin sein dürfe. Das heißt, er war bereit dazu, mir zu folgen. Doch würde er mich auch treiben lassen? Ich stellte mich aufrechter hin und kündigte so meine Absicht an, etwas zu tun. Dann deutete ich mit dem Zeigefinger auf seinen Hüft-Kutschier-Button, der neben der Schweifrübe liegt. Ich brauchte nur darauf zu deuten und dann still zu stehen. Dieser Button ist sehr empfindlich und wird schnell wahrgenommen. Manchmal ist ein Pferd sich nicht sicher, ob man möchte, dass es weggeht oder ob es nur etwas Platz machen soll. Ich wollte nicht, dass Marty weggeht, also versuchte ich, nur einen Hauch an Druck auszuüben.

## AHA-Moment

Als ich auf Martys Spring-auf-Button deutete, flog sein Kopf nach oben und er legte die Ohren an. Er verzog sein Gesicht säuerlich und ich hatte das Gefühl, dass er gehen wollte. Sofort zog ich meine Hand zurück und machte drei Schritte nach hinten. Dadurch nahm ich den Druck weg, als wäre er eine heiße Kartoffel. Marty blieb. Puh.
Plötzlich hatte er einen abwesenden Augenausdruck. Ich blinzelte, wackelte mit den Lippen, schüttelte leicht den Kopf von einer Seite zur anderen und grub mit dem Schuh im Sand. Welche Geschichte auch immer in diesem Button gespeichert war, sie machte das Pferd wirklich unglücklich. Nach einer Minute etwa schien Marty mich wieder wahrzunehmen und senkte den Kopf und schüttelte sich am ganzen Körper, als erwachte er aus einer Trance.
Ich stand nun etwas weiter weg als zuvor, und zeigte von dort aus auf denselben Button. Dabei war meine „O"-Haltung noch tiefer und runder als zuvor. Marty zog wieder eine Grimasse, schaute mich aber weiterhin an. Er schnaubte laut und ging für ein Kurzes Hallo an meinen Fingerknöcheln auf mich zu.
Was auch immer in seiner Erinnerung aufgetaucht war, wie schrecklich es auch sein mochte, er hielt den Kontakt zu mir und versuchte, es loszulassen.
Ich wollte mich nicht zu lange mit diesem Thema befassen und verlagerte meine Aufmerksamkeit auf die Außenseite seiner „Blase", die ich mit großen, langsamen, deutlichen Schritten umrundete, bis ich an seiner Kruppe angelangt war. Ich war in der „O"-Haltung geblieben und stand ungefähr einen Meter entfernt von ihm.

Der Graue riss sofort den Kopf hoch. Er beobachtete mich aus den Augenwinkeln. Sein Gesichtsausdruck war hart und er versuchte, herauszufinden, was genau zu tun war. Ich erklärte Rosa und ihren Helferinnen, was ich tat, da diese Übung etwas schwer zu verstehen ist. Es sah eigentlich nur so aus, als stünde ich da und deutete mit dem Zeigefinger auf sein Hinterteil, und er stünde da und schaute mich an. Jemand schlug vor, ich solle in die Hände klatschen oder schnalzen, damit er sich bewegen würde. Ich antwortete, dass es sich dabei vielleicht um das zweithäufigste Missverständnis im Gespräch zwischen Menschen und Pferden handele. Das allerhäufigste Missverständnis betrifft die Begrüßung und wie man „Hallo“ sagt. Wir haben alle gelernt, Pferde in die Bewegung zu scheuchen. Das kommt uns so normal vor, dass es ein wenig schwierig ist, es wieder zu verlernen. Hat man es verlernt, ist man in der Lage, zu verstehen, wie fein Pferde in Wirklichkeit mit ihren Buttons umgehen.

Pferde, die miteinander befreundet sind, reiben ihre Gesichter oder ihr Kinn am Rumpf des anderen Pferdes, manchmal benutzen sie sogar ihren Freundschafts-Button oder den Geh-weg-Gesichts-Button, um ein anderes Pferd dazu zu bewegen, vorwärts oder seitwärts zu gehen. Ein gutes Leitpferd muss nur seine Augen anspannen und sein Gesicht so verziehen, dass es aussieht, als würde es in eine Zitrone beißen, und schon bewegt sich die ganze Herde vorwärts.

Marty bewegte seine Hinterhand schließlich um einen viertel Meter, aber er klemmte den Schweif ein und hatte den Kopf hoch erhoben. Seine Ohren hatte er nach hinten gelegt, konzentriert, aber auch verärgert. Sobald er sich bewegte, zog ich mich zurück, ließ meine Hand fallen wie eine heiße Kartoffel und schaute zu Boden. Dann sah ich ihm in die Augen, blinzelte und bedankte mich laut bei ihm. An diesem Punkt wollte ich meine Körpersprache aus Pferdisch gerne mit meiner typischen menschlichen Körpersprache vermischen. Worte transportieren bestimmte Gefühle und unser Körper reagiert mit mikroskopisch kleinen Bewegungen auf die Gefühle, die wir empfinden. Eine klare Verbindung zwischen meiner Stimme und meinen Mikrobewegungen kann einem Pferd helfen, besser zu durchschauen, wie die normale menschliche Körpersprache aussieht. Sobald wir laut reden, stimmen unser Inneres und

Äußeres überein, und durch diese Übereinstimmung werden wir von Pferden besser verstanden.

Marty gönnte sich eine längere Pause. Dann prustete er einmal seufzend aus und drehte sein Gesicht zu mir. Er nickte mit dem Kopf, bewegte sein Gesicht zur Seite und richtete seine Schulter an mir aus. Das war seine Einladung an mich, mit ihm „abzuhängen".

Dieses Pferd war wirklich sehr, sehr klug. Er wusste inzwischen, dass ich mein Bestes tat, damit er sich sicher fühlen konnte. Als ich auf ihn zuging, hatte ich das Bedürfnis, laut zu lachen. Es schien, also ob er mich ansah und dachte: „Mädel, du bist ja wirklich nett und alles, aber du siehst nicht aus, als könntest du nach einem Kojoten ausschlagen."

Es war an der Zeit, Rosa und ihre Helferinnen einzuladen, ihn zu treffen.

## Die Berliner Mauer

Marty war so lange im Überlebensmodus, isoliert hinter einer undurchdringlichen Mauer aus Angst und Desinteresse, dass es wichtig für ihn war, eine Gruppe von Menschen zu akzeptieren. Es würde ihm dabei helfen, die Grenze zu überschreiten und damit anzufangen, sich der Herde anzuschließen. Er hatte ja bereits große Fortschritte gemacht. Er war zu mir gekommen, hatte der Gruppe Hallo gesagt und hatte versucht, zu vermitteln, was ihm Sorgen bereitete.

Das Problem mit Mauern ist allerdings, dass es sich merkwürdig anfühlt, sie zu verlieren, sobald man sich einmal an sie gewöhnt hat. Ich wollte Marty unterstützen, indem ich ihn mit vielen neuen Informationen und einer andersartigen Erfahrung mit unserer kleinen Menschengruppe versorgte. Wenn er den Kontakt mit uns aushalten und unsere Verbindung und die Berührungen tolerieren konnte, war es wahrscheinlicher, dass er die Mauern für immer abbauen würde.

Marty war ein frei laufendes Pferd am Rande eines Hügels, eines Waldes und einer großen Weide. Es gab eine ganze Herde von Wallachen in der Nähe, die sich mehr als nur ein bisschen für das interessierten, was gerade mit Marty ablief. Für ihn gab es also eine Reihe von Möglichkeiten, sich aus dem Staub zu machen. Blieb er aus freien Stücken bei uns und durchlief diesen Prozess, war das ein großes Geschenk, und eines, das ich nicht als selbstverständlich voraussetzen wollte. Gleichzeitig war ich mir aber sicher, dass Marty sich am nächsten Tag nicht unbedingt leichter einfangen lassen würde, wenn ich nicht zur richtigen Zeit auf die richtige Art ein wenig Druck ausübte.

Ich gab Rosa und ihren beiden Helferinnen einen Überblick über das, was ich vorhatte und ging dann zu Marty für ein Kurzes Hallo an seinem Maul. Dann trat ich zur Seite, um den Druck wegzunehmen und kratzte ihn ungefähr eine Minute lang an einer seiner vielen juckenden Stellen. Danach zog ich mich zurück und wischte mit meinem Hand-Schweif.

## Glückliche Pferde

Rosa ging danach als Erste zu Marty. Als sie auf ihn zuging, hielt sie sich ein wenig zu aufrecht und er wendete seinen Kopf im Geh-weg-Gesicht zur Seite, um ihr zu vermitteln, dass er höflich war. Aber er verlagerte auch sein Gewicht etwas zur Seite. Zusammengenommen bedeutete das, dass sie die Intensitätsstufe etwas verringern sollte.

Das Gewicht zu verlagern und damit also Platz zu machen, ist ein Angebot. Es bedeutet, dass das Pferd Ihnen Raum gibt. Das ist eine gegenseitige Respektsbekundung und sie kommt uns vielleicht vor wie die Pause, in der wir während eines Gesprächs „Danke schön“ sagen würden. An dieser Stelle ist es also für unsere eigene Version des Weich-Werdens eine gute Idee, Pause zu machen und beispielsweise die „O“-Haltung anzunehmen, sich wegzudrehen oder die Intensität herunterzuschrauben. In Martys Fall beinhaltete das Raumgeben eine deutliche Gewichtsverlagerung weg von Rosa. Das war ein Zeichen dafür, dass er bereit war, überhaupt von Rosa wegzugehen, wenn sie weiter auf ihn zukommen würde. Marty sagte ihr, dass sie den ganzen Raum haben konnte, und sogar noch mehr Raum, wenn sie es zu doll trieb. Rosa verstand die Botschaft, bevor ich etwas sagen konnte und entspannte ihren Oberkörper. „Ich habe überhaupt nicht gemerkt, wie angespannt und in der ‚X'-Haltung mein Körper aus Versehen gewesen ist", sagte sie.

Der Rest ihres Gesprächs mit Marty war wunderbar, und sie konnte mit der Hand die Mückenstiche unter Martys Bauch kratzen. Das machte ihn zwar etwas nervös, aber das Vergnügen überwog die Angst.

Die erste Helferin übertrieb ihre „O"-Haltung, da sie dachte, das würde Marty beruhigen. Marty senkte die Nase auf den Boden und machte Upsies, um ihr zu vermitteln, dass er ihr nichts tun würde. Ihr wurde klar, dass sie wohl ein wenig übervorsichtig mit Pferden umging, von denen sie wusste, dass sie Probleme hatten. Im Umgang mit Marty begriff sie, dass ihre Angewohnheit Pferde weder beruhigte noch Vertrauen schuf. Stattdessen bekamen die Pferde das Gefühl, dass sie auf die Helferin aufpassen müssten. Außerdem merkte sie, dass ihre „O"-Haltung beim Kraulen den großen Grauschimmel dazu ermutigte, sein Maul an ihren Bauchnabel zu halten. Sie dachte nicht immer daran, die Fingerknöchel nach vorn an sein Maul zu halten. Daher knabberte er ein Mal an ihrem Bauch. Marty drückte damit aus, dass er einen „Landeplatz" brauchte, weil er sonst nicht wusste, wie er mit ihr in Kontakt treten konnte. Danach hielt sie ihm die Fingerknöchel ihrer freien Hand immer sofort unters Maul, wenn sie sah, dass sich sein Kopf zu ihr umdrehte. Sie übte, seinen Geh-weg-Gesichts-Button zu benutzen und stellte sich etwas aufrechter hin, um ihre Blase des persönlichen Raums klarer zu definieren. Sie fand eine wirklich gute Balance zwischen der Entspanntheit, die sie brauchte, um Marty zu sich einzuladen, und der Bestimmtheit, die nötig war, um zu wissen, wo sein Raum war. Es ging um die Grenzen, die in der Beziehung zwischen Mensch und Pferd so wichtig sind.

Die Letzte aus unserer Gruppe, die auf Marty zuging, war sich ziemlich im Klaren darüber, wie ihre „X"- und „O"-Haltung auszusehen hatte. Schließlich hatte sie von ihren Vorgängerinnen gelernt. Allerdings kraulte sie das Pferd viel zu schnell und in einer Bewegung von oben nach unten und wir mussten uns zuerst einmal darüber verständigen, wie man ein Pferd berührt. Ich bat sie, Marty etwas Raum zu geben. So konnte ich ihr zeigen, wie sich verschiedene Stufen von Berührung für das Pferd anfühlen. Als ich sie schnell von oben nach unten und wieder zurück kraulte, so wie sie es zuvor mit Marty gemacht hatte, rümpfte sie die Nase. „Hilfe", sagte sie, „ich hatte ja keine Ahnung, wie schrecklich das ist! Ich dachte, sie mögen es, fest gekrault zu werden!"

Streichende oder kratzende Berührungen von oben nach unten und wieder zurück gehen gegen den Haarstrich. Manche Pferde hassen das wirklich! Ich zeigte ihr eine Kreisbewegung, die mehr wie ein Massagegriff war. Sie war ganz anders als das heftige Kraulen, so dass sie den Unterschied fühlen konnte. Dann entschuldigte ich mich schon mal im Voraus bei Marty und bat alle, seine Reaktion zu beobachten, wenn ich ihm zunächst die angenehme, kreisförmige Berührung anbot: Der Grauschimmel hob den Kopf, streckte den Hals und kräuselte die Oberlippe. Seine Augen waren weich und er gähnte sogar ein wenig. Ich entfernte mich einige Schritte, um ihm zu zeigen, dass ich etwas verändern würde. Dann ging ich zurück und kraulte ihn heftig von oben nach unten und zurück. Nun nahm er wieder den Kopf hoch, diesmal zog er ihn aber nach hinten, legte die Ohren an, verengte die Augen und verzog die Lippen. Alle sahen zu und nahmen wahr, dass er nicht gerade glücklich aussah. „Aber wie sieht ein glückliches Pferd denn aus?", fragte jemand. Ich wendete mich ihm zu, ließ die Schultern fallen, drehte meinen Kopf nach links und rechts, wackelte mit den Lippen und blinzelte, als würde ich gleich direkt vor seinen Hufen einschlafen. Ich schaukelte leicht von einem Fuß auf den anderen und fasste ihn leicht am Widerrist, so dass auch er leicht zu schaukeln begann. Der Grauschimmel wackelte mit den Lippen, schloss die Augen und ließ Kopf und Hals in einer entspannten Bewegung nach vorne-unten sinken. Seine Schultern sahen locker aus und sein Unterbauch atmete gleichzeitig mit mir tief ein und aus.

Ich nahm meine Hand von seinem Widerrist und dehnte meinen Kopf und Hals nach vorne bis zum Boden. Marty ahmte mich nach und dann schloss er die Augen. Wir blieben in dieser Haltung und Marty döste kurz.

„So sieht ein glückliches Pferd aus", sagte ich zu den anderen. Genau wie wir, so können auch Pferde aufgeregt sein, und Aufregung kann auf alle Fälle auch einen Teil des Glücklichseins ausmachen. Aber ein Pferd wird letztendlich immer nach *dieser* Stufe der Entspannung suchen, dem wirklichen Neutral Null. Dann ist es zutiefst zufrieden.

Glück sieht aus wie Neutral Null.

## Loslassen

Sein Neutral Null zu finden und beizubehalten, war das Einzige, worin wir Marty immer wieder unterstützen mussten.

Ich habe beim Unterrichten von Pferdisch eine erstaunliche Entdeckung gemacht. Hat ein Pferd sein Neutral Null nämlich erst einmal gefunden oder wiederentdeckt, so setzt es nicht nur alles daran, in diesem Zustand zu bleiben. Es versucht auch, seine Menschen darin zu unterstützen, ihr eigenes Neutral Null zu finden.

Zu Neutral Null zurückzukehren oder dort zu sein, und es als ultimative Grundlage für sämtliche Aktivitäten zu nutzen, bedeutet, dass alle Eigenarten, Probleme oder Themen, die Pferde sonst zeigen, sich in Luft auflösen.

Statt dass man sich um Unarten kümmert, als ob diese ganz von allein auftauchen würden, ist es wichtig zu begreifen, dass Pferde sich so verhalten, weil sie gestresst sind und versuchen, mit dem Stress umzugehen. Scharren, Koppen, Rempeln, Angstbeißen, Überrennen, Durchgehen – und das sind nur einige der Themen – sind allesamt das Ergebnis davon, dass ein Pferd sein Neutral Null verloren hat.

Ich habe schon so viele Pferde dabei beobachtet, wie sie sich nach und nach entspannt und dabei ihre Probleme losgelassen haben, sobald ihr Neutral Null sich gefestigt hatte. Das ist immer ein sehr schönes Erlebnis.

## Seile

Rosa hatte vorsorglich ein Halfter in ihrer Hosentasche, nur für den Fall, dass ein Wunder geschehen würde und wir Marty aufhalftern konnten.

Ich bat Rosa, Martys Maul drei Mal mit dem Halfter zu berühren und die Berührung zu beenden, indem sie eine Bewegung machte, als ob sie eine heiße Kartoffel fallen ließe. Das wäre, als ob Marty das Halfter nach der Berührung verschwinden ließe. Das klappte gut. Er schnaubte und schüttelte die Spannung ab. Ich schlug vor, dass Rosa einfach zu ihm schlendern solle, so wie sie es auch sonst tat, und ihm das Halfter überziehen solle, ohne eine große Sache daraus zu machen.

Und… es war auch keine große Sache. Er blieb einfach stehen. Der nächste Schritt war, dass ich das Führseil aus meiner Tasche nahm, auf ihn zuging und das Seil am Halfter befestigte.

Sobald Marty das Klacken des Hakens hörte, wurden seine Augen riesig und er hörte auf, zu atmen.

Mist.

Sofort ließ ich das Seil locker und schaute in die gleiche Richtung wie er. Dabei stand ich auf Schulterhöhe. Ich schätze, dass er einige Geschichten über Führseile zu erzählen hatte, also wollte ich das Seil unbeachtet lassen und mit ihm den „Gleichschritt" üben. Ich wollte nicht, dass er sich auf das Führseil konzentrierte und nervös wurde, also benutzte ich meine Füße, um seine Aufmerksamkeit dorthin zu lenken. Ich bat ihn nur darum, meinen Füßen zu folgen. Ich machte drei energische Schritte nach vorne, dann blieb ich auf der Stelle stehen und wartete auf ihn. Er machte zwei schüchterne Schritte und erstarrte dann. Ich stellte mich so hin, dass ich in einem 45-Grad-Winkel zu seiner Schulter stand und überkreuzte meine Füße, dann entkreuzte ich sie wieder und machte zwei Kreuzschritte von ihm weg und wieder zu ihm hin.

Das Überkreuzen der Menschenfüße ist für Pferde sehr interessant zu beobachten. Meist sind sie wirklich gefesselt von dem, was wir da machen und versuchen herauszufinden, ob es ihnen auch gelingt, zumindest mit den Vorderhufen. Ich habe oft den Eindruck, dass diese Unterhaltung den Pferden Vergnügen bereitet, und deswegen nenne ich sie auch „Fußvergnügen".

Marty wackelte mit den Lippen und überkreuzte seine Vorderhufe!

Nun überkreuzte ich meine Füße auf einem Bogen, der der Außenlinie seiner Blase folgte. Er sah mir zu und machte zwei weitere Schritte, bei denen er seine Hufe überkreuzte und wieder parallel stellte. Ich veränderte den Winkel, in dem ich zu ihm stand, so dass ich nun auf seine Hüfte zuging, während ich weiter meine Füße kreuzte. Er trat mit der Hinterhand unter seinen Schwerpunkt und sah mich an. Unsere Unterhaltung hatte sich verändert. Es ging nun nicht mehr um seine Reaktion auf etwas, das ihm in der Vergangenheit im Zusammenhang mit einem Führseil passiert war. Stattdessen unterhielten wir uns über „Fußvergnügen" und dadurch war er im Hier und Jetzt angekommen. Pferde können Angst durch Neugier überwinden. Ich glaube, dass die Natur Pferde mit einer guten Portion Neugier ausgestattet hat, damit sie immer auf der Hut sind. Ich hatte Martys Neugier geweckt und konnte nun bewundern, welche Auswirkungen seine Rückkehr in die Gegenwart hatte.

Er hörte gar nicht mehr auf zu gähnen. Sein Maul wurde beim Gähnen immer größer, so riesig, dass am Ende seine Augen zurückrollten.

Das war sehr gut.

Der Grauschimmel löste Erinnerungen oder was auch immer aus seiner Vergangenheit auf. Was genau es war, würden wir wahrscheinlich nie erfahren. Ich freute mich darauf, nun eine etwas andere Unterhaltung mit ihm darüber zu führen, wie wir uns im Gleichschritt zusammen bewegen konnten. Ich nahm das Seil etwas mehr auf, meine Handflächen zeigten dabei nach unten und dann trottete ich vorwärts. Er wehrte sich ein bisschen gegen den Druck, doch nach einigen Augenblicken schien das erdende Gefühl, das ich durch das Seil vermittelte, ihn zu entspannen.

Ich sah zu Rosa hin.

„Wir bringen ihn zum Offenstall mit dem angrenzenden Paddock", schlug ich vor. „Dort ist er nicht eingesperrt, aber er ist auch nicht an der Baumgrenze eines Berges."

Rosa stimmte mir zu. Das war die beste Möglichkeit, Zeit mit ihm zu verbringen und ihn so zu versorgen, wie es nötig war. Man konnte einfach nicht wissen, ob er jemals wieder jemanden den Berg hinauf und an sich herankommen lassen würde.

Ich gab ihr das Seil und wir gingen los wie in einer Blaskapelle, nicht schnell, nur energisch. Marty ahmte diesen Rhythmus von

Rosas Füßen perfekt nach und setzte seine Hufe genauso, wie sie ihre Füße setzte. Sie marschierte mit ihm aus dem Tor hinaus und hinunter zum Stall mit dem angrenzenden Paddock. Sobald sie in losgemacht hatte, wälzte er sich im Sand, dann stand er auf, winkelte ein Hinterbein an und döste in der Sonne.

## Die Fortsetzung

Einige Monate später hörte ich wieder von Rosa. Nach dem Tag mit uns auf der Bergwiese hatte Marty große Fortschritte in der Zusammenarbeit mit Menschen gemacht. Er war so vertrauensvoll im Umgang geworden, selbst wenn es um seinen Spring-auf-Button ging, dass er nun zum Botschafter der Farm geworden war. Alle Gruppen, die die Farm besuchten, um sie zu besichtigen oder um freiwillig mitzuhelfen, trafen zuerst einmal Marty.

Rosa hatte begonnen, ihn zu reiten, und es machte ihm großen Spaß, ins Gelände zu gehen. Es war so ein Vergnügen, mit ihm zusammen zu sein, dass Rosa beschlossen hatte, ihn für sich selbst zu behalten. Seine Vergangenheit und seine wunderbare Verwandlung hatten sie so berührt, dass sie den Gedanken nicht ertragen konnte, ihn irgendwo anders hin zu schicken.

## Ein langer Weg

Der Weg zur Rehabilitation von Pferden wie Marty kann eine wirkliche Herausforderung sein. Tatsächlich waren Situationen wie die von Marty der Grund dafür, dass ich versucht habe, immer bessere Wege zu entdecken, um mit Pferden Kontakt aufzunehmen oder mich mit ihnen zu verständigen. Unglücklicherweise ist es so, dass die guten Absichten derjenigen, die traumatisierte, misshandelte oder vernachlässigte Pferde gerettet haben, häufig keine Wendung bewirken. Traumatisierte Pferde leiden unter einer Art von posttraumatischer Belastungsstörung (PTBS) und es ist oft unklar, welche

Trigger sie haben. Es ist nicht ungewöhnlich, dass solch ein Pferd auf einen harmlosen Alltagsgegenstand heftig reagiert.

Ich hoffe, dass es uns gelingt, mit Hilfe von Pferdisch die Dinge so weit zu verlangsamen und zu verstehen, dass es während des Heilungsprozesses der Pferde nicht zu gefährlichen Situationen kommt.

## Lecken und Kauen

Das Begrüßungsritual kann als eine Art Diagnoseinstrument eingesetzt werden. Pferde benutzen es, um einander einzuschätzen, aber man kann es auch benutzen, um herauszufinden, wo das Pferd im Kontakt Probleme hat und wie man beginnen könnte, eine neue Beziehung zu ihm aufzubauen. Wir legen bereits in den ersten Momenten der Begrüßung Grenzen fest, und das ist vor allem auch für misshandelte Tiere wichtig.

Anders als Menschen, die unter PTBS leiden, lassen sich Pferde nach meiner Erfahrung viel leichter „zurückholen". Natürlich können ernste Fälle einige Zeit der Heilung in Anspruch nehmen, auch einige Jahre, doch in fast allen Fällen kann bereits in den ersten Einheiten durch den Gebrauch von Pferdisch so viel Kontakt hergestellt werden, dass das Interesse des Pferdes an dem Versuch zu heilen garantiert werden kann.

Vom Verständnis des Pferdes her ist es einfach in einem neuen Stall angekommen. Woher soll es wissen, dass es „gerettet" wurde? Auch die Zeit ist ein Thema. Pferde, die über lange Zeit in einem Alarmzustand waren, brauchen Zeit, um sich zu entspannen und wieder zu sich zu finden. Ich habe mit vielen solchen Pferden zu tun gehabt. Zunächst scheinen die Tiere sich wohlzufühlen. Sie können zum Beispiel von ihren neuen Besitzern wochenlang geritten werden. Plötzlich zeigt das Pferd gefährliche, unerklärliche oder richtig extreme Verhaltensweisen. Was ist passiert?

Normalerweise macht sich das Pferd in der ersten Zeit mit den äußeren Umständen seiner neuen Umgebung vertraut, als würde es eine neue Landkarte anfertigen. Darauf stehen die Fütterungszeiten und seine Rolle in der Rangordnung, wenn es mit anderen Pferden zusammenkommt. Sobald die Außenwelt klar und vorhersagbar ist, kommt die Innenwelt an die Oberfläche. Und auch wenn die Außenwelt aufgezeichnet werden kann, die Innenwelt kann ein Pferd nicht alleine bewältigen. Es weiß nicht, wie es wieder in einen Zustand des inneren Neutral Null kommen kann. Der Wunsch, allein gelassen zu werden, kommt dem vielleicht am nächsten.

Es weiß auch nicht, wie man Neutral Null in den Menschen, die es umgeben, finden kann.

Das Verhältnis zu einem Pferd in Rehabilitation muss schon in den ersten fünf Minuten des ersten Kontakts so gut sein, dass es beginnen kann, an diesem Tag sein Neutral Null zu finden.

Manche Trainingsmethoden sind für manche Pferdepersönlichkeiten oder bestimmte Pferd-Mensch-Kombinationen besser als andere, doch letztlich ist das Haarspalterei. Auf lange Sicht ist es einem Pferd egal, welches Kochbuch wir benutzen, außer vielleicht, wenn sie Hummer lieben und Sie darauf bestehen, dass es Pellkartoffeln gibt. Jede verantwortungsvolle Trainingsmethode hat sowohl Vorteile als auch Schwachstellen. Es hängt von der Person ab, die die Trainingsmethode benutzt, sich dessen bewusst zu sein und die Kluft zu überbrücken, wenn sie sich zeigt.

Pferdisch ist die Unterhaltung, die Sie vor, während und nach jedweder Arbeit mit dem Pferd führen können. Die meisten Pferde haben nichts gegen Arbeit, manche sind sogar verrückt danach. Pferdisch gibt Ihnen die Gelegenheit, sich mit dem Pferd über den Verlauf der Arbeit zu unterhalten und bereichert die Zeit, die wir mit unseren Pferden verbringen dadurch enorm.

---

KAPITEL 9

# Hoffnung heilt

Ungefähr acht Jahre lang unterrichtete ich einen Kurs in pferdegestütztem Lernen. Der Kurs fand an einer Schule statt, die sich auf lernbehinderte Schüler spezialisiert hatte. Die Schüler in meiner Klasse hatten ihr Leben lang darunter gelitten, dass es ihnen schwerfiel, zu lernen. Manche waren auch von mehr oder weniger starken Ängsten geplagt, die sich teilweise zu richtigen Panikattacken entwickeln konnten.

Mein Ziel war es, diesen wunderbaren, mutigen Menschen neue Erfahrungen in ihren Beziehungen zu anderen zu ermöglichen – nicht nur zu den Pferden, sondern auch untereinander und zu sich selbst. Ich sehe die Welt immer auch aus Pferdesicht. Daher entwickelte ich einen Unterrichtsplan, der außerdem die Welt der für das Schuljahr gemieteten Schulpferde bereichern würde.

Am Ende gewannen alle – Menschen und Pferde. Der Beginn stellte allerdings mitunter eine Herausforderung dar. Und ein spezieller Anfang war besonders hart.

## Erwartungen

Wir kamen gegen sieben Uhr abends am Stall an, das war die übliche Unterrichtszeit für unseren Kurs. Da meine Arbeit sehr störanfällig ist und der Unterricht für meine Schüler so ruhig wie möglich ablaufen sollte, war es am erfolgsversprechendsten, wenn wir den Kurs auf den Abend verlegten. Dann war Stall leer und alle bereits nach Hause gegangen. Die Pferde waren schon gefüttert.

Am Anfang jedes Schuljahres ging ich ins Büro und sah mir an, welche Pferde zur Verfügung standen. Ich profitierte dabei von einem weiteren therapeutischen Reitunterricht, der an derselben Reitschule stattfand. Die Pferde kamen und gingen, wie sie gebraucht wurden. Einige davon kannte ich, andere nicht. Da mein Unterricht die Pferde in ihrem Arbeitseifer unterstützte und ihnen zu besseren Bewegungen verhalf, bekam ich häufig die „Problempferde", um sie „freundlicher" zu machen.

Der erste Unterricht diente wirklich nur der Orientierung. Die Schüler machten sich mit den Pferden bekannt und umgekehrt. Ich erklärte die Persönlichkeit jedes Pferdes und wie ich seine Mimik las, um etwas über das Pferd herauszufinden.

Etwa nach dem dritten Pferd machten die Schüler mit und steuerten ihre Eindrücke bei. Ich war immer wieder erstaunt darüber, wie leicht ich den Schülern beibringen konnte, wirklich hinzuschauen, um die Körpersprache von Pferden zu verstehen. Erwachsene tun sich damit so viel schwerer.

Schließlich waren wir beim letzten Pferd angekommen. Es war eine Stute, die sich ganz hinten in ihrer Box versteckte. Ich schnaubte drei Mal, um sie einzuladen, mir „Hallo" zu sagen, doch sie weigerte sich. Sie war starr und atmete sehr flach. Meine Klasse verschwendete keine Zeit damit, an diesem Verhalten herumzudeuten. Ein Mädchen stellte sich an den Rand der Box und sagte, dass die Stute schrecklich unglücklich aussähe. Ich fragte sie, ob sie sich vielleicht mit der Stute verbunden fühle. Das Mädchen, sie hieß Lianna, nickte zustimmend und atmete tief. Die Stute richtete ein Ohr auf sie und atmete ebenfalls tief.

Meine Schüler arbeiten aus Sicherheitsgründen immer zu zweit an einem Pferd, so dass es immer einen Partner gibt. Lianna war die Erste, die gerne mit dieser Stute arbeiten wollte. Die Stute hieß Hope, Hoffnung.

Da meine Schüler alle über 18 waren, war es nicht erforderlich, dass sie mir von ihren Lernschwierigkeiten erzählten oder von anderen Problemen, die sie belasteten. Ich war nicht neugierig, aber ich war immer offen. Wenn sie mir etwas erzählen wollten, war ich bereit, ihnen zuzuhören. Lianna gestand mir auf der Rückfahrt im Bus, dass sie unter schrecklichen Panikattacken litt, und dass Hope für sie ausgesehen hatte wie eine einzige, große Panikattacke. Ich merkte mir dies und suchte im Stillen nach Wegen, die beiden zu erden, ihnen Anker zu verschaffen und sie in ihrer Zusammenarbeit zu unterstützen.

In der darauffolgenden Woche verbrachten wir einige Zeit damit, zu lernen, wie man auf ein Pferd zugeht, das in der Box steht, wie man ein Halfter anzieht und wie man seine Atmung einsetzen kann, um im Neutral Null zu bleiben, während man das alles macht. Wir konnten die Pferde nicht aus ihren Boxen führen, solange sowohl die Menschen als auch die Pferde nicht im Neutral Null waren. Ich wollte, dass allen Schülern von Anfang an klar war, dass sie verantwortlich für die innere Ruhe der Pferde waren.

Das erste, worauf sie achten sollten, war eine hohe, angespannte Kopfhaltung. Und das erste, das sie lernten, war es, zu atmen und sich über ihre Füße zu erden. Außerdem gehörten, wenn das möglich war, gesunde Formen der Berührung zum Unterricht, um das Pferd zu entspannen, z. B. das „Abklopfen“ und die TTouches aus der Tellington-Methode.

Es entspricht der Natur des Menschen, dass wir zu einem Pferd gehen und es anfassen und streicheln möchten. Doch Pferde nehmen das nicht ganz so positiv auf, wie wir uns das wünschen würden. Es entspannt sie auch nicht, wenn sie gestresst, nervös oder aus irgendeinem Grund angespannt sind.

Auf der anderen Seite hatte ich einige Schulpferde, die meine Schüler sozusagen als „Scheuerpfosten" benutzten. An ihnen zeigte ich, wie man auf eine gute, gewaltfreie Art und Weise gesunde Grenzen setzen kann. Außerdem mussten diese Pferde lernen, wie eine „gute Berührung" aussieht.

Diese spezielle Klasse lernte sehr schnell. Alle hatten ihr Neutral Null gefunden und hielten es aufrecht, während sie die Boxentür öffneten, die Pferde aufhalfterten, das Halfter wieder abnahmen und ihrem Partner die Gelegenheit gaben, das Gleiche zu üben. Ich wollte, dass sie die ganze Prozedur dreimal wiederholten, jeder von ihnen, denn beim dritten Mal hatten sie zu einem schönen Rhythmus gefunden und alle fühlten sich sicher und kompetent. Alle, außer Lianna und Hope.

Liannas Mitschülerin, ein beherztes Mädchen namens Shelly, war mit Pferden aufgewachsen. Sie ging einfach in den Stall, pflanzte das Halfter auf Hopes Kopf und blieb bei ihr stehen, um sie zu kraulen. Sie hatte keine Angst, musste aber Hopes Ängste in ihren verschiedenen Abstufungen erkennen lernen.

Lianna waren Hopes Probleme dagegen viel zu sehr bewusst. Sie schaffte es nicht einmal, auf die Stute zuzugehen, da ihre eigene Angst so groß war, wenn sie die Pferdebox betreten wollte.

Für mich war das kein Hindernis, sondern es war genau die Situation, nach der ich Ausschau gehalten hatte. In jedem Kurs gab es mindestens ein Paar, das eine interessante Herausforderung darstellte. Ich konnte sie nutzen, um den Schülern zu wertvollen Lernerfahrungen zu verhelfen.

## Die Lehrerin wird Schülerin

Ich bat alle, sich auf dem Gang vor der Reithalle einzufinden. Vor der Reithalle in der Nähe des Eingangs gab es eine Absperrung. Dort konnten die Zuschauer sicher sitzen und den Reitunterricht beobachten. Mir verschaffte das die Möglichkeit, ein Pferd frei laufen zu lassen und meinen Schülern ein größeres Spektrum an pferdlicher Körpersprache zu zeigen und zu erklären.

Die Schüler hatten den Stall schon verlassen, als ich Hope nach draußen führen wollte. Ich war allein, als sie nach mir schnappte.

Es war einer dieser Momente… Ich wusste, dass sie aufgeregt war und sich wie eine angespannte Natter verhielt, doch ich dachte, dass ich sie beruhigen konnte. Ich wollte sie so oder so bitten, mit mir zu kommen und war der Meinung, dass es ihr nur guttun konnte, frei in der Halle zu laufen und sich wälzen zu können.

Sie biss nicht fest zu, ihre Zähne hatten meinen Arm nur oberflächlich erwischt und etwas aufgeschürft, es war also mehr als Warnung zu verstehen.

Da wir bereits Spätherbst hatten, war ich dick angezogen. Mir ging es soweit gut. Allerdings schrillten die Alarmglocken in meinem Hinterkopf. Was hatte dieses Pferd im therapeutischen Reitunterricht zu suchen? Es gibt bestimmte Voraussetzungen für Therapiepferde, und ich hatte angenommen, dass Hope zwar angespannt war, aber dass sie keine Gefahr darstellte.

Ich richtete meine ganze Aufmerksamkeit auf sie und nahm eine vollständige „X"-Haltung ein, um jeden weiteren Kontakt für diesen Moment zu unterbinden. Ich aktivierte die Energie meiner Körpermitte und vermittelte ihr, dass sie in ihrer Ecke bleiben sollte. Dann trat ich einen deutlichen Schritt weg von ihr, um ihr Raum zu geben. Wenn man es mit Aggression zu tun hat, muss jedes Bedürfnis, Druck auszuüben, überprüft werden. Bei Pferden, die gegenüber Menschen aggressiv werden, ist irgendetwas furchtbar verkehrt gelaufen und das Letzte, was ich möchte, ist dazu beizutragen, dass sich dieses Problem verschlimmert.

Als ich mich entfernte, atmete Hope tief und wendete ihren Kopf leicht in einer Geh-weg-Gesichts-Geste zur Seite. Auch ich bewegte meinen Kopf ein wenig zur Seite und atmete geräuschvoll. In diesem Moment sah unser Gespräch so aus:

Ich: „Ich mochte das echt nicht."

Hope: „Ich mochte das auch echt nicht."

Ich: „Lass es uns überdenken."

Hope: „Ja, und ich gebe dir etwas Raum, um es zu tun."

Ich: „Ist okay für mich."

Ich atmete drei Mal tief und ging dann in einem klaren Halbkreis auf ihren Kopf zu. Dabei schaute ich auf ihr Halfter. Pferde beobachten, wohin sich Ihr Blick richtet, genau wie sie den Blick eines Raubtieres beobachten würden. Es ist gut für Ihre Beziehung zu einem Pferd, wenn Sie ihm direkt in die Augen schauen, solange Ihr Blick dabei weich ist. Indem ich bedächtig im Halbkreis ging, konnte ich Hope klar vermitteln, was ich vorhatte. Ich wollte einfach das Führseil ans Halfter klicken. Etwa einen Schritt entfernt von ihr blieb ich stehen, atmete tief und nickte mit dem Kopf, um anzufragen, ob ich es noch einmal versuchen durfte.

Warum bat ich sie um Erlaubnis? Warum stellte ich nicht einfach klar, wer hier das Sagen hatte? Zum ersten wollte ich ihr gerade meine gesamte Klasse vorstellen. Je mehr ich sie auf meiner Seite hatte, desto größer war meine Chance, ihre Verspannung aufzulösen. Wenn man wütend auf ein Pferd wird, das selbst wütend ist, hat man schon verloren. Natürlich kann ich als Trainer in einer wirklichen Gefahrensituation in Kampfhaltung gehen, wenn das der einzige Weg ist, meine Haut zu retten. Zwei falsche Wege ergeben aber nicht den richtigen Weg. Nach meiner Erfahrung ist es nötig, bei einem aggressiven Pferd eine Schicht tiefer zu graben.

Meist stößt man dann auf ein Erlebnis, bei dem das Pferd sich so in der Falle fühlte, dass es aus seiner Sicht um sein Leben kämpfen musste. Der Hintergrund beinahe jeder pferdlichen Aggression ist Angst. Die einzige Ausnahme ist vielleicht eine Mutterstute, die ihr Fohlen beschützt, oder ein Hengst, der seine Herde verteidigt. Pferde leben eigentlich permanent dicht an der Panik. Jeder Reiz, der außerhalb ihres Vorstellungsvermögens liegt, kann selbst ein stoisches Pferd innerhalb von zwanzig Sekunden in Fluchtbereitschaft versetzen. Mutter Natur hat Pferde so geschaffen, um sie zu schützen.

Menschen werden häufig als Raubtiere vom Typ Jäger und Sammler bezeichnet. Die „Sammler"-Seite unseres Wesens kommt sehr viel besser mit Pferden aus als die „Jäger"-Seite. Das mag verwirrend erscheinen, da Pferde in den letzten zigtausend Jahren als Kriegsmaschinen und Jagdgefährten benutzt worden sind. Hat man die Anhänglichkeit eines Pferdes gefördert, so schließt es sich dem Menschen an und beschützt das Leben eines Menschen wahrscheinlich in dem Sinne, in dem auch eine Stute ihr Fohlen beschützt oder ein Hengst seine Herde. Pferde wissen, dass diese Welt gefährlich ist. In den Krieg zu ziehen oder auf die Jagd zu gehen, ist für sie nichts Außergewöhnliches. Ich hatte nicht vor, mit Hope ohne Halfter in die Schlacht zu ziehen. Ich wollte das Führseil aber auch nicht zum Mittelpunkt eines Machtkampfs machen.

## Beeile dich langsam

Hope würdigte mein Kopfnicken, indem sie ihren Kopf mit einer Geh-weg-Gesichts-Geste abwendete. Sie leckte die Lippen und winkelte ein Hinterbein an. Ihre Ohren waren konzentriert nach hinten gerichtet und ihre Gesichtszüge angespannt. Aber sie entspannte sich gerade genug, um mir zu vermitteln, dass sie mir zuhören würde, obwohl sie normalerweise nicht mochte, was Leute von ihr wollten. Prima.

Ohne größere Umschweife befestigte ich das Führseil an ihrem Halfter und bewegte mich gleichmäßig und vorhersehbar aus ihrer Box heraus. Im Gleichschritt brachten wir den ganzen Weg zur Reithalle hinter uns. Auf der Hälfte des Weges schnaubte Hope und schüttelte ein wenig den Kopf, um ihre Anspannung loszuwerden. Ihr Schritt wurde ruhiger und ihre Kopfhaltung tiefer. Sie streckte sich zu mir und berührte sanft meine ausgestreckten Fingerknöchel, um mir mitzuteilen, dass sie die Art, wie wir zusammen gingen, mochte. Sie fühlte meine fließenden Bewegungen und meine absehbaren Schritte beruhigten und erdeten sie. So kamen wir an der Tür zur Reithalle an. Sie war ruhiger geworden und ihre Augen hatten sich etwas entspannt.

Sobald wir jedoch die Halle betraten, versteifte sie sich wieder, ihr Kopf ging nach oben, sie legte die Ohren an, bekam Sorgenfalten über den Augen und kniff die Lippen zusammen, als ob sie gerade an einer Zitrone nuckeln würde.

Ich nahm den Strick ab und schloss die Tür der Reithalle, damit sie sich frei bewegen konnte, während meine Schüler und ich sie von der anderen Seite der Begrenzung aus beobachteten.

Ich erklärte kurz, dass sie sehr schlecht gelaunt gewesen war, als sie zur Reithalle kommen sollte und bat meine Schüler, zu berichten, wie sie Hopes Körpersprache wahrnahmen. Eifrig zählten sie auf, was es zu sehen gab: angespannte Beine, eingeklemmter Schweif, verkniffenes Gesicht usw.

Dann fragte ich sie, was sie dachten, wie wir ihr helfen könnten, sich weniger gestresst zu fühlen. Die meisten meiner Schüler hatten wenig bis gar keine Erfahrung mit Pferden. Shelly erzählte, dass ihr Vater ein Pferd, das so verspannt wie Hope war, immer rennen ließ. Ein anderer Schüler, Bob, meinte, dass sie einfach nur sauer sei, und dass sein Großvater in solch einem Fall dafür sorgen würde, dass sie etwas härter arbeiten musste.

Die anderen dachten darüber nach. Lianna fragte schließlich: „Aber, wenn sie unglücklich ist, wie wird sie dann dadurch glücklicher?"

Shelly antwortete: „Ich weiß es nicht, aber es scheint ein bisschen zu helfen."

Bob ergänzte: „Wenn sie richtig müde sind, dann sind sie eben auch ruhiger."

Ich fragte die Gruppe, ob sie sich durch Sport oder anderes Training ruhiger fühlen würden. Bei einigen war es so, dass schon ein Spaziergang ihnen half, sich zu entspannen.

Ich wollte, dass sie sich frei fühlten, nach Lösungen zu suchen, und es konnte ja auch wirklich sein, dass es Hope helfen und sie entspannen würde, wenn wir sie fragten, ob sie rennen wollte. Ich wusste, dass Longieren mit und ohne Longe zum Tagesprogramm der Schulpferde gehörte. Hope kannte also diese Form der Arbeit. Ich beschloss, sie weiter frei laufen zu lassen und griff nach einer der weniger furchterregenden Longierpeitschen, die an der Wand lehnten. Ich war neugierig, was Hope tatsächlich vom freien Longieren hielt, und obwohl ich meine Vermutungen hatte, wollte ich, dass meine Schüler es selbst herausfanden.

Ich bat sie, auf Zeichen von Entspannung oder wachsender Anspannung und Stress zu achten. Es ist so, dass manche Pferde einen überraschen, wenn sie in solch einer Situation einfach zur Tagesordnung übergehen, ohne ein großes Ding daraus zu machen. Man kann es nie wissen.

## Rennen oder nicht rennen?

Ich begrüßte Hope, die für ein Kurzes Hallo an meinen Fingerknöcheln herankam, aber dann sofort an mir vorbei zum Tor wollte. Ich brachte einen Abstand von etwa zwei Metern zwischen uns und deutete mit der Peitsche auf ihren Geh-weg-Gesichts-Button. Ich fragte nur nach Raum.

Ich hatte keine Ahnung, was sie vom freien Longieren hielt, ob sie jemals im Roundpen gewesen und ob dies eine gute oder eine schlechte Erfahrung gewesen war. Etwas mehr Raum zu haben, schien ein sicherer Weg zu sein, um diese Unterhaltung zu beginnen.

Hope drehte sich weg und startete durch. Sie schlug mit dem Schweif, legte die Ohren an und schaute zu mir nach hinten. Sie schien zu verstehen, dass wir eine Longeneinheit haben würden, denn sie lief sofort los, war dabei aber äußerst abwehrbereit. Ich stand einfach nur da, denn ich wollte nicht in ein Wespennest stechen. Allen Schülern fiel auf, wie wenig ich getan hatte und wie sehr sie sich darüber aufregte.

Mitunter glauben Menschen, die mit Pferden arbeiten, dass diese sich nur hin und wieder ausbuckeln müssten. Sie übersehen dann solches Abwehrverhalten entweder völlig oder provozieren es sogar, weil sie glauben, es anschließend lösen zu können und besser mit dem Pferd arbeiten zu können. Mir sagte Hopes Verhalten eher, dass ich die Spitze eines Eisberges berührt hatte. Ich wusste zwar noch nicht genau, ob dieses Pferd glaubte, dass sein Abwehrverhalten das war, was wir von ihm erwarteten, oder ob sie tatsächlich die Idee für abwegig hielt, sie auf einen Zirkel zu schicken.

Indem ich sofort ein paar Schritte nach hinten machte und in die „O"-Haltung ging, übermittelte ich ihr eine Botschaft, die „Vielen Dank, das genügt" lautete.

Nun war unsere Unterhaltung beendet und sie wusste, dass ich nicht wollte, dass sie „es" ausbuckelte, sondern dass ich etwas anderes von ihr erwartete.

Die Schüler waren neugierig, warum ich sofort rückwärtsgegangen war und warum das Pferd so heftig reagierte. Ich fragte sie, ob sie wüssten, wie es sich anfühlt, wenn man schon ziemlich überfordert ist und dann noch genau eine Sache dazu kommt, wodurch alles zu viel wird.

Während ich sprach, deutete ich mit der Peitsche auf Hopes Gurt-Button. Das bedeutete, dass ich zwar wollte, dass sie sich bewegte, aber ich wollte auch, dass wir dabei den Kontakt hielten.

„Das werden wir überhaupt nicht", antwortete sie und galoppierte davon.

Ich blieb, wo ich war und ließ sie am anderen Ende der Halle rennen und buckeln. Als sie irgendwann schnurstracks auf mich zukam, deutete ich mit der Peitsche auf ihren Geh-weg-Gesichts-Button und sie drehte ab wie der Blitz und brachte etwa fünf Meter zwischen uns, so schnell und schockiert, als habe sie einen Elektrozaun berührt. Dann hielt sie an, starrte zu mir und dachte nach. Ob sie auf mich zugekommen war, um mich einzuschüchtern oder weil sie nervös war und Sicherheit suchte, oder von beidem ein bisschen – die Antwort, die sie von mir bekam, lautete: „Gib mir Raum." Indem ich sie daran erinnerte, dass ich Raum wollte, gab ich ihr auch neue Ideen davon, wie sie Kontakt zu mir und meinen Schülern aufbauen konnte.

Ich wedelte mit der Hand an meinem Oberschenkel, um einen Schweifwischer nachzuahmen und die Unterhaltung zu beenden. Dann verließ ich die innere Abgrenzung. Meine Schüler begannen sofort, ihre Beobachtungen und Gedanken mitzuteilen.

Shelly meinte, dass ihr Dad damit weitergemacht hätte, die Stute herumzujagen, damit sie sich abreagieren konnte, und wollte wissen, warum ich damit aufgehört hatte. Ich fragte die Gruppe, ob das, was Hope tat, nach Arbeit oder nach Spaß, aufgeregt oder gestresst aussah.

Alle sahen, dass sie gestresst war. Ich stimmte zu, dass ein müdes Pferd, oder auch ein müder Mensch, sich ruhiger verhalten würde. Aber ich fragte sie, welche Strategien sie hatten, wenn Sie zum Beispiel vor einer Klassenarbeit aufgeregt waren. Einige Schüler gestanden, dass sie unter generalisierten Ängsten litten und Techniken zur gesunden Selbstberuhigung einsetzten. Einige mochten Atemtechniken, andere meditierten und eine Schülerin verbrachte so viel Zeit wie möglich in einem der vielen Stille-Räume, die in ihrer Schule zur Stressreduzierung eingerichtet worden waren.

Sie stimmten mir alle zu, dass sie sich auf Stressabbau konzentrieren mussten, wenn sie ängstlich waren, und das bedeutete normalerweise, dass sie in Ruhe waren. Und das war die gleiche Antwort, die ich Hope gab. Sei ruhig und finde dein Neutral Null.

## Neutral Null finden

Ich ging zurück zu Hope und ließ die Peitsche draußen. Nach einigen tiefen Atemzügen in der „O"-Haltung streckte ich ihr meine Fingerknöchel entgegen. Sie zögerte erst, kam dann aber zu mir herüber und stand ruhig vor mir. Ich bat die Schüler, dass sie mit mir üben sollten, Neutral Null zu finden. Wir gingen alle in die „O"-Haltung, atmeten tief und machten dann einen aktiven Körper-Scan, indem wir zu den unterschiedlichen Körperteilen Kontakt aufnahmen und die Spannung in Schultern, Nacken und Armen lösten und in den Boden fließen ließen. Es dauerte nur drei Minuten, bis Hope Kopf und Hals schüttelte und ihre Nase zu Boden sinken ließ.

Dann hob sie das Ganze selbst auf die nächste Stufe. Sie schnüffelte sich vorsichtig bis zu meinem Stiefel vor. Ihr Kopf berührte immer noch beinahe den Boden. Das war ihre Art, mir höflich zu sagen, ich solle bitte weggehen. Ich trat einen Schritt zurück. Meine Antwort lautete einfach „Okay".

Hope hob den Kopf an. Das bedeutete, dass sie gelassen war. Sie klappte die Ohren zur Seite, um zu sagen, dass sie sich besser fühlte. Langsam und bedächtig drehte sie einen vollen Kreis vor uns und beendete ihn, indem sie sich zu uns umdrehte und uns über die Schulter anschaute. Wenn ein Pferd auf diese Art bedächtig weggeht und sich von allen Seiten zeigt, heißt das, dass es sich auf einer tieferen Ebene mitteilt. Es sagt: „Hier ist alles von mir, ich bin bereit, mit dir zu reden." Manchmal geschieht das so wie bei Hope durch das Laufen auf einem Kreis, manchmal hält das Pferd auch an, präsentiert verschiedene Buttons und verweilt bei dem einen oder anderen, um zu zeigen, worüber es gerne sprechen möchte. Geht ein Pferd beispielsweise langsam und bedächtig weg und bietet Ihnen seinen Hüft-Kutschier-Button an, sagt es: „Wir sollten darüber sprechen, wer wen treibt. Bist du bereit, Verantwortung zu tragen oder nicht?"

Ich habe das häufig beobachtet, wenn der Pferdebesitzer emotional unausgeglichen war. Das Pferd bietet dann jemandem seine Kruppe an, die oder der sich gerade nicht so stark fühlt. Es handelt sich dabei weniger um eine Frage („Kannst du mein Leittier sein und mich treiben?"), als vielmehr um ein Angebot („Du fühlst dich nicht so gut, oder? Du bist nicht bereit, mich zu treiben."). Ich habe auch schon gesehen, wie Pferde ihre Kruppe zu einem Leitpferd drehten und darum baten, kutschiert zu werden. Das gibt Trost. Und ich habe stoische Pferde gesehen, die einen Tyrann in die Schranken verwiesen haben, indem sie ihre Kruppe zu ihm drehten und ihn quasi anschrien, dass er *nicht* geeignet sei, zu treiben.

Pferdisch ist eine Kommunikation mit vielen Feinheiten. Die Themen, um die sich Pferdegespräche drehen, mögen pragmatisch und handfest sein, doch die Fähigkeit von Pferden, Gefühle auszudrücken, ist von äußerster Wichtigkeit. Die Gefühle innerhalb einer Herde bestimmen schließlich, wie sicher und geborgen die Herdenmitglieder sich in ihr fühlen können. Darum ist es auch so heilsam, mit Pferden zusammen zu sein. Gefühle sind für sie das interessanteste Gesprächsthema.

Die Klasse war fasziniert von dem, was Hope offensichtlich ausdrückte. Sie fühlten, dass Hope bereit war, auf einer anderen Ebene mit uns in Kontakt zu treten. Ich bat jeden von ihnen, an den Rand der Abgrenzung zu kommen und ihre Faust auszustrecken, mit den Fingerknöcheln nach oben. Ich wollte lieber noch einen gewissen Abstand zwischen Hope und der Gruppe bewahren. Daher nahm ich sie ans Führseil und führte sie durch die Begrüßung aller 15 Schüler.

Zuerst schien sie etwas überfordert zu sein. Sie wollte einen Kreis drehen und weggehen, nachdem sie die ersten beiden Schüler begrüßt hatte. Wir machten einige Minuten lang Pause und jeder atmete tief. Ich bat die Schüler, eine Form der Begrüßung auszuprobieren, die etwas schneller abläuft. Man macht einfach zwei bis drei schnelle Kontakte an der Pferdenase und beim dritten atmet man lange aus.

Das gefiel Hope besser. Sie nahm regen Anteil am schnelleren Ablauf und weitete ihre Nüstern gleichzeitig mit den 1-2-3 Stupsern an ihrer Nase. Als Lianna an der Reihe war, veränderte sich etwas. Hope weitete ihre Nüstern und berührte Liannas Knöchel drei Mal sehr zart, dann noch einmal drei Mal und noch einmal, insgesamt drei Dreierreihen. Diese wachsende Anzahl von zarten Berührungen bedeutete, dass das Verhältnis der beiden komplexer war und etwas mehr Zeit brauchte, um geklärt zu werden.

## AHA-Moment

Als sie Zeit zusammen verbrachten, sah ich sowohl in Hope als auch in Lianna eine Veränderung. Es war, als gäbe es eine Art natürlicher Verbindung und eine besondere Form des Verstehens zwischen den beiden. Lianna sprach das an: „Ich fühle etwas, wenn ich mit diesem Pferd zusammen bin, aber ich weiß nicht genau, was es ist.“
Ich sagte, sie solle sich Zeit lassen, darüber nachzudenken, um vielleicht etwas Klarheit zu gewinnen. Hope begrüßte den Rest der Klasse. Als sie fertig war, machte ich sie noch einmal los. Sie ging einige Schritte und wälzte sich dann genüsslich im Sand. Das freute uns alle.

Nachdem ich Hope zurück in den Stall gebracht hatte, versammelte sich die Klasse wieder und wir sprachen über einige der Themen, die unser Zusammensein mit Hope zutage gefördert hatte. Es ging um starke Gefühle wie Ärger und Angst. Ich erklärte der Klasse, dass es wunderbar für Hope sein könnte, wenn sie beim freien Longieren ein wenig Stress loswerden könnte. Es musste sich aber gut für sie anfühlen und ihr nicht noch mehr Stress machen. Später würden wir Hope zu einer nützlicheren Form der Longenarbeit einladen. Wir würden üben, unser Neutral Null zu finden und zu bewahren, und dadurch würde auch Hope ihr Neutral Null finden und bewahren.

## Der Schnee

Einige Wochen gingen ins Land und Lianna und Hope machten große Fortschritte miteinander. Übungen aus der Bodenarbeit machten den Schülern und Pferden Mut, sich aus ihren Komfortzonen herauszubewegen und innerlich Neutral Null zu bleiben. Wurde jemand zu unruhig, waren die Schüler dafür verantwortlich, dies zu spüren und mit dem aufzuhören, was sie gerade taten, um sich stattdessen um das zu kümmern, was gerade anlag. Das bedeutete, dass in manchen Unterrichtseinheiten einige Schüler und Pferde an der Seite standen und übten, ihr Neutral Null zu finden und zu bewahren.

Eines Abends gegen Ende des Schuljahres hatte es angefangen zu schneien und das Dach der Reithalle war voll Schnee. Wir hatten gerade mit dem Unterricht begonnen und alle hatten sich in der Reithalle verteilt, als eine riesige Menge Schnee vom Dach rutschte und draußen vor der Halle auf den Boden fiel. Der Krach war ohrenbetäubend und jeder machte einen Satz. Lianna ließ ihr Führseil fallen, weil Hope scheute und sie selbst mit einer beginnenden Panikattacke kämpfte. Ich machte mich sofort auf den Weg zu ihr, aber Hope war bereits vor mir da. Sie war zurückgekommen, bog ihren Hals und legte Kopf und Hals liebevoll über Lianna.

Ich blieb stehen und beobachtete, wie Lianna aufschaute, um zu sehen, wie Hope sie barg. Einen Moment lang war das Mädchen noch nervöser und wand sich unter Hopes Hals hervor, aber zwei oder drei der Schüler riefen: „Sie will dir helfen! Es ist in Ordnung!" Lianna schaute zu mir hin und wollte meinen Rat, denn sie konnte nicht so ganz glauben, was ihre Klassenkameraden ihr sagten.

„Es stimmt, du kannst dir von ihr helfen lassen", versicherte ich ihr. „Und wenn du dich nicht wohl damit fühlst, kannst du auch zur Seite gehen!"

Lianna drehte sich um und schaute in Hopes Augen. Dann warf sie spontan ihre Arme um Hopes Hals. Hope blieb ganz ruhig stehen und zog die junge Frau noch dichter an sich heran, indem sie ihren Kopf an Liannas Rücken drückte. Einige Minuten lang blieben die beiden in ihrer Umarmung stehen, dann lösten sie sich voneinander und gewannen ihre Fassung wieder. Lianna hob das Führseil auf, das von Hopes Halfter baumelte, lachte unsicher, wischte sich die Tränen ab und schaute umher. Ich bat alle Schüler, zu ihren Pferden zu gehen und sie zu umarmen, wenn ihnen danach zumute war.

Alle Schüler hatten verstanden, dass „auf Neutral Null gehen" kein nerviger Punkt war, den man jede Woche ein Mal abhaken musste. Neural Null bewirkte, das Lianna und Hope diesen Kontakt miteinander hatten. Und es hatte den Rest der Klasse darauf vorbereitet, damit klarzukommen, als der Schnee vom Dach gekracht war. Diese jungen Leute, die sich mit Angstthemen herumschlugen, erkannten, dass sie sehr viel schneller in der Lage waren, sich selbst zu beruhigen als früher. Einige meinten sogar, dass ihnen der plötzliche Krach gar keine Angst gemacht hatte.

## Ein neuer Weg

Als das Schuljahr vorüber war, vertraute Lianna mir an, dass sie auf der Ranch ihres Großvaters, auf die sie zurückkehren würde, einen völlig neuen Weg gehen wollte, um eine Beziehung zu Pferden herzustellen. Dies, so sagte sie mir, sei eines ihrer heimlichen Ziele gewesen. Es sollte sich herausstellen, dass sie über die Jahre weiterhin mit mir in Kontakt blieb. Sie arbeitete als Praktikantin in einem therapeutischen Reitbetrieb und schloss eine schulische Ausbildung in diesem Bereich an. Schließlich wurde sie Hufschmiedin und setzte ihre Fähigkeiten in Pferdisch ein, um ihre vierbeinigen Kunden zu entspannen.

Lianna hatte gehofft, in meinem Unterricht Unterstützung für ihre Angstprobleme zu bekommen, doch wie sich herausstellte, hatte sie dort auch ihr Lebensziel gefunden.

Hope wurde nicht lange nach diesem Schuljahr an eine Frau verkauft, die ein sicheres Geländepferd suchte. Der Stute hatte es nie wirklich gefallen, den ganzen Tag lang so viele unterschiedliche Menschen zu tragen. Die Beziehung zu einem einzelnen Menschen dagegen genoss sie. Ungefähr ein Jahr, nachdem sie verkauft worden war, kam ihre neue Besitzerin in den Reitstall, um uns zu erzählen, wie Hope sich entwickelte und um uns dafür zu danken, dass wir ihr die Stute verkauft hatten.

Ich erkundigte mich, ob Hope jemals angeboten hatte, sie zu umarmen. Die Frau sah einen Moment lang überrascht aus, dann sagte sie zögernd: „Also, ja. Woher wusstest du das? Ich dachte, ich hätte es mir vielleicht nur eingebildet, aber sie presst ab und zu ihr Gesicht an meinen Körper und schaufelt mich irgendwie an sich heran."

Ich erzählte ihr die Geschichte von Hope und Lianna und wie sehr sie die gesamte Schülergruppe beeinflusst hatte. Ich riet ihr, als Antwort an Hopes Hals zu schnuppern, denn so vermitteln Pferde sich gegenseitig, dass sie miteinander verbunden sind.

Sie wollte sofort nach Hause und genau das tun. Sie hatte es sehr eilig damit!

## *Lecken und Kauen*

Die Verbindung zwischen der angespannten Stute Hope und der ängstlichen Schülerin Lianna war nur möglich, weil sie auf Liannas Mitgefühl für Hopes Enttäuschung, auf ihrem Kampf und der Notwendigkeit, Neutral Null zu finden gründete.

Als Lianna und Hope sich in allem, das sie zusammen unternahmen, auf Neutral Null zubewegten, wendete sich vieles für sie sofort und langfristig zum Positiven. Statt sich nur auf Hopes Gehorsam oder auf Liannas Ängste zu konzentrieren, als stünden diese Themen ganz für sich allein, stand die Wahrhaftigkeit ihrer Beziehung im Vordergrund. Sobald Lianna genügend Neutral Null zu Hope mitbrachte, erwiderte die Stute das mühelos. Die Folge davon war, dass sie beide eine Ebene tiefer gehen und ihre vorherigen Grenzen hinter sich lassen konnten. Der gegenseitige Respekt und das Mitgefühl, das sie füreinander empfanden, ging über ihre Verbindung hinaus und beeinflusste ihr ganzes Leben.

## KAPITEL 10

# Der Weg nach Hause

Es gab eine Zeit, da hatte Ann das Glück genossen, in einem kleinen Haus mit Stall auf einem Gelände von 40 Hektar zu leben. Sie besaß ein Pferd namens Royal und da sie von zu Hause aus als Yogalehrerin arbeitete, konnte sie den größten Teil ihrer Freizeit damit verbringen, einfach mit ihrem Pferd zusammen zu sein. So musste Royal nicht im Stall stehen. Manchmal steckte er seine Nase durch das offene Fenster, wenn er schauen wollte, was Ann gerade machte. Für Pferdefreunde hört sich dieses Leben nach einem in Erfüllung gegangenen Traum an, und für Ann war das auch so. Nach vielen glücklichen Jahren wurde Royal krank. Er zeigte sich als tapferer Kämpfer, doch am Ende musste er gehen. Niedergeschmettert kehrte Ann dem kleinen Haus den Rücken, heiratete und zog in die Stadt.

Doch einige Jahre später rückte Anns Liebe zu Pferden wieder in den Vordergrund und wurde stärker als ihre Trauer. Und eines Tages stolperte sie über eine Annonce für ein nicht zu teures Pferd, das genauso aussah wie Royal. Sie zögerte nicht lange und machte sofort einen Termin aus, um dieses Pferd kennenzulernen. Es war ein ausgemustertes Vollblut namens Journey. Die Verkäufer des Pferdes waren überrascht, wie gut Ann und Journey miteinander klarkamen und Ann kaufte Journey. Sie verlor keine Zeit und stellte Journey auf die Farm ihrer Mutter, die ein paar Stunden entfernt von Anns Wohnort lag. Sie hatte vor, ihre Wochenenden auf der Farm zu verbringen und das wunderbare Gelände zu Pferd zu erkunden.

Ein paar Wochen später begann sie zu erahnen, warum das Pferd so günstig gewesen war und warum die Verkäufer so überrascht waren, wie gut Ann und Journey sich verstanden. Nachdem Journey sich in seinem neuen Zuhause eingelebt hatte, kam seine Schattenseite zum Vorschein. Aus unerfindlichen Gründen rastete er plötzlich aus und stieg, schlug aus oder biss.

Zuerst zerbrach Ann sich alleine den Kopf darüber, was die Auslöser für Journeys Verhalten waren. Doch mit der Zeit wurde ihr klar, dass sie ihr Pferd einfach nicht verstand, egal wie viel Mühe sie sich auch geben mochte. Es eskalierte so sehr, dass sie sich am Ende kaum noch in die Nähe des Pferdes wagte, ohne eine Gerte in der Hand zu halten, um sich notfalls verteidigen zu können. Eines Tages packte Journey ihren Oberarm und brach ihn beinahe, als er sie wie eine Stoffpuppe mehrere Meter weit schleuderte.

Ann begann, nach einem Ausbilder oder einem Lehrer Ausschau zu halten, der ihr helfen konnte. Weder wollte sie, dass ihr Pferd geschlagen wurde, noch wollte sie die Schuld für Journeys Verhalten zugeschoben bekommen. Nach einem Jahr voller enttäuschender Erfahrungen war sie kurz davor aufzugeben. Sie war wirklich verzweifelt, als sie mich engagierte. Ich gab in ihrer Nähe Unterricht und wollte mir die Zeit nehmen, um sie dort zu treffen, wo Journeys Stall war. Ich wollte nicht, dass ein Pferd wie Journey für einen Kurs verladen wurde, wo er sich selbst und andere in Gefahr bringen konnte.

## Ein Neustart

Bis wir uns trafen, hatte Ann versucht, alles über Journeys Geschichte in Erfahrung zu bringen. Bis vierjährig war er Rennen gelaufen und dann als „sauer" betrachtet und kastriert worden. Man hatte ihn auf einer Auktion verkauft und seitdem hatte er verschiedene Besitzer gehabt. Jedes Mal hatten Ausbilder versucht, seine Probleme zu lösen, was es aber immer nur noch schlimmer gemacht hatte.

Nun war er elf, und Ann hatte das Gefühl, dass sie seine letzte Hoffnung war. Wenn sie ihm nicht helfen konnte, würde sie ihn auch nicht verkaufen, da sie fand, dass er eine Gefahr für jeden war. Sie hatte beschlossen, dass er dann auf der Farm bleiben konnte und von niemandem berührt werden würde. Für sie war das hart, denn sie vermisste ihren geliebten Royal mehr denn je. Sie waren so verbunden miteinander und ihre Beziehung war so friedlich gewesen, dass die Distanz und Aggression, die in ihrer neuen Pferdebeziehung vorherrschte, sie verwirrte.

Journey stand auf einem Paddock von einem halben Hektar mit angrenzendem Offenstall. Mit ihm zusammen lebte ein alter Mustang. Die beiden schienen unzertrennlich zu sein. Ich prustete den Mustang zur Begrüßung sanft an, nickte mit dem Kopf und lief mit drei Richtungswechseln am Zaun hin und her, um meine Gesprächsbereitschaft zu signalisieren. Der Mustang starrte mich kurz an, machte dann Upsies und atmete zu mir zurück. Er machte einen Schritt nach vorne, aber Journey legte die Ohren an und versperrte ihm den Weg. Der Mustang atmete zu mir hin, drehte sich dann um und ging weg.

Ich wollte zuerst zu dem älteren Pferd sprechen, bevor ich mich Journey vorstellte. Ich hatte das Gefühl, dass mir dies helfen könnte. Die Tatsache, dass er unsere Unterhaltung so grob unterbrochen hatte, war kein gutes Zeichen. Aber ich hatte Stoff zum Nachdenken bekommen. Das Sammeln von Informationen ist wichtig.

Ich änderte meine Taktik und kickte an die Zaunpfosten, überprüfte den Wasserbottich in der Ecke und schüttete etwas Heu in die Heuraufe. Ich wollte, dass Journey wusste, dass ich eine Person war, die es ernst meinte. Wenn ich nur herumstand und mit ihm in Kontakt kommen wollte, wäre ich nicht interessant für ihn. Indem er den Weg des Mustangs versperrt hatte, hatte er mir bereits mitgeteilt, dass er Menschen nicht mochte. Vermutlich hatte er schon ein Bild im Kopf, dass ich wieder nur so ein Ausbilder war, der ihn nerven wollte.

Ich drehte den Pferden den Rücken zu und unterhielt mich mit Ann. Während wir redeten, schob ich sie einen Schritt nach links und danach wieder nach rechts. Ob Journey sie nun „mochte" oder nicht, er begriff sie als „Seins" und indem ich sie ein bisschen herumbewegte, beanspruchte ich sie in diesem Moment „für mich". Das glich der Art, wie er den Mustang einige Minuten zuvor für sich beansprucht hatte. Nun war er interessiert. Auch wenn er manchmal gemein zu ihr war, bedeutete das nicht, dass er sie nicht als „seinen Menschen" betrachtete. Er schnaubte laut und nickte nachdrücklich mehrmals mit dem Kopf. Ich deutete das als Ansage eines Hengstes an einen anderen Hengst. Er war spät gelegt worden und vielleicht noch hengstiger, als uns lieb war.

Das gesunde Leittierverhalten eines Hengstes in einer ausgeglichenen Herde ist oft sehr liebevoll und sanft gegenüber Stuten und Fohlen. Hengste können ihre Herde mit Gewalt beschützen. Das tun sie auch. Wenn sie gestresst sind oder wenn sie während einer Gefahr die gesamte Herde vorwärtstreiben, üben sie auch gegenüber Herdenmitgliedern Druck aus. Domestizierte Hengste haben jedoch selten gesunde Beziehungen zu ihrer Familiengruppe und werden stattdessen isoliert gehalten. Häufig möchten Hengstbesitzer die Energie der Hengste in ihre Leistung lenken, doch ohne eine gesunde Familiengruppe, mit der sie zusammenleben, kann die Energie der Hengste leicht außer Kontrolle geraten.

Ich beobachtete Journeys Überreaktion auf alles. Bisher gab es noch keinen Beweis dafür, aber je mehr ich sah, desto mehr erinnerte mich Journey an all die verstörten Hengste, mit denen ich bisher zu tun gehabt hatte. Ich beschloss, den Gedanken im Hinterkopf zu behalten, dass er nicht richtig sozialisiert worden war und dass ihm gesunde Grenzen wahrscheinlich vollkommen unbekannt waren, selbst im Umgang mit anderen Pferden.

Nach einigen Minuten, in denen wir ihn ignoriert hatten, spazierte Journey zum Zaun hinüber. Ann freute sich darüber, dass er zu uns kam, denn sie fand ihn häufig sehr einsiedlerisch und zurückgezogen. Ich war auch froh darüber, dass er herüberkam, nahm aber gleichzeitig war, dass seine Kopfhaltung hoch und sein Hals aufgewölbt war, so wie in einem Gespräch darüber, wer das Sagen hat.

Ich hielt ihm meine Fingerknöchel hin, blieb aber etwas außerhalb seiner Reichweite. Um mich zu begrüßen, müsste er seinen Hals schon sehr lang machen. Das machte er auch, legte dabei aber die Ohren an und rollte mit den Augen, so als ob er gleich beißen wollte. Ich wusste ja, dass ich leicht außerhalb seiner Reichweite stand und zuckte nicht, sondern blieb ruhig stehen und atmete tief. Er zog den Kopf weg und sammelte sich. Ich drehte mich zur Seite und prüfte für einen kurzen Moment den Horizont. Dabei schaute ich in die weite Ferne und suchte nach Anzeichen für eine Gefahr. Dann streckte ich ihm meine Faust in einer entschiedenen Geste entgegen.

Diesmal zögerte Journey kurz und sah mich tatsächlich an, statt nur auf meine Gegenwart zu reagieren. Er machte den Hals lang und beschnupperte meine Fingerknöchel, ohne sie jedoch ganz erreichen zu können. Als er den Hals zurückzog, drehte ich mich zur Seite und scharrte ein wenig auf dem Boden, um „Upsie" zu ihm zu sagen. Mein Ziel war es, eine formelle Begrüßung mit ihm zu durchlaufen und ihm dann zu vermitteln, dass ich wollte, dass er die Lautstärke ein bisschen herunterfährt. Ich hatte ihm schon gesagt, dass ich die Umgebung im Auge behalte und eine besondere Beziehung zu seinem Menschen habe. Ich wollte ihn auf keinen Fall herabsetzen, aber ich hatte vor, ihm eine ruhige Führung anzubieten, so wie eine ältere Stute es auch tun würde.

## Stuten, Hengste und Wallache

Glücklicherweise hatte ich beobachtet, wie ältere Stuten übereifrigen Wallachen oder Jungstuten Manieren beibringen. Sie nehmen ihre Aufgabe, den Jungs das Befolgen der Regeln nahe zu legen, sehr ernst. Obwohl sie ihre kraftvolle Hinterhand einsetzen könnten und dies auch tun, wenn es nötig ist, wiederholen sie normalerweise nur immer wieder, wie man sich benimmt und üben die Benimmregeln mit dem Youngster, wenn er sie mal wieder vergessen hat.

Die Jungs dürfen nicht in die Nähe der Stute kommen, es sei denn, sie verhalten sich ruhig. Ich habe auch ältere, sehr erfahrene Wallache dabei beobachtet, wie sie dreiste Jungspunde beruhigt haben, aber normalerweise sind die Wallache ein wenig nachgiebiger, entspannter, wie man es ja auch am Verhalten des Mustangs gegenüber Journey sehen konnte.

Ich musste also das Verhalten einer erwachsenen Stute annehmen, um die Haltung des Vollbluts zu verändern. Es schien so, als würde die nachsichtige Einstellung des Mustangs ihn nicht weiterbringen.

Ich nahm an, dass meine zahlreichen Vorgänger versucht hatten, Journey dazu zu bringen, sich zu unterwerfen. Das lief dann ab wie ein Machtkampf unter Hengsten. An dieser Form von Training oder Beziehung war ich nicht interessiert. Ich wollte keinen Schnickschnack unterrichten, sondern einen kurzen, punktgenauen Dialog, so wie er seit einer Million von Jahren gelehrt wurde. Ich erwartete, mein Lernziel zu erreichen, egal was der „kleine Bubi“ trieb. Ich würde mich von diesem Pferd nicht in ein Drama hineinziehen lassen, sondern stattdessen die Benimmregeln klarstellen, von denen ich erwartete, dass er sie befolgte. Ich bereitete mich mental darauf vor, im Zentrum des Wirbelsturms zu sitzen, den er veranstalten würde, und nicht zu wanken.

Journey starrte mich an, als ich Upsies machte und ein wenig ausatmete. Ich hielt ihm noch einmal meine Fingerknöchel hin, immer noch mit etwas Abstand zwischen uns, und er zögerte. Als er seinen Hals diesmal nach meinen Fingerknöcheln ausstreckte, waren seine Ohren nach vorne gespitzt und er berührte meine Hand einen Moment lang sanft am Rand. Als er den Kopf zurückzog, deutete ich mit dem Zeigefinger auf seinen Geh-weg-Gesichts-Button auf seiner Ganasche. Er starrte mich ungläubig an, dann wendete er langsam den Kopf ab.

Ich sagte laut „Dankeschön", machte einen Schritt zur Seite und drehte ihm den Rücken zu, um wieder mit Ann zu reden. Ich wollte, dass er verdaute, was gerade geschehen war. Ann fragte nach meinem Zeigefinger. Ich hatte damit einfach auf Journey gedeutet und den Finger dann wie ein wütender Lehrer in die Luft gehalten, der „ALSO, LEUTE" ruft. Es war in diesem Fall nicht möglich, dichter an ihn heranzugehen und seine Backe zu berühren, damit er den Kopf abwendet. Die Gefahr, dass er überreagieren und den Versuch unternehmen würde, mich zu beißen, war zu groß. Ich möchte einem Pferd keine Möglichkeit geben, seine schlechten Manieren zu pflegen, also führe ich es auch nicht in Versuchung.

Bei Pferden wie Journey, die kein ordentliches Sozialverhalten haben, muss ich da ansetzen, wo seine Mutter aufgehört hat. Ich wollte ihm in seiner eigenen Sprache helfen, sich an die korrekten Verhaltensregeln zu erinnern, bevor ich damit beginnen konnte, ihn auf der Suche nach seinem Neutral Null zu unterstützen. Alles andere machte keinen Sinn.

## „X“ und „O“ miteinander

Wie Sie wissen, gibt es zwei grundsätzliche Haltungen, die viele Bedeutungen haben: Das „X“ wird eingesetzt, um nach Bewegung oder einfach etwas Raum zu fragen. Das „O“ wird eingesetzt, um jemanden zu sich einzuladen oder um Harmonie zu schaffen. Im Gespräch mit Journey musste ich meine „X“- und „O“-Haltung gut aufeinander abstimmen. Ich wollte genug „O“, um ihn zu bitten, sich mit mir zu unterhalten, aber ich brauchte genug „X“, um mich nicht unterkriegen zu lassen und ihn außerhalb der Blase meines persönlichen Raums zu halten. Pferde, die in so jungen Jahren bereits gearbeitet wurden, haben häufig das Gefühl, dem Menschen niemals entkommen zu können. Sie fühlen sich ständig überfordert und bedrängt und entweder machen sie komplett dicht oder sie beginnen, die Menschen mit Gewalt wegzujagen, um ihre Blase zu beschützen. Diese Gewohnheiten können sich festsetzen, und selbst wenn sich die Umstände verändern, bleibt das Pferd distanziert oder abwehrbereit.

Ich vermutete, dass dies ein Teil von Journeys Problem war. Daher bestand mein erster Schritt darin, ihm zu zeigen, dass er jederzeit um Raum bitten konnte und dass er diesen dann auch bekommen würde. Aber er sollte seine Bitte höflich und ruhig vortragen. Indem ich *ihn* korrekt und höflich bat, mir Raum zu geben, und dann im Gegenzug *ihm* Raum als Belohnung gab, schaffte ich dafür die Voraussetzungen. Ich musste eine höfliche Bitte als Standard setzen, damit er wusste, was ich von ihm wollte.

Journey machte ein Spiel daraus, mehrere Male hintereinander meine Hand zu berühren und seinen Kopf wegzudrehen. Jedes Mal wurde er sanfter. Am Ende ging er kurz weg. Ich wedelte mit meinem Hand-Schweif, als er fortging, um ihm zu sagen, dass ich das für eine gute Idee hielt. Auch er wischte mit dem Schweif.

Ann und ich gingen kurzzeitig zu ihrem Haus. Als wir zurückkamen, wartete Journey schon am Zaun auf uns. Ann war begeistert, dass er so interessiert war und sie bemerkte, dass er allgemein entspannter aussah. Ich stimmte ihr zu, doch ich wusste, dass wir gleich noch ein anderes Gespräch zu führen hatten, denn es gab ein Thema, über das sich Journey einfach klar werden musste – vor allem, wenn er von früheren Ausbildern dominiert worden war. In diesem Gespräch ging es um Bestimmtheit. Ich musste ihm zeigen, dass ich ein starkes „X" sein konnte. Ich nenne das ein „X" mit Intensitätsebene vier. Die Intensitätsebenen eins, zwei und drei beinhalten die Absicht, die Bitte, die Forderung. Eine korrekte Intensitätsebene vier wird innerhalb von Augenblicken zwischen Pferden abgehandelt. Manchmal beißen oder schlagen sie tatsächlich, manchmal auch nicht, aber die Botschaft kommt an.

Eine Intensitätsebene vier zwischen Pferden ist vorbei, wenn sie vorbei ist. Für Menschen ist das schwer zu begreifen. Durchsetzungsfähige Pferde wissen genau, wie sie die Intensität abstimmen müssen. Menschen dagegen neigen dazu, von ihrer Aggressivität nicht wegzukommen.

Ich habe Jahre gebraucht, um zu lernen *bestimmt*, aber nicht *aggressiv* zu sein. Das bedeutet, dass man innerlich Neutral Null bleibt, egal, wie man sich äußerlich verhält. Wenn ich innerlich aufgeregt und emotional werde, sei es, dass ich mich ärgerlich, frustriert oder ängstlich fühle, funktioniert es nicht. Da dies ein zentraler Punkt ist, habe ich eine Strategie, wie ich zeigen kann, äußerlich glaubwürdig Intensitätsstufe vier zu verkörpern, innerlich aber die Ruhe selbst zu sein. Ich hebe sie mir für diese Gelegenheiten auf. Die Strategie falsch einzusetzen ruiniert einen normalen Gesprächsverlauf.

Ich konnte Ann auf keinen Fall mein gesamtes Wissen innerhalb von einer Stunde vermitteln. Und ich würde erst in einigen Monaten zurückkommen können, um den Fortschritt der beiden zu sehen. Ich musste die beiden also so weit bringen, dass Ann an Journeys Gesundung arbeiten konnte und dabei sicher war.

## Die geheime Macht der Einkaufstasche

Als wir im Haus waren, bat ich Ann um eine einfache Einkaufstasche aus Plastik. Zurück am Stall griff ich mir eine kurze Reitgerte und befestigte die Tasche an ihrem Ende. Ich stach ein Loch in die Spitze der Tasche, damit sie sich nicht mit Luft füllen würde, wenn ich sie bewegte.

Als ich auf Journey zuging, hielt ich die Gerte-plus-Tasche hinter meinem Rücken, damit er sich nicht erschreckte. Er streckte den Kopf für ein Kurzes Hallo über den Zaun und ich atmete ruhig in seine Richtung. Dann trat ich einen Schritt zurück, richtete mich auf und holte die Tasche vorsichtig hinter meinem Rücken hervor. Das war's. Ich hielt sie nur nach unten in Richtung meiner Füße, bewegte sie aber nicht.

Journey reagierte, als sei ein Wolf aufgetaucht. Er prustete und schnaubte in Richtung der Tasche. Ich ging einen Schritt zur Seite und bewegte die Gerte-plus-Tasche gleichzeitig wieder hinter meinen Rücken. Ich ließ sie auf den Boden fallen und ging in einer deutlichen „O"-Haltung für ein Kurzes Hallo zu Journey. Er wollte seine Lippen etwas länger auf meinen Fingerknöcheln lassen. Ich ließ das zu und atmete dabei tief. Dann ging ich in eine deutliche „X"-Haltung über und deutete auf seinen Geh-weg-Gesichts-Button. Außerdem bezog ich auch noch seinen Mittelhals-Button (Seite 57) ein, um ihn zu bitten, mir noch mehr Raum zu geben. Er gab auf eine nette Art sehr schnell nach.

Ich ging zurück und hob die Gerte-plus-Tasche erneut an. Ich hielt sie tief, etwa in Fußhöhe, und zeigte damit auf einen seiner Vorderhufe, der etwa zwei Meter entfernt von mir stand. Er ging rückwärts, als würde die Tasche ihn gleich auffressen.

Sofort ließ ich die Tasche fallen und ging wieder zu ihm für ein Kurzes Hallo. Journey kam eifrig auf mich zu, dann trat er zurück, machte Upsies, senkte seine Nase bis auf den Boden und schnaubte.

Er bat mich, den Druck nicht zu erhöhen. Ich machte ebenfalls Upsies und ging fort, ohne die Tasche noch einmal anzusehen.

Dieses Vorgehen verlieh meiner „X"-Haltung mehr Glaubwürdigkeit. Journey hatte Ann ernsthaft gebissen (und wer weiß, wen noch alles!). Wenn ich nicht mehr bei den Beiden sein konnte, sollte Anns Nervensystem an die Kraft der Einkaufstasche glauben und Journey sollte verstanden haben, dass Kraft etwas mit Bestimmtheit zu tun hatte, niemals aber mit Aggression.

So sehr ich auch wollte, dass der Vollblüter so nah wie möglich zu mir herankam, während ich noch immer auf der sicheren Seite des Zaunes blieb, und so sehr ich wollte, dass er Kontakt zu mir aufnehmen wollte, wenn ich in der „O"-Haltung war, so sehr musste ich dafür sorgen, dass es solide Grenzen gab. Grenzen sorgen dafür, dass es überhaupt Kontakt geben kann. Erinnern Sie sich noch an meinen Vergleich mit dem Suppenteller ohne Risse auf S. 142? Der Suppenteller ist der Behälter, den die gesunden Grenzen geschaffen haben und die Suppe im Teller ist die Nahrung für eine gesunde Bindung. Eine Beziehung braucht beides. Journey brauchte die Unterstützung des Zaunes, um zu wissen, dass er uns entfliehen konnte, wann immer er wollte. Das war wichtig, denn ich wollte nicht, dass er das Gefühl bekam, uns forttreiben zu müssen. Und wir mussten in der Lage sein, im Neutral Null zu bleiben.

Journey war nun in ein sehr bewusstes Gespräch verwickelt. Er hatte keine Angst, sondern war wirklich interessiert. Ein sehr guter Zeitpunkt für Ann, um ihre erste offizielle Begrüßung mit ihm zu haben.

## Du bist dran

Ann ging auf den Paddock-Zaun zu und hielt die Gerte-plus-Tasche hinter ihrem Rücken. Allein wegen dieser Tatsache fühlte sie sich bereits wohler. Sie war in der Lage, ihre Fingerknöchel drei Mal nach ihrem Pferd auszustrecken und ihn zu begrüßen, dann auf seinen Geh-weg-Gesichts-Button zu deuten und um Raum zu bitten. Journey tat, was er sollte und wurde scheinbar immer bedächtiger. Er war irgendwo in der Nähe von Neutral Null, und die beiden hatten auf jeden Fall eine neue Grundlage, auf der sie miteinander umgehen konnten.

Ann übte ihre „X" und „O"-Haltung und Journey übte ebenso fleißig, zu ihr zu kommen und wegzugehen. Mit wachsender Begeisterung vergaß Ann alles um sich herum und blieb zu lange in Journeys Blase des persönlichen Raums. Sie hielt die Fingerknöchel viel zu lange ausgestreckt unter seinem Maul und hoffte auf mehr Zuneigung. Wie ein heftiger Windstoß schnellten die Ohren des Pferdes nach hinten und er begann, mit den Augen zu rollen. Sein Kopf bewegte sich nach oben und hinten, als gehöre er einer Kobra, die gleich angreifen will.

Sofort machte ich einen Schritt in Anns Raum hinein und schnipste gleichzeitig ein wenig mit dem Finger. Ich packte Ann an den Schultern und zog sie weg von Journeys Kopf in Sicherheit, doch er hatte seinen Kopf bereits weggedreht, als ich geschnipst hatte.

Ann hatte begriffen.

## *AHA-Moment*

Plötzlich wurde Ann in aller Deutlichkeit klar, was geschehen war. Sie vermisste ihren geliebten Royal so sehr, dass sie beim leisesten Hauch einer Verbindung zu Journey nicht mehr wahrnahm, was in Wirklichkeit passierte. Sie achtete dann nicht mehr darauf, dass Journey noch gar kene Ahnung hatte, wie er seine Zuneigung zu ihr ausdrücken konnte.

Ann wünschte sich so sehr, dass nun alles gut werden würde und hatte weder an die Blasen des persönlichen Raumes gedacht noch an die Plastiktasche, die sie unterstützen sollte, noch an gesunde Grenzen. Sie erkannte, dass sie Grenzen und Kontakt zunächst an einem anderen, „leichteren“ Pferd üben musste. Ihr eigener innerer Konflikt darüber, dass sie wieder eine tiefe Verbindung zu einem Pferd wollte, so wie sie sie mit Royal gehabt hatte, führte dazu, dass sie sich missverständlich verhielt und es mit Journey zu Schwierigkeiten und Durststrecken kam.

---

## Der gute alte Coby

Es gab noch ein anderes Pferd auf der Farm, das von Anns Mutter im Reitunterricht eingesetzt wurde. Diese freundliche, gelassene Seele hieß Coby.

Was Journey betraf, machten wir eine Pause und besuchten dafür Coby. Ann durchlief das Begrüßungsritual mit ihm und er bot ihr ein wundervolles Geh-weg-Gesicht an. Auch was seine anderen Buttons betraf, reagierte Coby sehr entgegenkommend. Das brachte Ann wirklich weiter. Das Pferd hielt innerhalb einer Sekunde an, wenn man auch nur ganz leicht in die „X“-Haltung ging.

Coby schäumte über vor Begeisterung, dass er mit uns Pferdisch sprechen durfte. Über die üblichen menschlichen Fehler in der Körpersprache sah er geflissentlich hinweg. Er fing sogar an, Anns Bauchnabel-Winkel zu korrigieren. Ihr Bauchnabel zeigte nämlich nicht zur Seite, sie vergaß einfach, ihn von Coby wegzudrehen. Coby bestärkte sie immer wieder darin, mit ihm Schulter an Schulter zu stehen, so dass sie sowohl ihre Grenzen als auch ihre Verbindung zueinander klären konnten. Er ließ liebevollen Kontakt zu, hatte aber auch keine Angst davor, deutlich zu werden, wenn Ann ihn achtlos berührte oder ihn aus Versehen von oben nach unten und zurück kraulte. Coby war insgesamt sehr freundlich. Er hob den Kopf an und verzog sein Gesicht säuerlich, wenn er etwas nicht mochte, belohnte Ann aber mit einer sehr tiefen Kopfhaltung, einem weichen Gesichtsausdruck und leckte sogar ihren Handrücken, wenn sie etwas richtig machte.

Plötzlich erkannte Ann, dass sie zwar mit Royal zusammen gelebt und einen Weg gefunden hatte, wie sie miteinander klarkamen, aber dass sie eigentlich gar nicht wusste, wie sie sich mit Pferden im Allgemeinen verständigen konnte. Je mehr Pferdisch sie mit Coby übte, desto mehr ging er in Neutral Null, bis er am Ende einfach döste.

Als ich an diesem Tag wegfuhr, hatte Ann die Einkaufstasche erfolgreich eingesetzt, um eine klarere und sichere Grenze zwischen sich und Journey zu ziehen. Gleichzeitig hatte es Momente gegeben, in denen es eine wirklich sehr schöne Verbindung zwischen ihr und ihrem Pferd gab.

Als wir fertig waren, döste Journey und der alte Mustang konnte schließlich doch noch an den Zaun kommen und uns begrüßen.

## Bleib am Ball!

Ann hatte Hausaufgaben bekommen. Sie sollte mit Coby arbeiten, um ihre Fähigkeiten in Pferdisch zu verbessern, und sie sollte üben, mit Journey Grenzen zu ziehen und Kontakt herzustellen. Zunächst sollte sie dabei hinter dem Zaun bleiben, bis sie sich sicher genug fühlte, um zu ihm in den Paddock zu gehen. Dies würde einige Zeit in Anspruch nehmen, aber ich war zuversichtlich, dass sie mit Cobys Unterstützung weiterkommen würde. Außerdem würde ihr neues Bewusstsein über ihre eigenen und über Journeys Bedürfnisse ihre Fortschritte festigen.

Einige Monate später kam ich zurück, um zu sehen, wie es mit den beiden weitergegangen war. Journey konnte bereits für einen längeren Zeitraum präsent bleiben und Anweisungen befolgen, ohne sich schlecht zu benehmen. Wenn er an seine Grenzen kam, konnte er nun um Raum bitten, indem er seinen Kopf zur Seite drehte, ihn dort ließ und jeden Kontakt vermied. Das war schon viel besser. Sein früheres Gefühl, dass er Leute fortjagen musste, wenn ihm alles zu viel wurde, schien überwunden zu sein.

In diesem Sinne kultivierte er gerade eine Art Arbeitsmoral, die den beiden in den kommenden Jahren sehr zugutekommen würde.

Ann hatte herausgefunden, welche Form der Zuneigung Journey mochte. Meist genoss er es, dass sie seinen Bauch kraulte oder kratzte. Er hatte sie nicht wieder gebissen. Es gab gelegentlich Momente, in denen er einen Rückfall hatte und so richtig sauer aussah, aber dann zog Ann einfach ihre Gerte-plus-Tasche aus der Jacke und wedelte damit in seine Richtung. Diese einfache Version einer „X"-Haltung auf Intensitätsebene vier bedeutete für sie, dass sie nicht in Panik geriet, wenn Journey zu heftig wurde. Und für Journey war es ein Weg, zu begreifen, dass er einfach nur ein paar Schritte rückwärtsgehen musste. Er ging zur Seite und Ann ging zur Seite. Manchmal machten sie dann eine Pause und versuchten es später noch einmal.

Bei meinem zweiten Besuch spielten wir mit der Freiarbeit. Die beiden lernten, zusammen „irgendwohin zu gehen" und dadurch verstanden sie einander wieder ein Stück besser. Ich baute Fässer, Stangen und Kegel für sie auf, so dass sie eine Menge Material hatten, um darüber zu verhandeln und herauszufinden, wie sie sich damit fühlten.

In der Rehabilitations-Arbeit mit Pferden ist es wichtig, erreichbare Ziele zu haben, auf die man hinarbeitet. Pferde lieben es, mit Objekten umzugehen und sie zu bewältigen. Ich bat Ann, ungefähr eine Woche lang frei mit Journey zu arbeiten und dann ein langes Führseil zu benutzen, um ihn durch einige der Hindernisse zu führen. Ich wollte jegliche Spannung abbauen, die er hinsichtlich des Gefühls „in der Falle" zu sein, haben könnte.

## Zwischenbericht

Einige Wochen später hörte ich wieder von Ann. Ihre Arbeit war sehr erfolgreich gewesen. Am ersten Tag, als sie das Führseil benutzt hatte, bemerkte sie, dass Journey sehr beunruhigt war. Ihr war vorher gar nicht klar gewesen, wie eingeschränkt er sich durch das Seil fühlte. Sie setzte ihre neu erworbenen Kenntnisse in Pferdisch ein und half Journey zurück zu seinem Neutral Null, während er am Führseil war. Auch sie selbst blieb im Neutral Null, selbst als Journey seinen Kopf sehr hoch nahm. Sie sagte, dass er beim dritten Mal am Führseil sehr ruhig und zugänglich gewesen war.

Ann war eine wunderbare Yoga-Lehrerin. Ich hatte ihr vorgeschlagen, sie solle doch in der Nähe ihres Pferdes Yoga machen, um zu sehen, wie er das finden würde. Sie hatte damit angefangen, es auf der Stallgasse zu machen und Journey beobachtete sie sehr interessiert über seine Boxentür. Es dauerte nicht lange, da stand er bereits auf seinem Platz und schien darauf zu warten, dass sie mit den Übungen anfing. Eines Tages, als Ann in eine tiefere Entspannung glitt, hob Journey sein Hinterbein an und kratzte sich darunter mit der Nase. Ann hatte inzwischen genug Vertrauen zu ihm, um seine Box zu betreten und einige ihrer Lieblings-Yoga-Asanas dort zu machen. Der Vollblüter kraulte sie dabei vorsichtig mit der Nase und achtete extrem darauf, den Körperkontakt zu halten, ohne sie aus dem Gleichgewicht zu bringen. Er schien irgendwie mitmachen zu wollen.

Nach ein paar Minuten, in denen er ihre Gemeinsamkeit genossen hatte, zog Journey sich in seine Ecke der Box zurück, winkelte ein Bein an und schien in den Schlaf zu gleiten. Ann verließ die Box. Sie hatte das Gefühl, dass Journey eine tiefere Verbindung zu ihr aufgenommen hatte und dann eine Pause brauchte. Das war für sie keine Enttäuschung. Als Yoga-Lehrerin war sie vertraut damit, wie intensiv eine Neuorientierung auf einer tieferen Ebene des Selbst sein konnte, bei sich selbst und bei ihren Schülern.

Ann hatte das Gefühl, dass es bei Journey genauso gewesen sein konnte.

Diese Begegnung half Ann aber auch, Journey in einem neuen Licht zu sehen. Er war ihr vertrauter geworden. In den ersten Jahren seines Lebens war Journey als Rennpferd „benutzt“ worden und sein Körper hatte ihm nicht wirklich gehört. Ann betrachtete dies aus der Perspektive einer Yoga-Lehrerin und konnte sich besser in ihn hineinversetzen, mit ihm fühlen und ihm helfen, sich selbst anders wahrzunehmen, aber auch sie und die Welt im Allgemeinen von einem neuen Standpunkt aus zu betrachten. Als Lehrerin sah sie seine Rehabilitation und die Herausforderung, die diese mit sich brachte, in einem neuen Licht. Sie konnte auf Fähigkeiten zurückgreifen, die sie bereits hatte, und dadurch fühlte sich die Arbeit mit ihrem Pferd plötzlich viel einfacher an.

## Zurück im Sattel

Kurze Zeit später bekam ich eine aufgeregte Mail von Ann. Eines Tages hatte sie Coby gesattelt und geritten und Journey war an den Zaun gekommen und hatte zugesehen. Aus einer Laune heraus legte Ann den Sattel und das Bitless Bridle auf den Zaun des Roundpens und ließ Journey die Freiheit, die Gegenstände zu untersuchen. Er schlenderte hinüber und zog ein bisschen an ihnen herum. Ann war sicher, dass er sie ausprobieren wollte, also sattelte sie Journey, ohne ihn dabei anzubinden. Sie zog ihm auch das Kopfstück über und er blieb entspannt.

Also saß sie auf. Als sie ihn bat, einige Schritte zu laufen, bewegte er sich vorsichtig und bedächtig. Es war ein wunderbarer Moment für beide, und Ann hörte genau in diesem Moment auf, bevor einer von beiden sich verspannen konnte. Nachdem sie abgesessen war, wälzte Journey sich ausgiebig im Paddock und döste anschließend.

Ich war überglücklich zu hören, dass die beiden nun wirklich zueinanderfanden. Ich erinnerte Ann daran, langsam weiterzumachen und nicht zu ehrgeizig zu werden oder vielleicht zu erwarten, dass Journey nun für immer unkompliziert sein würde. Ein Pferd unter dem Sattel zurück ins Neutral Null zu bringen, ist etwas vollkommen anderes, als dies in der Bodenarbeit zu tun. Die beiden waren auf einem guten Weg.

Die Tatsache, dass sie in nur wenigen Monaten so weit gekommen waren, beeindruckte mich sehr und war ein Beweis für Anns ehrlichen Umgang mit sich selbst und ihrer Beziehung zu Journey. Manche Pferde brauchen länger als Journey, doch ich finde, es lohnt sich, ihnen diese Zeit zu geben. Wenn dann alles an seinen Platz fällt, ist die Kraft der Erfahrungen und des Vertrauens ineinander so groß, dass sich jede Sekunde gelohnt hat.

Die Ruhe mitten im Sturm zu sein bedeutet, dass man wahrhaftig mit sich selbst umgeht. Das Pferd vertraut dieser Wahrhaftigkeit.

## Nicht ausrasten!

Wie bereits im letzten Kapitel erwähnt, sehe ich oft, dass wohlmeinende Menschen ihre Pferde in einem schnellem Tempo rückwärts zum Beispiel weg von einem Tor oder einer Stalltür schicken. Die Pferde bewegen sich dann angespannt und mit hoher Kopfhaltung und die Menschen sehen meist ausgesprochen mürrisch aus. Sie haben das Gefühl, sie müssten so ausschauen, damit das Pferd ihnen Raum gibt. Das bedeutet, dass ihre „X"-Haltung andernfalls unglaubwürdig wäre.

Das ist ein unerträglicher Zustand! Niemand möchte doch so ein feindseliges Verhältnis zu seinem Pferd haben, in dem man quasi um sich schlagen und hart werden muss, nur um ein wenig Raum überlassen zu bekommen!

Der Grund, warum ich bei einem ersten Treffen das Begrüßungsritual wann immer möglich über einen Zaun hinweg mache, ist der, dass man auf diese Weise gleichzeitig Kontakt und Grenzen aufbauen kann.

Es ist sehr einfach, um einen respektvollen Abstand zu bitten, wenn man den Geh-weg-Gesichts-Button wirklich klar und präzise benutzt. Fühlt man sich dagegen insgeheim schlecht, weil man Raum für sich beansprucht, wird die ganze Angelegenheit sumpfig und unklar. Setzt man die falsche Berührung ein, in dem man zum Beispiel die Handfläche an den Button presst (was bedeutet „Bring dein Gesicht näher zu mir hin"), oder wenn man den Zeigefinger zu abrupt einsetzt und wütend in Richtung Pferdegesicht stochert, oder wenn man nicht den richtigen Button erwischt und stattdessen den Spiel-Button berührt, der seitlich des Pferdemauls liegt (Seite 57), kann es ein andauernder Kampf sein, über Raum zu verhandeln.

Man kann auch mit den Fingern schnippen und mit einem gewissen Abstand auf den Geh-weg-Gesichts-Button deuten. Das hilft dabei, die Bewegung und Absicht klar und deutlich zu vermitteln und man erkennt leichter, dass Pferde sich ununterbrochen so unterhalten. Pferde bitten einander ständig, den Kopf wegzudrehen, so dass sie zum Beispiel an einem anderen Pferd vorbeigehen, an Wasser oder Futter herankommen oder andere Dinge tun können, ohne dass das andere Pferd außer dem Kopf auch seine Hufe bewegen muss. Pferde sind Meister der kalorienarmen Gesprächsführung, und wenn man ihre Feinsinnigkeit erst einmal verstanden hat, stehen eine Vielzahl an kraftvollen Kommunikationsmitteln zur Verfügung, die zu tiefem Vertrauen und Respekt auf beiden Seiten führen.

Wenn eine normale „X"-Haltung nicht die gewünschte Wirkung hat, kann eine große Plastiktüte, die an einer Gerte befestigt wird, der „X"-Haltung auf Intensitätsstufe vier mehr Nachdruck verleihen. Das bedeutet aber nicht, dass Sie dauernd mit einer Plastiktüte um sich schlagen und Ihr Pferd in Panik versetzen sollen. Natürlich kann man ein Pferd in einem Roundpen oder Paddock oder am Führseil so in die Ecke treiben, das es sich vollkommen unterwirft. Dies ist aber keine Intensitätsebene vier der „X"-Haltung und würde so niemals von Pferden untereinander eingesetzt werden. Pferde werden zu Tyrannen, weil ihre Sozialisation in einer gesunden Herde irgendwo ausgesetzt hat. Im Zusammensein mit anderen Pferden haben sie dann kein Neutral Null mehr.

Im Grunde braucht man bei einem Pferd, das zu Überreaktionen neigt, eine gesunde Durchsetzungsfähigkeit, in der aggressive Herangehensweisen keine Rolle spielen. Ihr Neutral Null ist glaubwürdig, wenn Ihre Intensitätsebene vier glaubwürdig ist. Neutral Null bedeutet ebenso wenig Fußabtreter oder Schwächling, wie Stufe vier Ausrasten bedeutet.

Schüchterne und leise Energie ist kein gesundes Neutral Null. Man kann das im Zusammensein mit anderen Menschen fühlen, sie scheinen zu verschwinden und man kann nicht wirklich in Kontakt mit ihnen treten. Jemanden aggressiv herumzuschieben, ob es ein Mensch oder ein Pferd ist, täuscht vielleicht über Angst und Unsicherheit hinweg. Ein Waschlappen zu sein ist so wenig erstrebenswert, wie seine Gelassenheit zu verlieren.

Im Vergleich dazu fühlt sich eine gesunde Ebene vier für ein Pferd sicher an, etwa so, wie wenn Ihre Ärztin vertrauenswürdig aussieht, weil sie sich in aller Ruhe Ihr gebrochenes Bein anschaut. Vielleicht lächelt sie sogar oder tätschelt Ihren Arm. Sie hat in jedem Fall die Verantwortung und strahlt so etwas wie „Alles wird gut" aus. Das führt dazu, dass Sie sich entspannen können und das Vertrauen haben, dass Ihr Bein wieder heilen wird. Käme die Ärztin dagegen an Ihr Bett und könnte Ihnen nicht in die Augen schauen, wäre verschämt und würde vor sich hin murmeln oder wäre sie schroff und würde Sie anschreien, würden Sie Ihre Fähigkeit, sich um Sie zu kümmern, bezweifeln.

Lernen Sie, einladend zu sein. Aber lernen Sie auch, sich selbst wertzuschätzen, indem Sie Ihren persönlichen Raum im Kontakt mit Ihrem Pferd wertschätzen. Und lernen Sie, dem Drama zu widerstehen. Die Versuchung, genauso aggressiv wie ein gestörtes Pferd zu werden, führt nicht zu einer dauerhaften Verbesserung. Natürlich muss man sich in einem Gefahrenmoment selbst schützen. Erlauben Sie einem Pferd niemals, Sie zu beißen oder nach Ihnen auszuschlagen, weil Sie nicht gemein zu Ihrem Pferd sein wollen. Trotzdem tragen Sie mit diesem Verhalten nicht zu einer lang anhaltenden, gesunden Beziehung bei. Es fühlt sich schlecht an. Es führt dazu, dass man einfach auf der Hut sein muss, wenn man bei seinem Pferd ist, oder dass man ein Pferd hat, das keinen Frieden in sich selbst findet.

Wenn ich bei einem Pferd, das außer Kontrolle geraten ist, auf Intensitätsebene vier gehen muss, um für Klarheit zu sorgen, behalte ich das im Hinterkopf, und gleichzeitig entscheide ich genau dann, wie mein Ton in dieser Beziehung normalerweise sein soll. Ich fange von diesem Moment an damit an, die etwas passendere Ebene unseres Kontaktes aufzubauen, und falls das Pferd mich irgendwann testen sollte (was Pferde immer machen), möchte ich nicht noch einmal auf Intensitätsebene vier gehen müssen. Aus diesem Grund ziehe ich es vor, viel Freiheit für mich und das Pferd zu haben. Das ist möglich, wenn es beim ersten Treffen eine Grenze zwischen uns gibt, einen Zaun, eine Box, eine Tür. Falls das Pferd verwirrt ist, klärt sich diese Verwirrung schneller.

Ich habe Mentorpferde dabei beobachtet, wie sie mit derselben Klarheit und Konsequenz auftraten, selbst wenn ein Zaun zwischen ihnen und dem anderen Pferd war. Diese Heiler gehen ein einziges Mal auf eine hohe Intensitätsebene, vielleicht auch zwei Mal. Danach arbeiten sie mit ruhiger Bestimmtheit daran, dem Rangniedrigeren zu zeigen, wie dieser sich besser im Leben zurechtfinden kann. Dabei sind sie auf eine Art und Weise konzentriert und präsent, die ein tibetanischer Mönch kaum übertreffen könnte.

## Lecken und Kauen

Wenn Sie Ihrem Pferd eine Lehrerin sind, dann sind Sie gleichzeitig auch ein gutes Leittier. Zwischen Ausbildung und Unterricht gibt es einen Unterschied. Ich kann jemanden darin ausbilden, eine Angelrute und einen Köder zu benutzen. Jemanden Angeln zu lehren dagegen erfordert Geduld und Praxis und darin zeigt sich auch der wirkliche Wert des Angelns.

Einem Pferd etwas über die Blase meines persönlichen Raums beizubringen, und darüber, was ich mag und was nicht, bedeutet, dass ich mich gleichzeitig dafür öffne, zu hören, was mein Pferd mir sagen möchte. Hier zeigt sich der wirkliche Wert unseres Kontakts. Viele Vollblüter sind als Jungpferde sehr grob behandelt worden. Früher habe ich beobachtet, dass Vollblüter mit einer Kette geführt wurden, die vom äußeren, oberen Halfterring durch das Maul der Pferde zum inneren unteren Halfterring verlief. Ich kann mir nicht erklären, warum das die übliche Art war, ein Vollblut zu führen. Ich habe viele Vollblüter getroffen, die ein Problem mit ihrem persönlichen Raum hatten, vor allem, was ihr Gesicht betraf. Diese Pferde müssen die Erfahrung machen, dass sie allen Raum haben können, den sie brauchen, um zu ihrem Neutral Null zu finden. Das fängt bei der Blase des persönlichen Raums an.

Falls das Pferd wütend oder aggressiv ist und ich den Ruhepol mitten im Sturm verkörpern will, bedeutet das, dass ich mich nicht in sein Drama hineinziehen lasse. Stattdessen bleibe ich in meinem eigenen Neutral Null und lade es ein, sein eigenes zu finden. Wenn ein Pferd sein Neutral Null nicht findet und an dem Punkt angelangt ist, wo es ausrastet, besteht die einzige Lösung darin, den Sturm zusammen zu überstehen. Wenn Sie überzeugend genug der Ruhepol inmitten des Wirbelsturms sein können, wird das Pferd seinen Weg nach Hause finden, zu seinem Neutral Null.

Ann hat ihre innere Ruhe gefunden, ihr Neutral Null. Und Journey kam endlich zu Hause an.

KAPITEL 11

# Wenn Pferde antworten

Lisa besaß ein sehr talentiertes 10-jähriges Dressurpferd, das ihr im Umgang und bei der Bodenarbeit nur Kummer bereitete. Ihre Dressurlehrerin war sehr gut und zusammen hatten die beiden viele Möglichkeiten gefunden, um Brandys Verhalten in ruhigere Bahnen zu lenken. Trotzdem hörte er nicht damit auf, in den unmöglichsten Augenblicken zu scheuen. Für dieses Scheuen war er berühmt. Mindestens ein Mal pro Monat hatte Lisa alle Hände voll zu tun, ihn überhaupt in die Bahn zu bekommen.

Sie besaß noch vier weitere liebenswürdige Pferde, die alle rund um ihr Haus lebten. Einige waren erfahrene Geländepferde, andere genossen ihren Ruhestand und ihr Leben auf den riesigen Weiden. Meist war Brandy der Grund dafür, dass die vier sich schneller bewegten als im Schlendergang. Er tyrannisierte die anderen Pferde, wann immer er die Gelegenheit dazu fand. Schließlich trennte Lisa ihre beiden älteren Stuten von ihm und stellte sie auf einen Extra-Paddock, um sie vor seinen ständigen Schikanen zu schützen.

Lisa hatte einige meiner Kurse besucht und bat mich, zu ihr zu kommen, um herauszufinden, warum Brandy sich so schlecht benahm. Sie war auch deswegen so frustriert, weil sie ihn schon als Absetzer bekommen und versucht hatte, alles richtig zu machen, was seine Erziehung und Ausbildung anging. Weder sie selbst noch ihre Dressurlehrerin konnten sich erklären, warum er so heftig reagierte.

## Der Hirtenjunge und der Wolf

Als ich bei Lisa ankam, fiel mir als Erstes das fantastische, rotbraune Pferd auf, das in der Mitte einer großen Wiese stand. Brandy! Er bemerkte mich ebenfalls, warf seinen Kopf in die Höhe und schnaubte ein Wächterschnauben in meine Richtung. Die beiden Wallache, die in seiner Nähe grasten, nahmen davon überhaupt keine Notiz.

Das konnte ja heiter werden.

Ich konnte daraus schon eine Menge Rückschlüsse auf Brandys Charakter ziehen. Die anderen Pferde hatten erklärt, dass er ein schlechtes Wächterpferd war, wie in der Fabel vom Hirtenjungen und dem Wolf. Der arme Brandy war inzwischen so übertrieben wachsam, dass jede Veränderung seiner Welt ihn in einen Panikzustand versetzte.

Sofort antwortete ich ihm vom Auto aus. Ich prustete ein schnelles, scharfes Wächterschnauben und stellte mich auf meine Zehenspitzen, um besonders aufmerksam auszusehen.

Bekämpfe Feuer mit Feuer.

Der Braune sah mich an, als sei ich eine Außerirdische, dann senkte er seinen Kopf auf den Boden und hob gleichzeitig den Rücken an. Das war sein Versuch, mir zu sagen: „Echt jetzt? Du weißt es?“

Ich stieß einen langen, entspannenden Atemzug aus, leckte mir die Lippen und wendete mich ab, um ihm zu sagen, dass ich nun im Spiel war. Ich würde nicht in Panik geraten und ihn nicht mehr beachten, sondern stattdessen die Umgebung überprüfen.

Lisa ging auf mein Auto zu, um mich zu begrüßen. Als ich mich mit Brandy unterhielt, war sie stehen geblieben. Sie war aufmerksam genug, um zu verstehen, dass ich mit ihm sprach, aber sie wusste nicht, warum ich ein Wächterschnauben zurückgeschnaubt hatte. Ich erklärte, dass er wirklich überreagierte und dass ich dieses Verhalten schon gleich im Keim ersticken wollte. Wenn ich ihm vermitteln konnte, dass ich vertrauenswürdig und ein größerer, besserer Wächter war als er, konnte er anfangen, sich zu entspannen. Den anderen Pferden hatte er sein Vertrauen nicht geschenkt, also ignorierten sie seine Mätzchen. Aus irgendeinem Grund erlaubte Brandy der Herde nicht, ihn zu führen.

Lisa erzählte mir, dass Brandy wegen einer Krankheit, die er als Jungpferd hatte, spät gelegt worden war. Ihre Reitlehrerin hatte sein hengstiges Verhalten darauf zurückgeführt. Das konnte natürlich sein. Allerdings ist diese Form von nervöser Wachsamkeit eher eine unreife Reaktion als Hengstverhalten. Erfahrene Hengste sind sich ihres Territoriums und allem, was sich darin befindet, in höchstem Maße bewusst, aber sie würden sich vollkommen erschöpfen, wenn sie sich so übernervös verhielten. Stattdessen streben sie vielmehr an, dass es ruhig zugeht.

Aus irgendeinem Grund war Brandy nicht erwachsen geworden und suchte verzweifelt nach einem reifen Pferd, das seine Fragen beantworten und seine Ängste befrieden konnte. Diese Rolle wollte ich gerne ausfüllen.

## Von hinten anfangen

Lisa führte Brandy zu seiner Box und er trampelte sie auf der Stallgasse beinahe in Grund und Boden. Sie lächelte liebevoll und meinte, es wäre schon schlimmer gewesen. Sie hatte mit Brandy das Begrüßungsritual geübt und festgestellt, dass er nun schneller und sicherer zu ihr kam als vorher. Brandy und ich durchliefen eine schöne

Begrüßung und er bot von sich aus einige schöne Geh-weg-Gesichter an. Lisa sagte, dass gerade dieser Button enorm geholfen hatte, ihn beim Halftern und Auftrensen ruhiger zu halten, und dass seine Angewohnheit, sie mit dem Kopf umzuwerfen, beinah überwunden war.

Mir fiel auf, dass Brandy mir schnell das Hinterteil zudrehte, sobald wir die Begrüßung, einige Geh-weg-Gesichter und Wächterschnauben in Richtung der Stalltür und mehrere schöne Upsies durchlaufen hatten. Lisa bestätigte, dass er das seit etwa einer Woche zu tun pflegte und dass sie es so gedeutet hatte, dass er nun mit dem Gespräch „durch" war.

## Ein Pferd in Hamstergröße

Das Bedürfnis eines Pferdes, getrieben zu werden, führt zu vielen Missverständnissen. Um die Möglichkeit auszuschalten, dass das Pferd ausschlägt, gibt es verständlicherweise die Regel, dass ein Pferd dir auf keinen Fall seine Kruppe zudrehen darf. Diese Regel ist sehr streng und gilt unter allen Umständen. Brandy stand in seiner Box und ich stand vor der Box, also konnte er nicht nach mir ausschlagen. Bei Pferden, die im Umgang schwierig sind, achte ich immer auf größtmögliche Sicherheit und ich empfehle auch den Besitzern, zuerst auf der anderen Seite einer Begrenzung mit dem Pferd zu arbeiten.

Ich konnte nicht nah genug an Brandy herankommen, um seinen Hüft-Kutschier-Button zu berühren, aber das war zum Glück auch gar nicht nötig. Es genügte, auf den Button zu deuten, um ihn zu „aktivieren" und das Pferd an dieser Stelle zu bitten, sich entweder zu bewegen oder nicht näher zu kommen. Drückt man die Handfläche gegen einen Button, bittet man das Pferd, bei einem zu bleiben, zu folgen oder auf andere Weise die Verbindung zu halten.

Ich deutete mit dem Finger auf den Hüft-Kutschier-Button und Brandy fror vollkommen ein. Er atmete nicht einmal mehr. Ich blieb Neutral Null, aber mein Zeigefinger war auf Intensitätsstufe drei, er „forderte“. Innerlich war ich ruhig, aber mein Zeigefinger brannte fast. Nach ungefähr einer Minute der Erstarrung prustete Brandy einen riesigen, erleichterten Atemzug aus und ging vor mir einen Kreisbogen in seiner Box. Sobald er zurückgekommen war, senkte er den Kopf, klappte die Ohren zur Seite, leckte und kaute.

Brandy war bereit für ein Gespräch. Wir hatten den Anfang des Begrüßungsrituals schon durchlaufen, ebenso die ersten Schritte des Raum-Gebens mit dem Geh-weg-Gesicht und den Upsies. Nun stellte er mir die Frage, die für ihn gerade am allerwichtigsten war: „Wer treibt wen?“

## *AHA-Moment*

Unsichere Pferde sehnen sich danach, vorwärtsgetrieben und von hinten beschützt zu werden. Genau das wünschte Brandy sich verzweifelt. Aber er war so groß und lebhaft, dass keines der anderen Pferde in seiner heimatlichen Herde den Wunsch verspürte, die nötigen Vorbereitungen dafür zu treffen, um ihn zu bewegen und zu kontrollieren.

Äußerlich schien er groß zu sein, innerlich fühlte sich Brandy lediglich so klein wie ein Hamster und völlig ungeschützt.

Im Laufe meiner Arbeit an den Feinheiten von Pferdisch habe ich herausgefunden, dass der Hüft-Kutschier-Button auch als Frage funktionieren kann, die man jemandem stellt. Wenn sich jemand zum Beispiel schwach, eingeschüchtert oder auch einfach nur traurig fühlt, und das Pferd bietet auf eine langsame und beiläufige Art seinen Hüft-Kutschier-Button an, dann heißt das: „Geht es dir gut?“ Fühlt das Leitpferd einer Gruppe sich nicht wohl, dann müssen die rangniedrigeren Pferde das wissen. Wenn man dem Leittier dann den Hüft-Kutschier-Button anbietet, ist das wie ein Kurzes Hallo mit der Frage: „Fühlst du dich der Aufgabe, nach Kojoten auszuschlagen heute gewachsen?“

Viele Pferde bieten ihrem Besitzer aus einem anderen Grund die Kruppe an, wenn sie ihm vertrauen. Sie möchten dass er oder sie ihr

Hinterteil krault. Manchmal liebt ein Pferd das so sehr, dass es seine Kehrseite auf ziemlich unverschämte Art auf Sie zudreht. Benutzen Sie in diesen Momenten ebenfalls Ihren Zeigefinger, um Ihrem Pferd zu sagen: „Ist schon gut, ich kraule dir den Hintern, aber ich bin hier auch verantwortlich und du musst dich bewegen, wenn ich es dir sage.“ Das ist wichtig.

---

## Bin ich bereit?

In meiner Arbeit mit Pferden und Menschen gab es viele Situationen, in denen sich tiefere Schichten des persönlichen Wachstums oder der inneren Konflikte der Menschen zeigten. Dabei habe ich beobachten können, dass Pferde sich umdrehten, um sich nach dem Wohlbefinden der Person zu erkundigen. Das Pferd ist dann weder panisch, noch braucht es jemanden, der es leitet oder möchte gekratzt werden. Stattdessen nimmt es dazu Stellung, dass sein geliebter Mensch gerade etwas „von der Rolle“ zu sein scheint.

Ich erklärte Lisa diese unterschiedlichen Möglichkeiten und benutzte währenddessen Brandys Hüft-Kutschier-Button. Er sollte sich auf einem Vorwärts-Kreis bewegen und anschließend zu mir zurückkehren. Das machte ich drei Mal. Nach dem dritten Mal schloss Brandy seine Augen und döste. Das war ein gutes Zeichen, denn es bedeutete, dass er die Lektion verdaute.

Bisher hatte ich ihn noch nicht berührt.

Hätte ich diese anfängliche Arbeit frei auf dem Paddock, Reitplatz oder Roundpen zu machen versucht, hätte sie leicht überfordernd und unkontrolliert werden können. Brandy war der Typ, der sich schnell in seine Aufgeregtheit hineinsteigern konnte. Ihn an einem ruhigen, begrenzten Ort in die Arbeit einzuführen, war ideal.

Nachdem er eine Weile gedöst hatte, bat ich Lisa, Brandy aus seiner Box herauszuführen. Er war zunächst sehr ruhig und hilfsbereit, verlor auf der Stallgasse dann aber die Fassung. Lisa erzählte mir, dass er immer drängelig wurde und alles berühren wollte. Ich bat sie, einfach weiterzugehen und ihn Dinge berühren zu lassen, dabei aber zu bestimmen, was er berührte, und wie und wann. Also ging sie los und führte Brandy zu allen möglichen Dingen und erklärte ihm, was das war und wie es funktionierte. Sie fühlte sich ziemlich albern dabei. Natürlich widersprach das auch einer altüberlieferten Pferdeerziehungsregel, dass Pferde nichts berühren dürfen und immer unter Kontrolle bleiben müssen.

Nach vielleicht drei Minuten hörte Brandy auf, dauernd am Führseil zu ziehen und begann, ruhig mit Lisa auf ein neues Objekt zuzugehen. Er wackelte mit den Ohren und schien sich wirklich dafür zu interessieren, was sie ihm erklärte. Sie fand das sehr amüsant und erkundigte sich, ob ich glaubte, dass er Englisch verstehen würde. Ich weiß nicht, wie viele menschliche Worte Pferde lernen, aber einige scheinen ihnen geläufig zu sein. Vor allem aber reagierte er auf Lisas ungezwungenen Gesprächsfluss. Auf viele Pferde hat das eine entspannende Wirkung. Ich glaube, dass unsere Körpersprache sehr stimmig wirkt, wenn wir laut sprechen, und das beruhigt Pferde einfach.

Bald begann Brandy zu gähnen und seine Schulterblätter nach vorne zu rotieren, so dass er nicht mehr auf Zehenspitzen ging und kürzer und runder aussah, da er seinen hinteren Bauch entspannte und anfing, tiefer zu atmen.

Nun war es an der Zeit, die Einheit zu beenden. Unser nächstes Treffen sollte einen Monat später stattfinden.

## Auf der Weide

Als ich wiederkam, kam Lisa mir auf der Auffahrt entgegen und umarmte mich herzlich. Sie freute sich sehr, welche Fortschritte Brandy seit meinem letzten Besuch gemacht hatte. Er war so viel leichter zu führen und zog fast gar nicht mehr am Führseil. Er war noch immer vorsichtig und dünnhäutig, doch die täglichen Momente des Tauziehens und Kräftemessens am Führseil waren Vergangenheit. Ich fragte Lisa, ob sie sich mit Brandy auf der Wiese wohl und sicher fühlte und sie antwortete, dass sie dort immer häufiger Zeit mit ihm verbracht hatte. Also bat ich sie, durch den Zaun auf die Wiese zu schlüpfen, auf der die Wallache waren.

Sofort machte Brandy sich auf den Weg zu ihr, hielt einen guten Meter vor ihr an und machte Upsies und ein respektvolles Gehweg-Gesicht. Auch Lisa schaute weg und schnaubte zusätzlich ein Wächterschnauben. Der Braune marschierte nun direkt zu ihr und sie durchliefen ein schönes Begrüßungsritual. Sie bat ihn, Kopf und Hals zu wenden und dann übernahm er die Initiative und ging auch mit den Vorderhufen ein wenig zur Seite.

Lisa meinte, dass ihnen beiden dieses Vorgehen nun wirklich leichtfiel und dass es ein wunderbarer Teil ihrer täglichen Routine geworden war. Sie fühlte sich sehr wohl im Umgang mit Brandy. Das war ein riesiger Fortschritt in die richtige Richtung.

Brandy streckte sich nach unten und berührte Lisas Schuh mit dem Maul. Sie meinte, dass er das in der letzten Zeit häufiger getan hatte, aber sie konnte es nicht einordnen.

Ich erklärte ihr, dass er sie darum bat, von seinem Kopf zurückzutreten. Sobald man Hallo gesagt hat, fühlt es sich unbehaglich für Pferde an, wenn man zu dicht bei ihrem Kopf steht. Pferde stehen an den Schultern beieinander, wenn sie befreundet sind. Dies ist der nächste logische Schritt, wenn man Zeit zusammen verbringt.

Brandy atmete erleichtert aus und Lisa tat es ihm gleich. Dann machte er mehrere schnelle Upsies und wippte dabei leicht mit dem Kopf. Auch das machte er nun häufiger und Lisa sagte, dass sie dann nicht wisse, was zu tun sei. Ich erklärte, dass Brandy sie auf diese Weise bat, zusammen irgendwohin zu gehen. Er verlagerte sein Gewicht vorsichtig weg von ihr und machte einen langsamen, bewussten Schritt. Ich bat sie, dies nachzuahmen und danach einfach im Gleichschritt mit ihm zu gehen. Sie bewegte sich Schritt für Schritt genau wie er, und bald liefen sie langsam und bedächtig, aber vollkommen konzentriert und zufrieden über die Wiese. Brandy stellte Lisa Aufgaben wie das Überqueren von größeren Steinen oder er verlangte Richtungswechsel von ihr. Dann hielt er an, senkte die Nase bis auf den Boden und drehte sie dann weg von Lisa. Ich erklärte Lisa, dass er nun darum bat, alleine weitergehen zu dürfen.

„Okay, Brandy, lauf mal los", sagte Lisa laut und wedelte dabei mit ihrem Hand-Schweif, um ihm zu zeigen, dass sie fertig war. Er wischte ebenfalls mit dem Schweif und trottete in die Richtung, in die er auch geschaut hatte. Lisa kam strahlend zu mir zurück.

„Das hat solchen Spaß gemacht!", rief sie. „Ich habe mich noch nie von ihm herumführen lassen! Wir waren so verbunden, das war so … süß!" Als Lisa zu mir kam, tauchte ihre alte Stute Misty hinter mir auf, um Lisa am Zaun zu treffen. Bevor wir noch besprechen konnten, was gerade geschehen war, verlangte Misty unsere Aufmerksamkeit.

Sie hatte ganz klar etwas zu sagen.

## Die Stuten sprechen

Misty war eine große Appaloosa-Stute, überwiegend weiß mit einigen Leoparden-Punkten. Sie streckte ihren Hals zu Lisa hin und die beiden durchliefen eine schnelle Begrüßung mit drei Berührungen. Dann berührte Misty sofort Lisas Füße mit der Nase. Ich erklärte Lisa, dass die Stute wollte, dass Lisa ihre Füße bewegte. Lisa erkundigte sich, wie sie sie bewegen sollte und bevor ich antworten konnte, platzierte sich Misty bereits so, dass Lisa neben ihrer Schulter zu stehen kam.

„Das war jetzt ja wohl meine Antwort", lächelte Lisa.

Misty drehte sich sanft zu ihr um und berührte Lisas Bauch mit der Nase. Ich bat sie, ihren Bauch so zu drehen, dass er nicht auf die Stute zielte. Als Lisa sich etwas wegdrehte, dämmerte es mir.

„Lisa, biete ihr eine Umarmung an! Dazu hältst du die Hand, die dicht bei ihr ist, unter ihren Kiefer und lädst ihr Gesicht ein, sich um deinen Oberkörper zu wickeln."

## AHA-Moment

Sobald Misty ihr Gesicht nach vorne an Lisas Oberkörper hielt, legte sie plötzlich die Ohren an und ihr Kopf schoss in die Höhe. Lisa stand ganz still, genau wie Misty. Ich erkundigte mich bei Lisa, wie sie sich im Augenblick fühlte, da ich die Reaktion der Stute, die zuerst der Einladung folgte, dann aber auf Abstand ging, interessant fand. Lisa dachte nach und gestand mir dann, dass sie sich ein bisschen schuldig fühlte, weil sie nicht so viel Zeit mit ihrer alten Stute verbrachte, wie sie es sonst tat. Als sie diese Worte ausgesprochen hatte, legte Misty ihren Kopf um Lisa und umarmte sie aus freien Stücken.

Lisa hob die Hand an, um sie zu umarmen, doch wieder zog Misty ihren Kopf weg.

Ich erkundigte mich, was Lisa nun fühlte. Lisa meinte, dass sie das Gefühl hatte, Mistys Zuneigung nicht zu verdienen. Sie hatte den Mut, vollkommen ehrlich zu antworten, und dadurch war Misty auch daran interessiert, das Gespräch nicht abebben zu lassen. Wieder legte die Stute ihren Kopf um Lisa und umarmte sie. Diesmal sagte Lisa laut zu ihr, dass es ihr leid täte und dass sie sie nicht vernachlässigen wollte.

„Du bist wirklich mein Schatz", schloss sie.

Wieder brachte sie ihre Hände nach oben, um Mistys Gesicht zu umarmen und diesmal hielt die Stute ihren Kopf einen Moment lang in Lisas Armen, bevor sie sich vorsichtig aus der Umarmung befreite und sich geraderichtete. Die Stute leckte und kaute und atmete entspannt einige Male aus, genau wie Lisa.

## Kleiner Einsatz, große Wirkung

Einige Wochen später war ich für eine weitere Einheit wiedergekommen. Seit unserem letzten Treffen hatte Lisa ein neues Bewusstsein für ihre Energie der Körpermitte und ihre Absicht gewonnen. Sie fragte sich, inwieweit das ihre übrige Arbeit mit Brandy beeinflussen würde.

Wir brachten ihn in die Reithalle, in der sie ihn beinahe jeden Tag ritt. Lisa fand es sehr wirkungsvoll, in der Reithalle den Tiger wegzuschnauben, denn dadurch verhielt Brandy sich viel gelassener als üblich. Er war aber noch immer in Versuchung, nach „Problemen" Ausschau zu halten, und seien sie eingebildet, und daher wollte ich Lisa helfen, in dieser Umgebung ihr Neutral Null zu finden.

Ich unterhielt mich mit Brandy über seine Sorgen (es gab viele davon: das Tor in der Ferne, ein blaues Fass, das Geräusch von Autos, die auf der nahegelegenen Straße vorbeifuhren). Er schnaubte und senkte dann den Kopf und klappte die Ohren zur Seite. Lisa wollte wissen, ob man mit dem Wächterschnauben bestimmte Dinge wegschnaubt, da sie gedacht hatte, dass man ganz allgemein immer das Wächterschnauben macht. Ich sagte ihr, dass dies an den ersten Tagen, an denen man Pferdisch spricht, auch in Ordnung ist. Sobald das Pferd aber denkt, dass man sein Wächter ist, möchte es, dass man sein Leittier wird. Dann geht es dazu über, sich nur nach beunruhigenden Dingen oder Ereignissen zu erkundigen. Ich erinnerte sie an unsere erste Einheit im Stall, in der sie Brandy alle möglichen Gegenstände auf der Stallgasse vorgestellt hatte. So ähnlich verhält es sich auch mit dem Wächterschnauben. Das Pferd, das dem Leittier folgt, beobachtet, wie das Leittier mit Dingen in Beziehung tritt und wird dann mutig genug, das Verhalten nachzuahmen, so wie ein Fohlen es mit seiner Mutterstute tun würde.

Lisa konnte Brandy wunderbar mit der Handfläche nach unten führen. Sie setzte die Füße sehr bewusst auf und ging mit sehr deutlichen Schritten. Beim Anhalten genügte ein einziges, stampfendes Aufsetzen des Fußes und Brandy hielt sofort an. Da ihr dies leichtfiel, war es an der Zeit, ihre Energie der Körpermitte ins Spiel zu bringen (Seite 68). Ich bat sie, ihn auf einem Zirkel laufen zu lassen, um ihn frei zu longieren. Er kam ihrer Aufforderung bereitwillig nach. Sobald sie mit der Peitsche auf ihn deutete, bewegte er sich nach außen auf den Hufschlag und ging auf ihre Kommandos hin ruhig Schritt, Trab und Galopp. Ich mag es, mir anzuschauen, worin Menschen und ihre Pferde schon sehr gut sind. Man kann Pferdisch dann einfach in diese Mischung einbeziehen und alles Gute nehmen und auf die nächsthöhere Stufe heben.

## Langweilig ist ja doch interessant

Weder Lisa noch Brandy waren besonders begeistert vom freien Longieren. Es war einfach etwas, das sie taten, um ein bisschen in Schwung zu kommen. Brandy drehte sich nicht weg oder mied sie, aber sonderlich interessiert war er auch nicht. Lisas Körpersprache war einfach und unkompliziert, aber es war offensichtlich, dass auch sie leicht gelangweilt war.

Lisa hatte Brandy angehalten und ich bat sie, ihn traben zu lassen. Diesmal sollte sie sich auf ihre Körpermitte konzentrieren. Ich wollte nicht, dass sie irgendetwas anderes verändern sollte, mir war nur der zusätzliche Fokus wichtig. Sobald Brandy drei Trabtritte gezeigt hatte, legte Lisa instinktiv die freie Hand auf ihren Bauchnabel, um darüber nachzudenken. Der Wechsel ihrer Handhaltung erregte Brandys Aufmerksamkeit, seine Ohren und Augen richteten sich auf sie. Ich schlug vor, dass sie eine kleine Bewegung machen solle, so als ob sie sich hinsetzen wolle. Ihre Konzentration sollte sich aber nicht auf die Sitzbewegung richten, sondern weiterhin auf ihre Körpermitte. Sobald sie das ausprobierte, verkürzte Brandy seine Tritte, richtete sich mehr auf und setzte seine Hinterhand ein, um sich zu tragen und größer zu werden. Lisa strahlte von einem Ohr bis zum anderen. Ich bat sie, sich wieder groß zu machen, und als sie das tat, verlängerte ihr Wallach seine Tritte und dehnte den Hals in Richtung Boden. Nun bat ich sie, mit der Energie ihrer Körpermitte vor seine Nase zu deuten. Er zog den Kopf nach hinten und hob das Genick an. Lisa machte unwillkürlich einen Schritt nach vorne. Ihr war nicht klar, dass ihn das abbremsen würde. Er hielt sofort an und wendete den Kopf, um sie interessiert anzuschauen.

Sie war sich nicht sicher, was das gerade gewesen war, aber es hatte ihr gefallen.

Wenn sie mit ihrer Körpermitte auf seinen Gurt-Button deutete, während sie sich hinsetzte, war das für Brandy eine Aufforderung, mit ihr in Kontakt zu bleiben, aber die Intensitätsstufe zu verändern. Er kam der Bitte nach, indem er seine Tritte verkürzte und sich aufrichtete. Als sie auf seinen Begrüßungs-Button gedeutet hatte, hatte er das Genick angehoben und die Nase eingezogen, und so ihre Bitte erfüllt. Als sie nach vorne getreten war und die Energie ihrer Körpermitte auf seine Brust gerichtet hatte, ahmte sie nach, wie ein Pferd einem anderen erklärt, dass sich ihre Wege gleich kreuzen würden. Das rangniedrigere Pferd zieht dann zurück, hält an oder wechselt die Richtung.

Es war alles so schnell gegangen , dass Lisa es gar nicht so richtig mitbekommen hatte. Aus diesem Grund bitte ich meine Schüler immer, Pferdisch anfangs sehr langsam und bewusst zu üben. Wenn alles schnell abläuft, ist das, als ob man zwei Muttersprachlern bei einer Unterhaltung in einer Sprache zuhört, die man selbst gerade erst ein bisschen kann. Eine Fremdsprache sollte man aber lieber langsam Wort für Wort lernen. Die Geschwindigkeit stellt sich mit der Zeit und ständiger Übung von selbst ein. Niemand würde von einem Schüler erwarten, dass er in seiner ersten Woche mit einer neuen Sprache gleich schnell sprechen kann. Pferde sprechen mit jeder Bewegung, die sie machen und wir werden viele Feinheiten wahrnehmen können, wenn wir ruhig bleiben und innerlich Neutral Null sind.

## Entspannen

Als wir mit Brandy zum Stall zurückgingen, bat ich Lisa, sich ihrer Körpermitte beim Laufen permanent bewusst zu sein. Brandy regte sich etwas auf, als sie es versuchte, also übernahm ich ihn und übertrieb die Energie meiner Körpermitte, damit sie sehen konnte, was ich meinte. Stellen Sie sich vor, Sie würden Ihren Garten mit einem Schlauch wässern. Das Wasser spritzt aus dem Schlauch Ihrer Körpermitte und trifft alles, was Sie anschauen. Wenn man die Energie der Körpermitte herunterfährt, so ist das, als würde man das Wasser schwächer einstellen oder ganz abstellen.

Brandy reagierte gut und konzentrierte sich auf alles, auf das ich mich auch konzentrierte, statt sich um die ganze Welt zu kümmern, wie sonst immer. Lisa übernahm ihn wieder und versuchte, mich nachzuahmen, aber wieder war er mit ihr nicht zufrieden.

Ich hatte das Gefühl, dass er nicht genug Selbstvertrauen hatte, um damit klarzukommen, dass sie etwas Neues lernen wollte, während sie mit ihm zusammen war. Also nahmen wir Misty heraus, die uns ja schon gezeigt hatte, dass Lisas Lernprozesse ihr keine Probleme machten. Im Gegenteil interessierte sie sich ja für den Zustand von Lisas Lernkurven!

Ich begann, Mistys Führseil zu nehmen und die Energie meiner Körpermitte zu öffnen, so dass sie mir folgen würde. Augenblicklich senkte sie den Kopf, leckte und kaute, klappte ihre Ohren zur Seite und konzentrierte sich vollständig auf alles, auf das mein Blick sich richtete. Sie genoss diese Klarheit nicht nur, sie stimmte völlig zu. Ich ging über das Gras mit ihr, hielt an und richtete die Energie meiner Körpermitte auf ein paar schöne zartgrüne Grasbüschel. Misty zögerte, wollte zuerst ein Kurzes Hallo an meinen Fingerknöcheln und vertilgte dann vergnügt das zarte Grün. Ich stellte meinen „Schlauch“ aus und stand einfach nur da. Als ein Auto vorüberfuhr, deutete ich mit der Körpermitte darauf und legte beschützend meine Handfläche auf die Stute, so wie Eltern ihr Kind hinter sich halten, bevor sie eine Straße überqueren. Misty reagierte, indem sie sich sofort hinter mich stellte und ihren Kopf kurz anhob, um sich das Auto anzusehen. Wir atmeten beide aus und entspannten uns, denn wir waren uns einig, dass es ja nur ein Auto gewesen war, weiter nichts. Ich bat sie, den Kopf anzuheben und mit mir mitzukommen, und sie kam meiner Bitte auf elegante Weise und mit blitzenden Augen nach und schnaubte ein wenig dabei. Wir gingen weiter, sie lief leicht hinter mir, hatte den Kopf gesenkt und wir machten große Schlenderschritte. Zusammen hielten wir bei Lisa an, als würden wir Walzer tanzen. Jede unserer aufeinander abgestimmten Bewegungen schien Teil einer größeren Choreografie zu sein.

„Also, zunächst einmal“, begrüßte Lisa uns, „habe ich noch nie gesehen, dass sie freiwillig ein Grasbüschel stehen gelassen hat. Zweitens geht sie normalerweise wirklich schnell, so als ob sie noch etwas Dringendes vorhätte. Man denkt dann, dass sie die Führung übernommen hat und dass man sich besser beeilen sollte.“

## Du bist dran

Ich übergab Lisa den Führstrick und bat sie, das Ganze einfach nachzuahmen. Es war nicht ganz leicht für sie, die Energie ihrer Körpermitte zu kontrollieren, während sie gleichzeitig ihr Pferd führte. Glücklicherweise geht mit jeder unserer Körperhaltungen auch ein Gefühl einher. Ich bat sie, zuerst einmal die „O“-Haltung einzunehmen und dann zum Führen ihre Führhand nach vorne auszustrecken, als ob sich darin eine Schlauchtülle befände. Ich erklärte ihr, dass sie die Knie beim Führen etwas angebeugt lassen solle, weil sich dann die Bauchregion anders anspannt und man automatisch aufmerksamer auf diesen Bereich achtet. Wir neigen dazu, uns aufzurichten, wenn wir ein Pferd führen und achten überhaupt nicht auf unsere Körpermitte. Stattdessen achten wir auf unsere Arme und Hände, mit denen wir das Führseil halten. Dies versuche ich zu verändern, indem ich die Aufmerksamkeit beim Gleichschritt (Seite 186) zuerst auf die Füße lenke. Nun wird die Verbindung zwischen Mensch und Pferd über die untere Körperhälfte des Menschen angeregt. Wie auf Seite 99 erklärt, erdet es uns und unsere Pferde, wenn wir dabei die Handflächen nach unten halten. Der letzte und meist auch der schwierigste Schritt ist es, die Körpermitte zu aktivieren. Wenn alle anderen Körperteile etwas präsenter sind, stellt die Aktivierung der Körpermitte den letzten und tiefsten Teil des Gespräches dar.

Lisa brauchte ein paar Minuten, um diese Wirkung zu erzielen, doch es war nicht zu übersehen, als sie es herausgefunden hatte. Misty senkte sofort den Kopf, entspannte ihre Ohren und ließ sich einen Schritt zurückfallen, um Lisa zu folgen. Lisa fühlte sich dadurch so ermutigt, dass sie geradewegs zum Gras stolzierte und ein schönes Grasbüschel für Misty aussuchte, so wie ich es auch getan hatte. Zuerst wollte die Stute ein Kurzes Hallo und stürzte sich dann glücklich auf das Gras.

Lisa hatte das Gefühl, dass sie nun eine Pause hatte und erzählte mir eifrig, was sie erlebte. Misty beendete diese Unterhaltung und zog Lisa plötzlich weiter zum nächsten Grasbüschel. Das Führseil hatte sie sich so über die Schulter gezogen, wie schlaue Pferde es tun, wenn sie jeglichen Einfluss der Führperson ausschalten wollen. Lisa war überrascht und fiel in alte Gewohnheiten zurück, zog am Seil und rief: „Hallo, geht's noch?“ Ich bat sie, stattdessen in ihrer „O“-Haltung auf Mistys Kopf zuzugehen, die Spannung aus dem Seil zu nehmen und das Pferd aufzufordern, sich wieder mit ihr zu verbinden. Misty hörte auf, zu ziehen, hob den Kopf und berührte Lisas Fingerknöchel für ein „Hallo“. Dabei wischte sie übertrieben mit dem Schweif.

Ich übernahm Misty und zeigte Lisa, dass meine Haltung durchgängig mehr „X“ beinhaltete und ich mich mit der Energie meiner Körpermitte darauf konzentrierte, was wir gerade machten, selbst wenn ich mich dabei umdrehte, um mit Lisa zu sprechen. Dadurch fühlte Misty sich mit einbezogen und blieb da, wo sie war, anstatt sich durch den Mangel an Aufmerksamkeit „von der Leine gelassen“ zu fühlen. Lisa gestand ein, dass sie nicht gesehen hatte, dass sich ihr Pferd freigelassen fühlte, wenn sie abgelenkt war.

„Das macht Sinn“, stimmte sie mir zu. „Wenn ich mich erst vollkommen auf sie konzentriere und dann damit aufhöre, sagt meine Körpersprache ihr, dass sie jetzt tun kann, was sie will. Ich frage mich, wie oft ich ein Pferd geführt habe, aber abgelenkt war? Ich verstehe, dass das auch frustrierend für ein Pferd sein kann, ständig widersprüchliche Botschaften zu bekommen.“

Nun war es an der Zeit, zu Brandy zurückzugehen, um herauszufinden, wie sich ihre Beziehung durch ihr neues Bewusstsein veränderte.

## Probieren geht über Studieren

Als sie Brandy aus dem Stall führte, achtete Lisa auf jeden einzelnen Schritt. Außerdem konzentrierte sie sich auf die Energie ihrer Körpermitte und gab ihm genug Zeit, um sämtliche Dinge zu betrachten, die er interessant oder besorgniserregend fand (die Türschwelle des Stalles etwa). Brandy bewegte sich konzentriert und aufmerksam und seine Kopfhaltung war tiefer als gewöhnlich. Als sie anhielt, hielt er prompt neben ihr an und stand absolut still. Sie war überrascht, dass er sich in solchem Maß konzentrieren konnte, wenn man bedachte, dass er immer so flucht- und ablenkungsbereit gewesen war.

Lisa fand die Intensität der Konzentration etwas ermüdend. Ich lachte und meinte, dass das der Grund dafür war, dass die anderen Pferde Brandy nicht gaben, was er eigentlich brauchte. Ihre Herde von entspannten Pensionären hatte nicht die Energie, um diesen beunruhigten Jungspund zu unterrichten, aber wenn Lisa dies übernahm, würde er sehr schnell „nachreifen" und erwachsen werden.

Ich schlug vor, dass sie in den nächsten Wochen bei allem, was sie am Boden machten, diese übermäßige Konzentration anwenden solle. Interessanterweise schien Brandys Bedürfnis während der Dressurarbeit zum größten Teil gestillt zu sein. Lisa konzentrierte sich dabei so stark und war so aufmerksam, wenn sie ihn ritt, dass er sich beschützt fühlte. Er musste dieses Gefühl aber auch in den anderen Bereichen seines Lebens haben.

## Die Herde im Neutral Null

Als ich Lisa einige Wochen später wiedertraf, berichtete sie, dass Brandys gesamte Arbeitsmoral eine Generalüberholung erfahren hatte. Er war unter dem Sattel zuvorkommender und alles, was sie am Boden machten, selbst das Auftrensen, war eine Achtsamkeitsübung geworden. Das hatte sie überrascht und entzückt. Auch drängelte er die anderen Pferden nicht mehr so. Die Herde schloss Lisa wieder mehr in ihre Welt ein. Es war, als ob alle zusammen einen tiefen Atemzug genommen hätten und sich nun sehr viel wohler miteinander fühlten. Die gesamte Herde war auf Neutral Null. Eine Herde als Einheit möchte gerne in diesem Zustand leben und wenn ein Mensch oder ein Pferd sich dorthin, dann folgt der Rest nach.

Lisa erzählte auch, dass sie mit Misty einige Male im Gelände gewesen war, nun, wo ihre Beziehung wieder aufgelebt war. Die Appaloosa-Stute machte sie sofort darauf aufmerksam, wenn sie sich verspannte oder unkonzentriert war. Lisa freute sich darüber, weil es ihr einfach wichtig war, mit ihrer Herde so klar wie möglich umzugehen. Sie sagte, dass es manchmal zwischen ihr und Brandy zu Zwischenfällen kam, die sie sich nicht erklären konnte, und dass sie dann sofort zu Misty marschierte und es ihr erzählte. Und irgendwie half Misty ihr jedes Mal, zu Neutral Null zurückzukehren. Manchmal schien die Stute ihr aber auch durch etwas, das sie dann tat, einen Rat zu geben, was Lisa verändern konnte.

Lisa bekannte, dass sie es teilweise immer noch nicht glauben konnte, was sie erlebte. Ihr Alltag war andererseits so voll mit nützlichen Gesprächen in Pferdisch, dass sie das Gefühl hatte, ihre Fähigkeit, die Pferdesprache zu sprechen, hätte ihren Unglauben längst überholt. Ihre Pferde sprachen mit ihr und obwohl es noch nicht perfekt war, machte es eine Menge Spaß.

## *Lecken und Kauen*

Pferde, die überreagieren, möchten gerne, dass ihre Hinterhand beschützt wird. An irgendeinem Punkt zeigt ein unsicheres Pferd mir auf diese spezielle, vorhersagbare, bedächtige Art seinen Hüft-Kutschier-Button, dafür übernehme ich inzwischen fast eine Garantie. Häufig haben Pferde mit viel Energie, die wir gerne für höhere Aufgaben in der Reiterei ausbilden möchten, komplexere Bedürfnisse.
Ich habe Brandy versichert, dass ich die Kojoten wegjage und konnte dadurch seine Unsicherheiten in den Griff bekommen. Nehmen Sie sich die Zeit, Ihr Pferd von hinten zu beruhigen. Dadurch wächst sein Vertrauen. Bleiben Sie andererseits aufmerksam, wenn Sie an der Hinterhand arbeiten. Aus diesem Grund habe ich die Arbeit mit Brandy zunächst mit einer Begrenzung und einer Tür zwischen uns in seiner Box begonnen, er innen, ich außen.
Viele von uns fühlen sich schuldig, weil sie nicht genug Zeit mit ihren Pferden verbringen. In unserem Alltag sind wir so beschäftigt, das ist einfach normal. Erst als Lisa sich von diesem Schuldgefühl befreien konnte, fand sie den zusätzlichen Schwung, der es ihr ermöglichte, die Energie ihrer Körpermitte zu verstärken und ihr Pferd wirklich zu führen.

# Kapitel 12

# Heilung für Heilerpferde

Als mir die Möglichkeit angeboten wurde, mit einer Psychotherapeutin zusammenzuarbeiten, die pferdegestützte Psychotherapie mit Einzelklientinnen machte und gelegentlich auch mit EMDR arbeitete, sagte ich gerne zu. EMDR bedeutet Eye Movement Desensitization and Reprocessing (Desensibilisierung und Aufarbeitung durch Augenbewegungen), und ist eine Therapieform aus der Traumatherapie. Sara bot seit Jahren pferdegestützte Psychotherapie an, bildete zertifizierte Pferdefachleute aus und nahm deren Prüfung ab. Diese Pferdefachleute erlernen den korrekten Umgang mit Pferden und ihre optimale Versorgung in allen therapeutischen Zusammenhängen, in denen mit Pferden gearbeitet wird.

Sara besaß eine Stute mit traumatischem Hintergrund. Ihr war in jungen Jahren auf der Fahrt in einen neuen Stall etwas zugestoßen. Als sie an diesem Stall ankam, war sie blind. Die Stute geriet in Panik, ehe jemand reagieren konnte, riss sich los und wurde schließlich im Wald gefunden, wo sie sich in alten Zaunteilen verheddert hatte. Obwohl sie im Anschluss an dieses traumatische Erlebnis liebevoll versorgt wurde, erholte sie sich nicht. Man stempelte sie als „hoffnungslosen Fall“ ab und stellte sie auf die Wiese. Sara wusste nicht genau, was passiert war. Aber irgendwie fand die Stute zu ihr und sie wollte Bonnie, wie sie sie nannte, zumindest das bestmögliche Leben ermöglichen.

Bonnie war sehr liebenswert. Sie hatte ein Stockmaß von gut 1,60 Meter und es war nicht leicht, mit ihr umzugehen, wenn sie in Panik geriet. Mit den Jahren hatte sich ihre Sehfähigkeit etwas verbessert, obwohl es noch immer eine Menge Überredungskunst brauchte, wenn sie durch eine Tür hindurch sollte.

Neulich hatte Bonnie sich freiwillig gemeldet, um mit einigen von Saras Klienten zu arbeiten. Sara nannte es freiwillig, weil normalerweise eines ihrer Pferde zu ihr und ihrer Klientin herüberschlenderte, wenn sie auf die Herde zuging. Da die Arbeit vor allem darin bestand, Bonnie zu putzen und bei ihr zu stehen, während sie graste, fand Sara, dass es unbedenklich war und zu Bonnies Wohlbefinden beitragen würde.

## Ich steh dir bei

Als ich Bonnie zum ersten Mal begegnete, unterstützte ich Sara bei einer Therapieeinheit mit einer Klientin. Bonnie schien zu begreifen, dass meine Rolle darin bestand, ihre Körpersprache (soweit ich sie verstand) für die Klientin zu übersetzen.

Sara setzte die Nähe eines Pferdes ein, um den therapeutischen Prozess auf eine bestimmte Art angenehmer und bewusster zu gestalten. Sie erklärte mir später, dass Bonnie sich normalerweise während einer Einheit kaum bewegte und generell wenig Kontakt suchen würde. Als ich ihre Körpersprache übersetzte, wurde Bonnie aber recht aktiv. Sie suchte durchaus Kontakt und wechselte die Körperhaltung und -seite, so dass die Hand der Klientin auf verschiedenen Stellen ihres Körpers lag. Dadurch konnte die Stute klarer kommunizieren. Um es ausdrücklich zu betonen: Bonnie wollte nicht gekrault oder gestreichelt werden. Sie verlagerte ihr Gewicht hin zur Berührung der Klientin, blieb beständig und ruhig stehen und bot auf diese Weise positives, körperliches Feedback an. Ich gab mir Mühe, auszudrücken, was sie vermittelte, und jedes Mal, wenn die Klientin ein Aha-Erlebnis hatte, das auf dem Gesagten basierte, schnaubte die Stute tief aus, senkte den Kopf oder veränderte ihre Körperhaltung.

Nach etwa 60 Minuten verabschiedete Bonnie sich höflich von uns und ging weg, was Sara veranlasste, auf die Uhr zu sehen. Tatsächlich, eine Stunde war um, die Einheit war vorbei.

Wir kicherten alle.

## Vom Alptraum zum Neubeginn

In der nächsten Woche fragte Sara mich, ob ich nur mit Bonnie arbeiten würde. Ich sagte zu, denn ihr Hintergrund und die Erlebnisse der vergangenen Woche faszinierten mich. Wir brachten Bonnie in ihre Box, damit sie sich wohlfühlen konnte und wir uns allein auf sie konzentrieren konnten.

Sara erzählte, dass eine Schwierigkeit im Umgang mit Bonnie darin bestand, dass ihr Gefühlsleben so unausgeglichen war. Im einen Moment schien sie mit sich und der Welt im Reinen zu sein, im nächsten legte sie aus unerfindlichen Gründen die Ohren an und versuchte, zu fliehen. Außerdem schien sie es zu lieben, in Saras Nähe zu sein. Wenn Sara mistete, lungerte sie bei ihr herum, statt auf der Wiese bei der Herde zu bleiben, doch wenn Sara sie irgendwohin führen musste, geriet sie in großen Stress. Sara nannte das „ängstlich und wütend zugleich". Bonnie verletzte niemanden, denn sie erstarrte eher, als dass sie über jemanden hinwegrannte. Wenn sie erstarrte, fühlte sich das aber sehr intensiv an. Ein Teil von Sara wollte mit diesem Verhalten einfach besser umgehen können, da es sich so chaotisch anfühlte. Der andere Teil hatte das Gefühl, etwas Wichtiges zu übersehen, das der liebenswerten Stute helfen konnte.

Auch wenn alle die besten Absichten hatten, lag doch ein gutes Stück Arbeit vor uns.

Da Sara und ich bereits das gesamte Begrüßungsritual mit Bonnie durchlaufen hatten, als ich zum ersten Mal auf dem Hof war, war ich nicht sicher, wie Bonnie nun vorgehen wollte. Als ich die Box betrat, kam sie für ein kleines Hallo heran, machte dann ein Geh-weg-Gesicht und brachte ihr Maul für die zweite Berührung an meine Hand. Nun war klar, dass sie gerne ein formelles Begrüßungsritual wollte. Wir beendeten die dritte Berührung und ich ging beiseite. Auch sie ging beiseite und ahmte mich dabei höflich nach. Dann drehte sie einen vollen Kreis in ihrer Box und kam zurück nach vorne. Ihr Gesicht zeigte dabei weg von mir und der Tür.

Ich hatte ja bereits die Erfahrung gemacht, dass ein Pferd, das diese volle Kehrtwendung macht, mir all seine Buttons anbietet und damit seine Gesprächsbereitschaft signalisiert. Außerdem zeigte Bonnie mir, dass es in Ordnung war, wenn ich ihre Box betreten würde. Daher hielt sie ihren Kopf zur Seite, weg von der Tür. Ein Pferd, das seinen Kopf in Richtung Tür hält, möchte, dass man die Box verlässt. Dreht es sich um und die Kruppe zeigt in Ihre Richtung, und schaut sich das Pferd dabei vielleicht auch nach hinten zu Ihnen um, dann ist das ein Vorschlag, mit seinem Hüft-Kutschier-Button ins Gespräch zu kommen. Dreht es Ihnen dagegen die Kruppe zu und versteckt sein Gesicht in der Ecke oder hält es gegen eine Wand, winkelt ein Bein an oder wischt mit dem Schweif, dann erklärt es das Gespräch für beendet.

Sara und ich betraten die Box und Bonnie stand ganz ruhig da. Sara wollte gerne etwas über die Buttons und ihre mutmaßliche Bedeutung erfahren. Also hielt ich meine Handfläche an jeden Button, um zu sehen, wie Bonnie jeweils auf den Kontakt mit mir reagierte. Auf Seite 57 finden Sie eine kleine Erinnerung, wo die Buttons liegen. Ich legte meine Handfläche auf den Geh-weg-Gesichts-Button. Sie wissen, das bedeutet: „Bitte geh nicht weg, bleib hier bei mir." Bonnie schien sich zu verspannen. Sie machte nichts weiter, aber weil sie sich versteifte, wusste ich, dass sie ein Problem mit dieser Bitte hatte. Da wir nur Informationen sammelten, beunruhigte mich das nicht weiter. Ich bewegte meine Hand hinunter zum Mittelhals-Button und sie verspannte sich wieder und hob den Kopf etwas weiter an. Ich bewegte die Handfläche nach unten zu ihrem Schulter-Button und sie blieb verspannt, aber es wurde nicht schlimmer. An ihrem Gurt-Button verweilte ich und bot ihr einen tiefen Atemzug an. Plötzlich zitterte sie und senkte den Kopf. Dabei leckte und kaute sie. Interessant!

Ich bewegte die Handfläche nach unten zum Spring-auf-Button und füllte meinen ganzen Brustkorb mit Sauerstoff. Bonnie machte das Gleiche. Einige Minuten lang blieben wir in dieser Haltung. Dann beendete ich das Ganze, indem ich meine Handfläche erst auf den Hüft-Kutschier-Button und dann am Ende auf den Mach-Platz-Button legte. Auf die beiden Buttons auf ihrer Hinterhand reagierte Bonnie sehr ruhig und gelassen.

Nun war Sara an der Reihe, das Ganze zu wiederholen. Wir wollten sehen, ob Bonnie bei ihr in irgendeiner Weise anders reagierte. Dies war aber nicht der Fall. Sara und ich verließen die Box, um uns zu besprechen. Die Stute schnaubte, schüttelte den Hals und stand in der Ecke ihrer Box mit einem angewinkelten Bein.

## Die Denkfabrik

Sara war darauf spezialisiert, mit Menschen zu arbeiten, die ein Trauma erlebt haben. Da wir beide wussten, dass dies auch bei Bonnie zutraf, bezogen wir Bonnies Reaktionen auf etwas, das Sara gespeicherte Erinnerungen nannte. Bonnie konnte uns ihre Erinnerungen ja nicht mitteilen oder uns sagen, ob sie sich an ihre Vergangenheit erinnerte oder sich nur angewöhnt hatte, in diesen Regionen überempfindlich zu sein, oder beides. Also mussten wir uns etwas überlegen, das ihr half, sich rund um ihre Vorhand wohler zu fühlen.

Blindheit nach einem Unfall, ein geheimnisvoller Zwischenfall beim Verladen, das Durchbrechen von Zäunen in einer vollkommen neuen Umgebung und schließlich das Festhängen in einem Zaun mitten im Wald, all das zusammen reichte aus, um Bonnie PTSD (eine posttraumatische Belastungsreaktion) zu bescheren. Ich hatte viele Jahre lang mit Tierschutzpferden gearbeitet, die ähnliche Probleme hatten und es war wunderbar für mich, nun mit einer erfahrenen Therapeutin für Menschen zu beraten, wie es um Bonnie stand und was genau wir erlebt hatten.

Ich habe genug Praxis, um meinem Bauchgefühl vertrauen zu können, wie man in solchen Situationen vorgehen kann, auch wenn ich normalerweise nicht genau weiß, welche Geschichte ein Pferd hat. Sara konnte mich unterstützen, denn auch wenn sie auf Menschen und nicht auf Pferde spezialisiert war, so haben doch alle Säugetiere die gleichen Erstarrungsmechanismen.

Dauerstress ausgesetzt zeigen alle Tiere Anzeichen von PTSD, genau wie Menschen. Wir wissen das, weil Wissenschaftler Labortiere Stress ausgesetzt haben, um die Wirkung auf das Gehirn zu erforschen. Das ist auch der Grund dafür, dass die Gehege und der Alltag von Zootieren abwechslungsreicher gestaltet werden. Man hat erkannt, dass das Hin- und Herlaufen hinter dem Gitter, ihr abnormales Verhalten, ihre Überreaktionen oder Depressionen sämtlich stressbedingt sind.

Also, wo sollten wir beginnen? Wir gingen zurück in die Box und diesmal aktivierte ich die Buttons und bat Bonnie, sich entweder wegzubewegen oder ihr Gewicht zu mir zu verlagern. Bonnie bewegte sich bereitwillig weg, wollte aber ihre Vorhand nicht auf mich zu bewegen. Ihre Gurtregion, ihr Bauch und ihre Hinterhand waren kein Problem.

Sarah meinte, bei einer menschlichen Klientin würde sie dieser Person helfen, einen sicheren Ort zu finden, einen Platz, an den man zurückkehren konnte, falls die Therapie zu intensiv war. Was würde Bonnies sicherer Ort sein? Bonnie hatte zwar mit ihrer Vorhand nicht nach Kontakt gesucht, aber sie hatte sich wohlgefühlt, wenn wir ihre Hinterhand berührt hatten. Selbst jetzt wollte sie dort gerne gekrault oder gekratzt werden. Wir beschlossen, dass dies eine Region war, auf die wir zurückkommen konnten, um den Kontakt zu halten, es ihr aber etwas leichter zu machen.

Ich hatte den Eindruck, dass die Tai-Chi-Übung des rollenden Balls helfen konnte, uns tiefer mit Bonnie zu verbinden. Die Übung gehört zum Aufwärmen. Man steht mit den Füßen hüftbreit auseinander und „hält einen Ball“ wie auf Seite 101 beschrieben über einem Knie. Dann macht man eine große, runde, langsame Bewegung, als ob man den Ball vor seinem Kinn bis nach unten zum Bauchnabel rollen würde. Diese Übung ist entspannend und erholsam. Sara und ich machten sie etwa eine Minute lang und Bonnie sah uns dabei zu. Dann massierten wir ihre Hinterhand mit der gleichen rollenden Vorwärtsbewegung, die rhythmisch und beruhigend war. Die Stute begann, im Rhythmus mitzuschaukeln, schloss die Augen und ließ die Unterlippe hängen.

Wir verließen ihre Box, damit sie verdauen konnte, was gerade geschehen war. Wir wollten sehen, ob wir ihr geholfen hatten, einen sicheren Ort zu finden.

## Ein Heilungsangebot

Später kehrten wir zu Bonnie zurück und boten ihr wieder den Körperkontakt über unsere Handflächen an. Sie stand ganz ruhig und geerdet da, mit ihren Hufen in schönem Gleichgewicht unter ihrem Körper, mit entspannter, tiefer Atmung und einem weicheren Gesicht. Sie tolerierte unsere Handflächen auf ihren Buttons nun sehr viel besser. Sara sprach leise darüber, was Bonnie durchgemacht hatte und dass alles, was Bonnie sein wollte, brauchte oder fühlte, vollkommen in Ordnung war. Dann hörte sie auf zu sprechen und ging in Neutral Null. Sara war sehr geübt darin, ihr inneres Neutral Null zu finden und aufrecht zu erhalten. Als Therapeutin gehörte das zu ihrer Arbeit. Ich erinnerte sie daran, dass sie sich mit der Welt des Traumas so gut auskannte und so viel Erfahrung damit hatte, dass sie diese Fähigkeiten im Umgang mit Bonnie immer einsetzen konnte. Es war nicht nötig, nur auf die Techniken aus der Pferdewelt zurückzugreifen, vor allem, wenn diese nicht zu Fortschritten führten.

Diesmal verlagerte Bonnie ihr Gewicht und drehte sich zu Sara um, als diese ihren Gurt-Button berührte. Sanft berührte Bonnie Saras Arm mit dem Maul. Ich schlug vor, dass Sara zurück an Bonnies Schulter gehen und ihre Hände in einem einladenden „O“ halten sollte, so dass Bonnie dort hinein gelangen konnte. Das war die Haltung für eine Pferdeumarmung. Pferde mögen es auch, hin und wieder Schulter an Schulter zu stehen und die Hälse übereinander zu hängen.

In der Luft lag ein schönes, warmes Gefühl, als die beiden sich herzlich umarmten. Dass Bonnie eine Umarmung anbot, war keine Kleinigkeit. Sara ließ ihr alle Zeit, die sie brauchte. Gefühlvoll hielt sie die Umarmung leicht und ohne mehr zu verlangen. Sobald die Stute genug hatte, ließ Sara los. Als es vorbei war, machte Bonnie einen bedächtigen Schritt nach vorne, so dass Sara nun an ihrer Hüfte stand. Dann senkte sie die Hinterhand ab, als ob sie um Körperkontakt bitten würde. Sara machte wieder die „Ball-Roll-Massage“ an Bonnies Hinterhand und zuerst kaute Bonnie nervös auf dem Holz in ihrer Box herum. Sara fragte laut, warum sie dies machte und ich antwortete, dass die Nähe der Umarmung fast etwas zu viel für Bonnie gewesen war und dass sie nun Stress abbaute. Sie hatte ihren Menschen an ihren sicheren Ort gestellt, weil sie dabei unterstützt werden wollte.

### *AHA-Moment*

Ob Bonnie die Berührung an ihrer Hinterhand als sicheren Ort empfand oder ob sie diese einfach genoss und sich wünschte, diese Erfahrung zu wiederholen, konnten wir natürlich nicht wissen. Wichtig war nur, dass Bonnie leicht hätte weggehen, mit dem Schweif wischen und das Gespräch für beendet erklären können. Ich habe solche Situationen schon oft erlebt und die Pferde haben fast immer die gleiche Wahl getroffen und sich für Kontakt und Hilfe entschieden, statt für Trennung und Isolation.

## Freudentränen

Sara und ich verließen die Stallgasse wieder. Als sie ihre Rolle als Therapeutin hinter sich lassen konnte, begannen auch ihre Tränen zu fließen. Es waren Freudentränen. Sara hatte das Gefühl, dass Bonnie sie in diesem Moment „erwählt“ hatte. Früher hatten sie die Gesellschaft der jeweils anderen zwar genossen, aber die Stute war so distanziert und launisch gewesen, dass Sara keine wirklich tiefe Verbindung zu ihr fühlte.

In Saras Arbeit ging es darum, Menschen auf dem Weg in die Gegenwart zu helfen und sie dabei zu unterstützen, sich in ihrem Körper wieder wohlzufühlen. Man könnte sagen, dass es im Kern darum ging, diesen Menschen zu ihrem inneren Neutral Null zu verhelfen. Nun sprachen wir darüber, dass man im therapeutischen Prozess mit Menschen Sprache einsetzt, damit Probleme erkannt und gelöst werden können. Wenn man aber einem Pferd helfen möchte, kommt man mit Worten nicht weiter.

Bonnie hatte sich während unserer Arbeit stärker mit ihrem Körper verbunden. Sie hatte sich währenddessen auf eine gelassene und vorhersagbare Art bereitwillig mit dem auseinandergesetzt, was sie beunruhigte. Daher hatte Sara auch an diesem Punkt aufgehört. Ich stimmte ihr zu, dass dies ein guter Abschluss war und wir nicht weitermachen sollten. Ich fand, dass die Pferdeumarmung eine bedeutsame Einladung war. Nun war es an der Zeit, loszulassen.

Sara wollte Bonnie gerne zeigen, wie sie vorwärtsgehen konnte, aber weder Führen, noch Longen- oder Freiarbeit waren dabei hilfreich. Bonnie verspannte sich, statt sich zu lösen. Immer wieder ging es darum, dass die Stute es schwierig fand, wenn ihre Vorhand angesprochen wurde. Dies war bereits anfangs deutlich geworden, als wir unsere Handflächen auf die entsprechenden Buttons gelegt hatten. Auf der anderen Seite konnte man problemlos alle vier Hufe der Stute aufheben und selbst in einem Moment der Panik achtete Bonnie peinlich genau darauf, niemanden umzurennen oder zu verletzen.

Ich erklärte Sara, dass sie mit Bonnie in der Freiarbeit genauso vorgehen solle, wie wir in der Box vorgegangen waren. Sie sollte alles, was wir dort gemacht hatten, noch einmal wiederholen, um Bonnie zu erreichen. Sollte Bonnie so angespannt sein, dass Sara sich im Roundpen nicht sicher fühlte, sollte sie versuchen, die Schritte zu durchlaufen, während sie außerhalb des Roundpens stand. Falls möglich, sollte sie auch innerhalb des Roundpens einen sicheren Ort festlegen, bevor sie Bonnie frei ließ. Wenn sie das Gefühl hatte, dass sie die Stute ein wenig vorwärtsgehen lassen konnte, sollte sie drei Richtungswechsel verlangen und es dann gut sein lassen.

Pferde machen normalerweise drei Richtungswechsel, um großartige Ideen oder Gefühle im Zaum zu halten, oder um ihre eigene Meinung oder die eines anderen Pferdes zu ändern. Daher lasse auch ich drei Richtungswechsel machen, wenn ich außerhalb einer

Box oder eines Paddockzauns stehe. Erst dann gehe ich zu einem ängstlichen oder schwierigen Pferd hinein.

### Von Bonnie erwählt

Wenig später hörte ich von Sara. Sie hatte sich mit Bonnie an eine einfache Übungseinheit im Roundpen gewagt. Auf dem Weg zum Roundpen war Bonnie sehr angespannt gewesen und entspannte sich auch nicht, als Sara Bonnies sicheren Ort an der Kruppe kraulte. Doch sie ließ es zu. Als Sara sie losmachte, stob die Stute davon. Daher beschloss Sara, lieber außerhalb der Umzäunung zu bleiben.

Um die drei Richtungswechsel anzusagen, hatte Sara einen Wimpel, der an einer Gerte befestigt war, mitgenommen. Als Bonnie auf sie zurannte, hob Sara den Wimpel an und wackelte ein wenig damit vor Bonnie herum. Da Sara und ihr Wimpel ja außerhalb des Round Pens waren, hätte Bonnie sie leicht ignorieren können, doch sie reagierte, als sei sie gegen eine Steinmauer gelaufen, grub die Hinterhufe in den Boden und warf sich herum. Der zweite Richtungswechsel fiel etwas weniger dramatisch aus und nach dem dritten Richtungswechsel setzte Sara sich ins Gras und legte den Wimpel neben sich ab, um Bonnie wissen zu lassen, dass sie nun fertig waren. Bonnie trabte noch ein bisschen weiter und schnaubte unterschiedliche Wächterschnauben, die Sara ihrerseits mit Wächterschnauben beantwortete.

Dann geschah etwas Interessantes. Bonnie verlangsamte zum Schritt, hielt an und drehte Sara die Kruppe zu. Sie senkte die Kruppe in die „Bitte komm her und kraule mich“- Haltung ab. Sara ließ sich nicht lange bitten, betrat den Roundpen, begrüßte Bonnies Hinterhand und rubbelte ihren sicheren Ort sanft. Später zog sie ihr Halfter und Führstrick an und führte sie zurück zum Stall. Bonnie hatte die Ohren zur Seite geklappt, hielt die Augen geschlossen und ließ die Unterlippe hängen.

Bonnie war entspannt und jeder Schritt war geerdet. Sara ging im Gleichschritt mit ihr, ohne dass Bonnie auch nur ein Mal zum Gras zog oder sich aufregte. Als wäre ihnen beiden ein Licht aufgegangen.

Manchmal braucht es nur drei Richtungswechsel, um einen Neubeginn einzuleiten.

Es ist wirklich so leicht, probieren Sie es aus!

## Zwei Herzen im Gleichklang

Einige Wochen später besuchte ich Sara wieder und wir begannen unsere Arbeit mit dem rollenden Ball aus dem Tai-Chi. Die Pferde waren alle draußen auf der Weide und wir standen bei den Paddocks in der Nähe des Stalls. Das Tor zu den Paddocks war geöffnet, so dass die Pferde herankommen und nach uns schauen konnten, wenn sie das wollten.

Als wir den Ball rollten, schlug ich vor, dass Sara sich vorstellen sollte, wie sie ihr Herz öffnete, wenn ihre Hände nach außen wanderten, und wie sie die Energie des Herzens wieder zu sich zog, wenn die Hände zurückwanderten. Sara grinste, während ich sprach und meinte, dass sie das Gefühl habe, dass dies genau die Lektion sei, die Bonnie ihr erteile: das Geben und Empfangen der Energie des Herzens.

Sie hatte noch nicht zu Ende gesprochen, da wieherte Bonnie am Rand der Weide und kam mit donnernden Hufen herangaloppiert. Als sie um die Ecke gebogen war, blieb sie stehen und starrte uns eine Minute lang an. Dann trottete sie zum Paddock und blieb in unserer Nähe stehen, winkelte ein Bein an und senkte eine Hüfte und ihren Kopf ab. Sara nahm das Gefühl eines „offenen Herzens", das sie während der rhythmischen Tai-Chi-Übung bekommen hatte, mit zu Bonnie. Bonnie gestattete ihr, sie überall zu berühren. An ihrem Kopf und Hals wollte sie weniger berührt werden, doch sie verspannte sich trotzdem kaum.

Unsere Augen wurden feucht, denn die Empfindsamkeit und Freundlichkeit, die Bonnie ausstrahlte, waren so greifbar.

In wenigen Wochen hatte Bonnie begonnen, bei allem, was sie tat, in der Tiefe entspannt zu sein. Ihr Interesse daran, in Saras Arbeit mit den Klientinnen einbezogen zu werden, war wirklich erstaunlich. Sie war das Pferd, das sich am häufigsten freiwillig meldete! Am schönsten war, dass Sara so viel Vertrauen zu ihr hatte, dass sie sie ein wenig zu reiten begann. Wann immer Bonnie nervös wurde, griff Sara nach hinten und kraulte sie an der Kruppe. Bonnie blieb stehen, nahm einen tiefen Atemzug und versuchte es weiter.

## *Lecken und Kauen*

Man kann die Pferdisch-Buttons auch als Diagnosewerkzeug benutzen. Auf diese Weise haben wir besser verstanden, in welchen Körperregionen Bonnies Energie feststeckte. Indem wir ihr Bewusstsein dorthin lenkten, konnte sie neue Einsichten gewinnen und im Laufe der Zeit war ein Neubeginn möglich.

Es überrascht mich immer wieder, dass Pferde die Fähigkeit und den Wunsch haben, Menschen gegenüber ein solches Mitgefühl auszudrücken.

Es ist leichter, als man denkt, ein bedürftiges Pferd zu heilen. Jeder, der dazu bereit ist, kann es. Man muss dazu ruhig, präsent und aufmerksam sein. Was für ein Geschenk es ist, dass Pferde bereit sind, das Gleiche zurückzugeben!

KAPITEL 13

# Neue alte Freunde

Im Süden von Vermont gibt es unweit von dort, wo ich lebe, eine Pferdefrau, die für ihre wohlüberlegte, achtsame Arbeit bekannt ist. Im Laufe ihrer Arbeit hatte sie viele spannende Wege beschritten, die auch mir bekannt waren, und als wir uns von Angesicht zu Angesicht gegenüberstanden, herrschte zwischen uns eine solche Harmonie, dass wir im selben Moment beschlossen, mehr Zeit miteinander zu verbringen.

Nach einigen Einheiten mit Pferdisch sagte Heidi, dass es sich für sie wie die Grundlage darstellte, die unter allen anderen Methoden liegt. „Wenn man diese Sprache spricht, ist alles andere, was man tut, automatisch eingeschlossen", meinte sie.

Heidi und ich begannen, zusammenzuarbeiten, um andere Pferdeleute darin zu unterstützen, die Grundlagen der Pferdesprache zu lernen. Sie wollte Pferdisch gerne auf reiterliche Grundsätze und das Reiten selbst übertragen und ich war begeistert, mit solch einer talentierten Reiterin und Reitlehrerin zusammenarbeiten zu dürfen. Natürlich funktioniert Pferdisch sowohl vom Boden als auch vom Pferderücken aus, aber wenn das Verhältnis zum Pferd erst einmal vom Boden aus besser wird, verbessert sich das Reiten ganz von selbst. Die Leute beginnen, den „Tiger wegzuschnauben“ oder den „Zitteratem“ zu machen oder andere Teile von Pferdisch einzusetzen, ohne darüber nachzudenken.

Heidis Pferd, ein Cheval Canadien, hieß Riley. Er war ein netter Kerl. Heidi hatte ihn großgezogen und er war freundlich und lerneifrig. Trotzdem hatte er einige Riley-artige Eigenarten, die etwas schrullig wirkten und seiner Besitzerin schon häufiger Anlass gegeben hatten, die Augenbrauen hochzuziehen. Sie hatte zum Beispiel herausgefunden, dass er sich als Fohlen in den ersten beiden Tagen nicht hingelegt hatte. Der besorgte Tierarzt fürchtete bereits, dass der Kleine an Erschöpfung sterben könnte. Daher half er ihm, sich hinzulegen und eine Pause zu machen! Als Fohlen hatte Riley sich außerdem einmal so davor gefürchtet, seiner Mutter nachzufolgen und eine kleine Wasserrinne zu überqueren, dass er Panik bekommen hatte. Seine Züchter mussten ihn buchstäblich über die wirklich kleine Rinne tragen, damit er wieder mit der Mutterstute zusammenkam.

Riley erstarrte, wenn er etwas nicht verstand. Aber als ausgewachsenes Pferd konnte man ihn nun nicht mehr über etwas hinwegtragen, damit er aus seiner Erstarrung herausfand. Die Art von körperlicher Intensität, die man gebraucht hätte, um den verstockten Riley zu bewegen, entsprach nicht Heidis Art, mit Pferden zu arbeiten. Sie wollte einen anderen Weg finden. Auf der anderen Seite war Riley leicht zugänglich. Er war ein Rätsel auf vier Beinen.

Nachdem Heidi vier Monate lang mit Pferdisch gearbeitet hatte, waren sie und Riley am Boden ein gutes Stück weitergekommen. Nun wollte sie herausfinden, ob Pferdisch sie auch beim Reiten voranbringen würde.

## Wendepunkte

Ich beobachtete Heidi und Riley beim Auftrensen, vor dem Aufsitzen und beim Aufsitzen selbst. Immer, wenn Riley irritiert zu sein schien, unterbrachen wir und arbeiteten zusammen daran, dass er besser verstand, was geschah. Als Heidi soweit war, dass sie aufsitzen konnte, brauchten wir eigentlich eine Pause.

Ich bat sie, aufzusitzen und ihn einfach nur wie immer zu lösen und eine normale Arbeitseinheit zu reiten. Ich schaue mir immer gerne an, was bei einem Pferd-Mensch-Paar bereits gut klappt. Und ehrlich gesagt fand ich, dass zwischen Heidi und Riley so ziemlich alles gut klappte. Sie kannten einander richtig gut.

Allerdings gab es einen Punkt, der sich immer wieder zeigte und an dem Heidi auch bereits mit ihren Dressurlehrern gearbeitet hatte. Riley war im Rippenbereich nicht entspannt genug. Im Prinzip war er gelöst und ging vorwärts, aber er schien sich auf eine Art trotzdem zurückzuhalten und nicht sein volles Potential auszuschöpfen. Ich nahm wahr, dass der Gurt-Button und der Springauf-Button nicht vollständig aktiviert waren (Seite 57). Ist dies der Fall, wirkt ein Pferd häufig verklemmt und gehemmt oder seine Schritte sind verkürzt. Seine Wendungen, seine Zirkel und die Biegung scheinen ein wenig unrund, denn wenn ein Pferd seinen natürlichen Drehpunkt, also den Punkt, um den herum es rotiert, nicht einsetzen kann, muss es diesen Mangel auf irgendeine Art kompensieren.

Erstaunlicherweise kann ein Pferd sich eigentlich von jedem Button aus drehen. Es verlagert die Wendung oder Biegung einfach mitsamt seinem Gleichgewicht und seiner Aufmerksamkeit in eine andere Körperregion. Man kann dies auch in natürlicher Umgebung beobachten, wenn ein Pferd steigt, buckelt, auf der Hinterhand wendet oder in unebenem Gelände galoppiert. Durch die intensive Arbeit an der Hand, die ich früher mit Dakota gemacht habe, ist mein Verständnis dafür, wie Pferde sich auf einen einzigen Button ausrichten und alle Bewegungen von diesem Punkt aus ausbalancieren, enorm gewachsen. Mit den Augen halte ich immer Ausschau danach, mit welchen Buttons ein Pferd sich wohlfühlt und mit welchen nicht.

Bestimmte Übungen schienen Riley eine Zeit lang gutzutun. Irgendwann fiel er aber in seine alten Muster zurück. Er bekam regelmäßige chiropraktische Anwendungen und Akupunktur und hatte einen eigens an ihn angepassten Sattel. Heidi ritt ihn häufig gebisslos, doch ob er ein Gebiss trug oder nicht, hatte keinerlei Einfluss auf sein Verhalten. Riley bewegte sich schön, und er arbeitete normalerweise bereitwillig mit. Heidi atmete bewusst und tief und ritt weich und anmutig. Wo war der Knackpunkt?

Zunächst wusste ich nicht so recht, wie ich vorgehen sollte. Es konnte aber nicht schaden, die Körpersprache, die ich von Rocky gelernt hatte, einzusetzen. So wollte ich herausfinden, ob Riley uns etwas zu sagen hatte. Um statt der üblichen reiterlichen Hilfe die Körpersprache einzusetzen, riet ich Heidi, zunächst einmal die Zügelhaltung zu verändern und die Handflächen nach unten zu halten. So mache ich es auch beim Führen (Seite 109). Nach etwa drei Schritten dehnte Riley den Hals und die Vorhand nahm mehr Raum ein. Es schien, als habe sich seine untere Hals- und Schulterpartie tief entspannt und dehne sich nun im Takt mit dem rhythmischen Stolzieren seiner Vorhand aus. Er schnaubte tief aus. Heidi lehnte sich nach vorne zu seinem Hals und atmete einen tiefen Atemzug lang an seiner Mähne ein. Sie hatte auch vor dem Reiten an seiner Mähne eingeatmet und es schien ihn wirklich zu entzücken. Auch jetzt sah er richtig vergnügt und fröhlich aus. Er klappte die Ohren zur Seite und schnaubte als Antwort auf Heidis Geste.

Der raumgreifende Schritt unterschied sich deutlich von seinem üblichen Schritt. Heidi nahm ihn häufig mit ins Gelände und ließ ihn dort am langen Zügel gehen. Er wusste, wie er sich beim Reiten am Zügel vorwärts-abwärts dehnen konnte, um sein Genick zu lösen. Das war nicht das Problem. Was er jetzt zeigte, hatte weniger mit dem Reiten, als mit seiner authentischen körperlichen Antwort auf Heidis Körpersprache zu tun. Heidi und Riley „unterhielten" sich über seine Vorhand und versuchten herauszufinden, wo er sich wohlfühlte. Sie fühlte, dass er sich nun anders bewegte. Er antwortete ihr sofort und schien sich im Gegensatz zu sonst zu entspannen und eine tiefe Verbindung zu seiner Reiterin zu haben.

Heidi wollte weitermachen. Also schlug ich vor, Riley zu bitten, seinen Mittelhals-Button als Drehpunkt zu nutzen. Ich habe den Unterricht, den Rocky mir gab, auf viele andere Pferd-Mensch-Beziehungen übertragen und mit den Jahren festgestellt, dass Pferde es genießen, eine neue Ebene der Entspannung im Mittelhals-Button zu finden, eine Entspannung, die weder erzwungen noch kontrolliert, sondern eher als Einladung ausgesprochen wird. Wenn Pferde ihren Hals zu Beginn des Reitens so einsetzen können, wie sie es auch tun, wenn sie nicht geritten werden, nämlich als Balancierstange, ist es leichter für sie, die anderen Buttons nacheinander durchzugehen und sowohl sich selbst als auch den Reiter neu wahrzunehmen. Jeder Button kann eine Biegung, ein Nachgeben oder Weichwerden einleiten oder ein Drehpunkt sein. Jeder sollte aufmerksam und bedächtig aktiviert werden, am besten der Reihe nach. Da Riley im Bereich der Gurtregion und rund um den Spring-auf-Button verspannt schien, konnte er bereits ein Erfolgserlebnis haben, wenn wir mit dem Mittel-Hals-Button begannen und noch ehe wir uns seinen Problemen widmen würden.

Wenn man die Hände beim Reiten so dreht, dass die Handflächen nach unten zeigen und dann eine Hand zur Seite weg und in Höhe des Mittel-Hals-Buttons zieht, hilft das dem Pferd, seinen Hals unter dem Reiter als Balancierstange zu benutzen. Riley beantwortete diese Bewegung, indem er sich wohlig in die Schlangenlinie dehnte, die Heidi ihm vorgab. Er öffnete seine Schulter und dehnte sich aus der Brust heraus, so dass seine gesamte Vorhand stabiler wirkte. Er gebrauchte seinen Körper während der Übung einfach besser. Heidi ging passiv mit der Bewegung mit, während Riley seine Vorhand neu sortierte. Ein wenig verlagerte er seinen Schwerpunkt in Richtung der Gurtregion direkt unterhalb von Heidi. Sie hatte das Gefühl, dass sein Rücken sich ganz von selbst anhob. Ich schlug vor, dass sie einige Male richtig tief atmen solle. Riley reagierte darauf, indem er den Rippenbereich öffnete. Von meinem Standpunkt aus konnte ich beobachten, wie sich seine Rippen bewegten. Heidi fühlte diese anmutige Bewegung unter sich. Es war, als würde sein Körper ganz werden. Als sie die Schlangenlinien ritt und Riley den Mittelhals-Button als Drehpunkt nutzte, fühlte sie, wie ihr eigener Brustkorb sich auf natürliche Weise öffnete und ihre Schulter-Hals-Partie Rileys Gefühle und Bewegungen spiegelte. Heidi verschmolz mit dem Körper von Riley und fühlte sich dabei auf eine neue Weise sehr entspannt und offen.

## Löffeln und Schaufeln

Ich bat Heidi, Achten und Schlangenlinien zu reiten und dazwischen immer wieder Pausen auf dem Hufschlag einzulegen. Riley wurde ein wenig schneller und reagierte gelöst und offen, so wie es die Übungen auch nahelegten. Nachdem seine Vorhand „befreit" worden war, atmete er in einem weichen, entspannten Rhythmus. Nun wollte ich gerne die Löffelbewegung einsetzen (Seite 108), um Riley zum Nachdenken über sein Becken zu bewegen.

Ich bat Heidi, jeweils mit einer Hand zu „löffeln", so wie ich es auch vom Boden aus machte. Beim Reiten „löffelt" man den Zügel nach innen in Richtung des Bauchnabels, aber man benutzt seinen ganzen Arm bis hoch zum Schulterblatt. Die Rotation des knöchernen Armes bewirkt, dass die gegenüberliegende Hüfte sich stabiler und geerdeter anfühlt. Ihr Körper setzt seinen inneren Drehpunkt ein, um die gegenüberliegenden Seiten aneinander auszurichten. Daraus ergibt sich ein tiefes inneres Gleichgewicht. Zuerst war es egal, welche Hand Heidi benutzte, weil wir nichts Besonderes von Riley wollten. Wir wollten lediglich herausfinden, welche Wirkung Heidis Körper auf Rileys Körper hatte. Außerdem erkundeten wir Heidis innere Beziehung zu den gegensätzlichen Kräften, die ihren Körper ausbalancierten, von der großen Zehe auf der einen Seite bis zum Daumen der anderen Seite. Wenn sie den Daumen vollständig nach außen drehte, drehte sich der Oberarmknochen, was die Voraussetzung dafür war, dass auf der gleichen Seite auch das Schulterblatt rotierte. Diese Rotation beeinflusst viele Muskeln und Sehnen bis in die Körpermitte und zur gegenüberliegenden Seite hinein und „entlastet" die gleichseitige Hüfte. Das gegenüberliegende Bein ist automatisch aktiviert und sorgt für ein vollkommenes Gleichgewicht. Riley glich seine Körperhaltung an Heidis an.

Vielleicht klingt das kompliziert, doch das liegt nur daran, dass ich versuche, zu beschreiben, was Ihr Gehirn normalerweise unbewusst an Bewegungen in Gang setzt, um Sie auszubalancieren. Wenn Sie die Straße entlanggehen und dabei aus dem Gleichgewicht kommen, bewegt Ihr Körper sich unbewusst, um zu verhindern, dass Sie hinfallen. Daher schwingen Ihre Arme und Beine entgegengesetzt, während Sie gehen. Die linke Hand bewegt sich mit dem rechten Fuß und umgekehrt. Eine Seite Ihres Körpers ist immer „da", um die andere im Notfall zu beschützen. Aktiviert man diese Körpermechanismen beim Reiten, dann zentriert und erdet sich der Körper und man bewegt sich mit einem tieferen Bewusstsein für seine Körpermechanik. Die unbewusste Reaktion eines ungeübten Reiters, der gerade die Balance verliert, besteht meist darin dass er klammert, so wie es ein Babyaffe tun würde, der sich an seiner Mutter festklammert. Leider haben wir ja keinen Schwanz oder Greifzehen, so dass dies bei uns weniger gut funktioniert. Meine Reitschüler lernen vom ersten Tag an, wie sie ihre Körpermechanik einsetzen können. Dadurch haben sich ihre Instinkte verlagert und ihre angeborene Körperweisheit kommt zum Zuge. Sie können sich stabilisieren, ohne zu klammern.

Meine langjährige Arbeit mit lernbehinderten Schülern hat mich dazu gebracht, den Reitunterricht anders anzugehen und nicht wie üblich Dinge zu rufen wie „Nimm die Absätze tief" oder „Setz den äußeren Zügel ein!" oder „Wo ist dein innerer Schenkel?" oder „Setz dich tiefer in den Sattel!". Anweisungen wie diese sind der Alptraum von lernbehinderten Schülern. Mein gesamter Reitunterrichtsstil ist sehr einfach, direkt und darauf ausgerichtet, die Körper der Schüler dazu zu befähigen, den unbewussten Balanceakt in Gang zu setzen. Wenn ihr Reptiliengehirn (der sogenannte primitive Teil des Gehirns, der direkt mit dem limbischen System korrespondiert und nicht bewusst beeinflusst, sondern nur konditioniert werden kann) nicht in den Überlebensmodus ging, weil sie in der Lage waren, ihre Balance auf dem Pferd mit Hilfe ihrer Körpermechanik aufrecht zu erhalten, konnte der restliche Teil ihres Gehirns besser lernen. Und dann sagte ihre Körpersprache dem Pferd nichts anderes als „Mir geht's gut, und dir?"

Heidi besaß ein gutes Körperbewusstsein und hatte die „Löffel"-Bewegung schon am Boden aus geübt. Innerhalb von zwei Schrittfolgen aktivierte Riley seine Hinterhand als Antwort auf die innere „Löffel"-Hand. Heidi nahm wahr, wie die Bewegung durch ihren gesamten Körper lief. Riley wölbte die Wirbelsäule leicht auf und die Kraft seiner Hanken rollte von hinten zu Heidi.

Heidis ganze Leidenschaft gehörte der Reitkunst. Sie hatte sich jahrelang mit der Idee der Versammlung auseinandergesetzt und nach Wegen gesucht, damit das Pferd seinen Körper wie eine riesige

Sprungfeder gebraucht und mehr Gewicht mit der Hinterhand als mit der Vorhand aufnimmt. Ich spreche von der „Idee“ der Versammlung, weil es unterschiedliche Ansätze gibt, wie diese Versammlung zu erreichen sei. Einige sind wunderbar, andere schaden dem Pferd.

Riley brauchte normalerweise eine längere Lösungsphase, bevor er den Rücken aufwölben, mit der Hinterhand vermehrt untertreten und im Genick nachgeben konnte. Heidi war entzückt darüber, dass dies nun bereits nach einigen Schritten möglich war, und dass es von Riley selbst auszugehen schien. Sie ritt noch immer ziemlich passiv und tat nichts, außer der löffelnden Bewegung mit der Hand. Diese brachte eine Balance in ihren Körper, die sie zuließ. Sie versuchte nicht, Riley zu irgendetwas zu bringen. Was er anbot, fühlte sich wie seine eigene Idee an.

Als Heidi den „Löffel“ durch weitere Achten und Schlangenlinien ritt, entwickelte Riley mehr Vorwärtsdrang. Heidi gab ihm immer wieder die Zügel hin und ließ ihn ausschreiten. Am Ende bat ich sie, einfach mit ihm ins Gelände zu gehen und beide Zügel gleichzeitig zu „löffeln“. Dabei sollte sie aufmerksam auf ihre Körpermitte achten und ihren Schenkelhilfen gestatten, sich im natürlichen Fluss mit dem zu bewegen, was ihr Körper tun wollte.

Einige Schritte weiter setzte sich Riley auf die Hanken und hob seine Brust an. Wenn sich ein Pferd versammelt, muss es nicht nur seine innere Muskulatur aktivieren. Der Halsansatz hebt sich und mit ihm auch die Schulterpartie. Dadurch geht das Pferd „bergauf“. Das letzte Detail der Versammlung ist das gebeugte Genick. Ein Genick kann sich auch ohne angehobenen Hals beugen, dann jedoch kommt es zu Problemen. Heidi ritt auf der Welle, die sie von hinten und unten trug, ließ Riley dann Schritt gehen und gab die Zügel hin. Wenn man eine neue Übung mit dem Pferd macht, sollte man dies immer in kleinen Einheiten tun. Auf Yoga-Kurse übertragen heißt das, wenn ich eine neue Asana übe, kann ich nicht lange in dieser Haltung bleiben, weil die Muskeln, die ich dafür brauche, noch nicht genug Kraft haben. Übe ich die Asana aber korrekt, entwickelt sich die Muskulatur schnell und bald kann ich immer länger in der Haltung bleiben, ohne dass es mich anstrengt.

## Und nun?

Heidi genoss es, mit Riley auf diese Art zu arbeiten und entwickelte die Hand- und Armhaltung weiter, so dass feinste Bewegungen möglich waren. Zuerst unterrichte ich diese Körpermechanik eher in großen, grobmotorischen Bewegungen, weil Körper und Geist sich neu auf die angeborene Art, sich zu bewegen, zurückbesinnen müssen. Heidi fand, dass die Übungen geholfen hatten und Riley sich mehr im Gleichgewicht und freier bewegte. Heidi nimmt an Western-Turnieren teil und die Richter hatten bei Riley meist notiert, dass er mehr Vorwärtsdrang und eine bessere Biegung entwickeln musste. Zwei weitere Dressurlehrer hatten den beiden Unterricht gegeben. Nun schien es, als ob Riley den gewünschten Vorwärtsdrang und die Biegung manchmal zeigte, manchmal aber auch nicht. Im Stall wurde schon darüber gescherzt, wie viele Lehrer es brauchte, um Riley in Gang zu bringen.

Heidi fragte sich, ob das vielleicht wieder so eine Riley-artige Eigenschaft war.

## Die Herde einbeziehen

Heidi hatte eine Nachbarin, deren Pferd sie vor einigen Jahren mit eingeritten hatte. Der kleine schwarze Morgan-Wallach namens Timor war an allem interessiert und benahm sich wie ein nerviger kleiner Bruder, der immer um einen herumschwirrt und ständig Fragen stellt. Mike, der Mentor von Heidis Herde, war ein Kaltblutmix und er hatte Timor unablässig vor sich her getrieben, war gestiegen und hatte ihn gejagt, ihm aber nie wehgetan. Normalerweise war Mike die Ruhe selbst, aber er schien Timor unbedingt zur Raison bringen zu wollen.

Heidi und die Besitzerin von Timor hatten ihn gut angeritten und er schien es zu mögen, ein Reitpferd zu sein. Es machte Spaß, ihm etwas beizubringen, doch auch in seiner Beziehung zu Menschen wusste er offenbar nicht ganz genau, wo sein Platz war. Er hatte keinerlei Bösartigkeit oder Falschheit an sich, doch irgendwie wäre er vielleicht doch besser ein Schoßhund geworden als ein Reitpferd.

## *AHA-Moment*

Es hatte einige gute Momente gegeben und wir beschlossen, dass ich mich auf Riley setzen sollte. So hatte Heidi die Gelegenheit, zu sehen, wie er unter dem Sattel lief und ihr Bild von ihm konnte sich vervollständigen. Riley war ein freundliches und leichtrittiges Pferd und ich beschloss, ihn ohne Sattel zu reiten, damit ich die Bewegung seiner Muskeln und Knochen unter mir fühlen konnte. Ich ging mit ihm die Übungen durch, die Heidi auch gemacht hatte, und er war genauso offen und bog sich so schön wie unter Heidi. Sie wusste, dass es sich gut angefühlt hatte, aber es half ihr, es auch zu sehen. Wenn sie Western-Turniere ritt, ließ sie sich oft dabei filmen, so dass sie sich den Ritt hinterher noch einmal ansehen konnte. Daher wusste sie auch, wie Riley normalerweise aussah.
Die körpersprachlichen Unterhaltungen, die wir mit ihm führten, interessierten Riley wirklich. Wir schnupperten eine Menge an seinem Hals herum, was ihm sehr zu gefallen schien. Er machte aufmerksam mit und war bereit, auf unsere Bewegungen einzugehen. Ich wollte sichergehen, dass mein Körper noch immer mit seinem verschmolzen war, und legte daher eine Pause ein. Ich tat gar nichts. Ich war einfach da, zusammen mit ihm, wie auch immer er sich bewegen wollte. Er marschierte im Schritt los und verabschiedete sich von jeglicher „Arbeit". Er schlenderte einfach auf seine eigene Art dahin. Genau da fühlte ich es. Wir wussten, dass Riley sich ver-

spannte, wenn er etwas nicht wusste oder verstand. Ich hatte den Eindruck, dass er vor langer Zeit beim ersten Einreiten die Muskeln um die wenigen Wirbel, die direkt unterhalb des Reiters liegen, angespannt hatte. Dies war während der Zeit des Anreitens zu einer Angewohnheit geworden. Als ich ihm erlaubte, sich so zu bewegen, wie er wollte und mich dabei zu tragen, versteifte er sich dennoch. Daher war ich sicher, dass es sich um eine Angewohnheit handelte. Er war nicht gestresst. Er bewegte sich einfach so unter dem Reiter. Das Gefühl war so unterschwellig, dass Heidi sich einfach daran gewöhnt hatte. Als ich sie aber darauf aufmerksam machte, saß sie auf und fühlte selbst nach. Nun sprang es sofort ins Auge. Aber was konnten wir dagegen tun? Zumindest wussten wir jetzt, warum sich Riley manchmal so geschmeidig vorwärts bewegte, und dann wieder eher vorwärtsschlich. Wenn es seine Angewohnheit war, sich dort zu verspannen, wusste er ja nicht einmal, was er tat.
Ich saß wieder auf und ließ meine Wirbelsäule sich bewegen wie eine tanzende Schlange, um zu sehen, ob Riley die Bewegung übernehmen würde. Er schaukelte nur etwas mehr und das war nicht, was wir sehen wollten. Also ging ich stärker in die „O“-Haltung.
Das war’s. Er löste die betreffenden Rückenmuskeln und hob leicht den Rücken an. Ich bezog mich mit meinen Zügel- oder Schenkelhilfen nur auf seinen Rücken. Trotzdem bewirkte mein „O“ auch, dass er seinen Bauch anhob und seine Körpermitte aktivierte, um mich zu tragen. Durch die körpersprachliche Balance-Arbeit kam nun alles zusammen und er hatte seinen großen AHA-Moment. Er schnaubte, schüttelte den Kopf und klappte die Ohren zur Seite. Er schritt flüssig in seinem Tempo vorwärts.

---

## Gelöst und gewonnen

Heidi saß wieder auf, um Rileys neuen „Wohlfühlplatz“ auszubauen. Sie machte ein übertriebenes „O“ und ihr Pferd leckte und kaute und schnaubte. Er war mit ihr einer Meinung, dass sich das wirklich gut anfühlte. Heidi übte, die „O“-Haltung so lange zu verfeinern, bis sie nur noch aus einem speziellen Gefühl im Brustkorb und im Bauch bestand. Die beiden sahen wunderschön aus. Nun genügte es bereits, dass Heidi in die „O“-Haltung ging und all unsere körpersprachliche Balance-Arbeit, die wir zuvor gemacht hatten, zeigte Wirkung. Es war nicht nur so, dass Heidi ihrem Pferd sagte, wie er sich bewegen sollte, sondern Riley fühlte sich besser, weil er etwas geklärt hatte, das verwirrend für ihn gewesen war.

Heidi und Riley nahmen am selben Wochenende noch an einem Westernturnier teil. Sie erreichten die höchste Punktzahl, die sie jemals in einer Prüfung bekommen hatten und die höchste Punktzahl ihrer Abteilung. In seiner Urteilsbegründung sagte der Richter, dass er dem nichts hinzuzufügen hätte.

## Hallo?

Timor zog wieder nach Hause, doch dann wurde der Alltag seiner Besitzerin sehr geschäftig. Ihre kleinen Kinder und ihr Beruf nahmen all ihre Zeit in Anspruch und es blieb wenig übrig für ihr Pferd. Meist stand Timor alleine im Paddock. Das war natürlich nichts für ihn und so nahm er sein Leben selbst in die Hand. Er brach aus und lief zu Heidis Stall. Und zwar nicht nur ein Mal, sondern gleich fünf Mal innerhalb von vierzehn Tagen. Die Botschaft war laut und deutlich: Timor wollte zu seiner Herde zurück.

Heidi machte sich Sorgen, dass die Zeit des Jagens und Steigens von Neuem beginnen würde und fragte mich, ob wir für Timors Zusammenführung mit der Herde nicht auch Pferdisch einsetzen konnten.

Ganz nebenbei hatte ich vielen Pferden geholfen, in eine Herde hineinzufinden, aber es war noch nie der Hauptgrund für meine Arbeit mit einem Kunden gewesen. Das war spannend. Ich beschloss, mit der Begrüßung zu beginnen und zu sehen, was mir das über den schwarzen Morgan verriet, der wieder zurück zu seiner Herde wollte.

Ich begegnete Timor außerhalb seiner Box und wir durchliefen alle drei Begrüßungsberührungen. Als wir zum nächsten Begrüßungsritual kamen, dem „Irgendwohin-Gehen“ (Seite 62), fing ich bei seinem Geh-weg-Gesichts-Button an.

Bevor ich buchstäblich mit einem Pferd irgendwohin gehen möchte, muss ich sicher sein, dass all seine Buttons funktionieren. Außerdem möchte ich sehen, ob das Pferd seine eigenen Regeln befolgt. Irgendwohin zu gehen, bedeutet im Sinne des Pferdes, zusammen zu gehen. Ich habe häufig beobachtet, wie Mentorpferde ein junges oder verwirrtes Pferd darin unterrichtet haben, indem sie endlos lange alle Buttons durchgegangen sind, bis der Schüler irgendwann endlich diese Regel begriffen hatte.

Man könnte einfach sagen, dass Timors Geh-weg-Gesichts-Button kaputt war.

## *AHA-Moment*

Timor hatte keine Ahnung, worüber ich sprach, wenn ich auf seinen Geh-weg-Gesichts-Button deutete. Kein Wunder, dass Mike sechs Wochen damit verbracht hatte, ihn zu erziehen und zu jagen. Ich holte mir eine kurze Gerte als Verlängerung meines Armes, um seinen Geh-weg-Gesichts-Button zu berühren. Er dachte nämlich, dass er vielleicht im Spiel mit mir steigen sollte, so wie er es ja auch tat, um Mike zu ärgern. Ich musste in einem sehr klaren 45-Grad-Winkel zu seiner Schulter stehen und sehr langsam und bedächtig deuten, bis er mit einem Ohr zuckte. Diese Unterrichtseinheit wiederholte ich, indem ich Hand und Gerte wegnahm, zurücktrat, aus der Box ging, dann wiederkam, ein Kurzes Hallo durchlief und wieder Timors Geh-weg-Gesichts-Button abfragte. Pause, Wiederholung. Ich machte das etwa fünfzehn Mal, bevor er es endlich begriff. Dann machte er Upsies, leckte und kaute. Er zog sich in seine Box zurück, um nachzudenken. Heidi und ich zogen uns zurück, um uns zu besprechen.

Diese Begegnung klärte vermutlich ein halbes Dutzend verwirrender Dinge in der Zusammenarbeit mit diesem Pferd. Timor legte nie die Ohren an oder versuchte, zu schlagen, doch man hatte den Eindruck, dass er dem Führseil nur deswegen folgte, weil er auf nette Unterhaltung hoffte. Falls sich für ihn noch etwas Besseres ergab oder er einen besseren Einfall hatte, dann teilte er das umgehend mit. Andererseits war er das erste Pferd, das jegliches Gras stehen ließ, wenn ein Mensch auftauchte, der vielleicht ein Abenteuer versprach.

Nach einer kurzen Pause von einigen Minuten leitete ich ein Kurzes Hallo ein und diesmal bot Timor das Geh-weg-Gesicht von selbst an. Er wackelte auch mit den Ohren und nickte sachte mit dem Kopf. Es war, als würde der kleine Bruder rufen: „Ich habs, ich hab es! Es ist das Geh-weg-Gesicht! Ich wusste es die ganze Zeit und wollte nur sehen, ob du es auch weißt!“

Wir hatten auch die anderen Pferde in ihren Boxen gelassen, so dass sie zuschauen und sehen konnten, dass ich versuchte, den Morgan zu erreichen. Sie begannen alle zu lecken und zu kauen und zu schnauben, als ob die ganze Herde applaudieren würde. Mike sah mich mit großen Augen, gespitzten Ohren und wackelnden Lippen an, als würde er sagen: „Nun siehst du, womit ich zu kämpfen hatte. Puha!“

## Der nächste Schritt

Der nächste Schritt bestand darin, die gesamte Herde auf einen Paddock zu lassen. Timor stand derweil auf dem angrenzenden Reitplatz und sah zu, wie ich mich mit den Buttons all seiner Kumpels unterhielt. Ich hoffte, dass dies bei ihm ankam. Die Besitzerin des kleinen Wallachs stand mit Heidi dabei und beobachtete das Ganze.

Timor trabte am Zaun, der ihn von den anderen trennte, auf und ab, bis ich auf Mike zuging. Dann stand er wie eine Statue und sah zu.

Ich ging zuerst zu Mike, weil er das Leitpferd und der Mentor war. Ich wollte ihn weder in irgendeiner Form dominieren, noch wollte ich ihn schwächen. Er musste ja mit Timor leben und ich wollte beiden zeigen, dass ich gekommen war, um bei ihrem zukünftigen Zusammenleben behilflich zu sein. Mike war etwas empfindlich, was Gerten anging. Ich ließ ihn also daran riechen und kratzte ihn an der Brust. Wir durchliefen das Begrüßungsritual und er zeigte ein besonders eindringliches Geh-weg-Gesicht, von dem ich annahm, dass er es vor allem für seinen jungen Schüler auf der anderen Seite des Zaunes so deutlich demonstrierte.

Dann trat ich zurück und ging weg, um die anderen Pferde zu begrüßen. Sie alle machten drei schnelle schnaubende Atemzüge an meinem Handrücken, den Begrüßungsatem, und ich pustete ebenfalls sanft in Richtung ihrer Mäuler. Jeder bot ein einfaches Geh-weg-Gesicht an, ein Pferd benutzte das Gesicht, um sich ruhig ein Stück zu entfernen. Der Moment zwischen uns war gelassen und respektvoll.

Ich kannte die Pferde zu diesem Zeitpunkt bereits recht gut und wusste, dass sie normalerweise anders miteinander umgingen als heute. Ich war mir sicher, dass auch sie sich wegen Timor so verhielten. Pferde formen ihr Verhalten so, dass sie voneinander lernen können. Die Herde und ich kamen zusammen, um diesem kleinen Kerl weiterzuhelfen.

Ich setzte die Gerte als Verlängerung meines Armes ein, um jedem einzelnen Pferd nacheinander zu signalisieren, dass es die Vorhand wegbewegen soll. Ich stand jeweils knapp zwei Meter entfernt von ihnen, deutete mit der Gerte auf den Mittelhals-Button und dann nach unten auf den Schulter-Button (Seite 57). Auf diese Weise bittet man ein Pferd, zur Seite zu treten. Einige Pferde gingen einen Schritt zur Seite, andere gingen ganz weg. Als nächstes deutete ich mit der Gerte auf den Gurt-Button jedes Pferdes. Die Pferde wichen zurück, zuckten, hoben den Kopf, senkten ihn oder reagierten auf andere Art auf meine Anfrage. Ich senkte die Gerte dann sofort, ging in die „O"-Haltung, atmete hörbar aus und machte Upsies. Dabei atmete ich tief in meinen Rippenbereich, um jedem einzelnen und allen gemeinsam zu sagen: „Danke, das war schön".

Die Pferde sollten wissen, dass ich wollte, dass die Gruppe zusammenblieb und sich meinen Vorschlägen entsprechend bewegte, aber nicht vor mir weglief. Sie hatten dies zur Kenntnis genommen, und daher schwang ich die Gerte nun hinter den Hüft-Kutschier-Button, rhythmisch vom Boden hinauf in Höhe des Buttons. Haben Sie schon einmal beobachtet, wie ein Pferd den Hals in Richtung eines Herdenmitglieds schwingt, um diesem zu sagen, dass es sich in Bewegung setzen soll? Dies versuchte ich nachzuahmen. Ich wollte ausdrücken: „Geht jetzt, aber schön ruhig und sachte."

Die gesamte Herde setzte sich in Bewegung und ich machte die „Hocke zum Halten", unterließ alle Hilfen, ging in die „O"-Haltung, machte zusätzlich eine kleine sitzende Bewegung, beugte die Knie an und senkte die Hüfte ab. Die Herde hielt an. Wir atmeten alle zusammen, leckten und kauten und machten Upsies. Alle senkten den Kopf weit nach unten. Timor war fasziniert. Er hatte sich keinen Millimeter bewegt. Wieder bewegte ich die Herde ein kleines bisschen nach links, dann nach rechts, dann fünfzehn Meter nach vorne.

Timor starrte zu uns hinüber. Nun war er an der Reihe.

## Die Höhle des Löwen

Timor trottete zu mir und schien bereit zu sein für… irgendetwas. Er durchlief ein sehr viel sanfteres Begrüßungsritual und bot etwas angespannt an, den Kopf ein wenig zur Seite zu bewegen. Ich nahm an, das war schon mal etwas. Nun aktivierte ich den Mittelhals-Button und den Schulter-Button. Ich setzte die Gerte ein und stand eine Armlänge entfernt von ihm. Timor machte einen winzigen Hüpfer mit der Vorhand. Ich schnipste laut mit den Fingern und deutete bestimmt auf den Geh-weg-Gesichts-Button.

Er fragte: „Können wir spielen? Ich möchte gerne steigen."

Ich antwortete: „Auf keinen Fall."

Er gab sich Mühe mit dem Geh-weg-Gesicht, obwohl er noch immer recht angespannt war, aber immerhin wusste er, was zu tun war. Wieder bat ich seine Vorhand, sich ein bisschen wegzubewegen. Er versuchte angestrengt, zu verstehen, wie er sich bewegen sollte, wenn es nicht darum ging, spielerisch zu steigen.

Er sah nicht so aus, als würde es ihm allmählich dämmern.

Darum wechselte ich stattdessen zum Rückwärts-Button. An diesem dreieckigen Punkt, der dort sitzt, wo die Vorderbeine auf die Schulter treffen, liegen eine Menge Nerven. Timor zitterte und bewegte einen Vorderhuf nach hinten. Ich hörte Schnauben, das Schütteln von Hälsen und Lecken und Kauen von der Herde im angrenzenden Paddock. Es war, als würde sie ihn anfeuern.

Wir wiederholten die neue Lektion mit seinen Vorhand-Buttons, bis es genügte, dass ich mit dem Zeigefinger in der Luft auf sie deutete, und der Morgan sein Gewicht verlagerte, sich bewegte oder entspannte. Mir war jede positive Reaktion recht, solange er nicht stieg. Timors Besitzerin gestand ein, dass sein unendlicher Spieltrieb ihn dazu gebracht hatte, sie zu jagen. Sie versteckte sich dann hinter den Bäumen in seinem Paddock und er war begeistert von diesem Spiel. Mit einer Gerte hielt sie ihn auf Abstand und er hatte sie nie verletzt.

Timor spielte einfach für sein Leben gerne. Ihr war das Spiel nicht so wichtig. Sie suchte nach anderen Möglichkeiten, ihn zu beschäftigen, aber wenn er das Spiel anbot, machte sie aus schlechtem Gewissen mit, denn sie fand, dass sie zu wenig Zeit für ihn hatte. Ich erklärte ihr, dass dieser extreme Spieltrieb in Wirklichkeit eine tief sitzende Verunsicherung war.

Tiere und Menschen lernen, indem sie spielen. Um nichts anderes geht es in der Kindheit. Timor setzte das Spiel ein, weil er etwas lernen wollte, aber er begriff die Lektionen nicht. Ich ging daher sehr langsam vor und wiederholte viel. Timor konnte sein Gehirn benutzen, um zu verstehen, sein Körper lernte die Lektion. Es würde vermutlich 300 Geh-weg-Gesicht-Begegnungen brauchen, damit er das Ganze verinnerlichte. Mike hatte sechs Wochen gebraucht, um dem Morgan seinen Platz in der Rangordnung zuzuweisen. Wenn ich durch rhythmische Wiederholungen die entsprechenden Nervenbahnen aktivieren konnte, würde er das Gelernte schneller behalten. Meine immergleichen Bewegungen glichen einem Tanz. Mit Abwechslung würden wir zurzeit nicht weiter kommen.

Am Ende folgte Timor mir und benutzte meine Fingerknöchel als Target. Es sah aus, als würde ich ihn an einem unsichtbaren Führseil führen. So sprach ich zwar seine Fähigkeit an, sich führen zu lassen, doch ich verwirrte ihn nicht durch die zusätzliche Ausrüstung und er konnte mir besser zeigen, was ihn verunsicherte. Nach den Benimmregeln der Pferde kommt beim Punkt „Zusammen irgendwohin gehen“ zuerst die Frage: „Kennst du alle Buttons? Gibst du mir Raum, wenn ich dich darum bitte?“

Beobachten Sie Pferde miteinander einmal ganz genau. Sie werden feststellen, dass sie den Geh-weg-Gesichts-, Mittelhals- und Schulter-Button genau wie den Rückwärts-Button in den normalen Alltags-Unterhaltungen benutzen. Es kann wie eine Frage aussehen, wenn das Pferd genug „O“ einsetzt, es kann wie eine Forderung aussehen, wenn das Pferd genug „X“ einsetzt. Pferde stimmen die Intensitätsebene zwischen Bitten, Fordern und Daraufbestehen ab, indem sie ihr „X“ steigern, bis sie die vierte Intensitätsebene erreicht haben (Seite 140). Die vierte Intensitätsebene erfordert eine Menge Energie. Die Natur hält Pferde eher dazu an, ihre Energie aufzusparen, um, falls es nötig wird, wegzurennen. Daher versuchen Pferde, ihre Unterhaltungen so „kalorienarm" wie möglich zu führen. Viel von dem, das so aussieht wie „Pferde, die einfach herumstehen", ist Kommunikation. Sie kann so niederschwellig sein wie ein starrer oder weicher Blick in Richtung eines anderen Pferdes, aber Sie werden feststellen, dass die Blicke auf Buttons zielen. Pferde verbringen viel Zeit damit, über den persönlichen Raum zu verhandeln und machen dabei eine einzige Bewegung zur Zeit. Zusammen irgendwohin gehen beinhaltet die Viertelstunde, die sie brauchen, um einander hier und da ein wenig neu anzupassen, bevor sie sich zu einem neuen Platz aufmachen.

Timor hatte keine Ahnung von „kalorienarmen" Gesprächen. Bevor ich ein anderes Pferd zu ihm brachte, wollte ich, dass er ein zumindest verschwommenes Bewusstsein seiner Buttons hatte und von der Antwort, die man bei Aktivierung der Buttons von ihm erwartete. Der kleine Wallach folgte meiner Target-Hand, hielt an, wenn ich anhielt, ging mit mir mal mehr und mal weniger im Gleichschritt, wenn ich ihn darum bat, und kam mit gesenktem Kopf zu mir, wenn ich ihn dazu einlud.

Eines musste ich noch überprüfen, nämlich seine Reaktion auf eine Tempoerhöhung. Würde er auch in schnellerem Tempo auf mich achten, oder würde er mich ausblenden und vor Aufregung ausflippen?

Ich ging in die Mitte der Reitbahn und wedelte mit der Hand an meiner Seite, um ihm zu sagen, dass er mir nicht folgen solle. Er gehorchte und starrte mich an. Auf alle Fälle hatte Timor Spaß. Das war schon mal was. Ich deutete mit der Gerte auf seinen Gurt-Button, um ihm zu sagen, dass er sich bewegen solle. Erst ging er auf mich zu, aber ich schwang die Gerte rhythmisch in Richtung seines Geh-weg-Gesichts-Buttons und dann nach unten zum Mittelhals-Button. Er verstand und schwenkte nach links ab. Bisher weder Panik noch Ärger. Ich forderte ihn über seinen Hüft-Kutschier-Button auf, etwas schneller zu laufen. Zuvor hatte ich mich mit seiner Hinterhand „angefreundet“ und der Morgan fiel in einen netten Trab, so als ob wir tagtäglich nichts anderes täten. Er zuckte mit dem Ohr in meine Richtung und ich „hockte“ mich ein wenig hin und beugte meine Körpermitte. Er sah zu mir und beugte als Antwort auf meine Bewegung das Genick.

Großartig! Ich hatte wissen wollen, ob er wirklich aufmerksam war, und seine Imitation meiner veränderten Haltung zeigte mir, dass er aufpasste.

Dann stampfte ich mit den Füßen auf, unterließ alle Hilfen und ging in die „O“-Haltung. Timor hielt kurz an und wendete mir sein Gesicht zu. Doch er blieb, wo er war. Obwohl ich wusste, dass er bereits longiert und frei gearbeitet worden war, war das doch einige Jahre her. Nun hatte er begonnen, seine Besitzerin zu jagen und ich wollte sichergehen, dass er mir zuhörte, bevor ich ein anderes Pferd holte. Ich war bereit, Mike auf die Reitbahn zu bringen. Vorher ging Heidi aber noch einmal die gesamte grundsätzliche Bodenarbeit zuerst mit der Herde und dann mit Timor durch. Schließlich war es ihre Herde und ich musste das Gleichgewicht der Kräfte und der Autorität zurück zu ihr übertragen. Außerdem wollte ich klären, ob sie alles verstanden hatte.

Sie durchlief alle Basis-Übungen und die Pferde leckten und kauten. Die ganze Zeit über schnaubten, blinzelten und wackelten sie mit den Lippen und machten Upsies. Sie bewegten sich ruhig und aufmerksam rund um Heidi, und Timor genoss es, seinen neu entdeckten Geh-weg-Gesichts-Button zu benutzen.

So weit, so gut. Nun war es an der Zeit für Mikes Auftritt.

## Der kleine Bruder wird erwachsen

Wir führten Mike am Führstrick in die Reitbahn und machten ihn los. Dann traten wir zurück, um zu beobachten, wie er vorgehen würde, wenn er sich Timor noch einmal vorstellte. Beide durchliefen das Begrüßungsritual in drei Schritten, gingen dabei aber sehr schnell vor, und dann wiederholten sie es noch drei Mal. Beim letzten Schnüffler verweilten sie länger...und dann, rumms, stiegen sie sofort.

Die hitzige Begrüßung war typisch für Pferde, die sich in einer Rangordnungsdiskussion befanden, typisch auch für halbstarke Junghengste. Daher hatte ich Timor auch aufgefordert, in seiner Begrüßung langsamer und bedächtiger vorzugehen. Es gab den Bruchteil einer Sekunde, in dem Mike auf den Geh-weg-Gesichts-Button deutete, aber Timor zog den Kopf nach hinten und vermied ihn. Aha! Ich begriff, dass Timor so gut darin geworden war, sich Mikes Versuchen, seinen Geh-weg-Gesichts-Button anzusprechen, zu entziehen, dass er diese Grundlektion niemals lernen würde.

Ich hatte meine Antwort und es war an der Zeit, die beiden wieder zu trennen. Als ich die Reitbahn betrat, machte Mike eine Pause, um mich zu begrüßen, doch Timor sprang ihm ins Gesicht und hörte nicht auf, zu spielen. Er erinnerte mich an einen kleinen Hund, der bellt und auf den Hinterbeinen tanzt und dabei ständig wie verrückt mit dem Schwanz wedelt und die Beine, Hände, Arme und Gesichter der Leute ableckt. Wenn Timor in der Lage gewesen wäre, zu bellen und mit dem Schwanz zu wedeln, hätte er es sicher getan.

Ich lief drei Richtungswechsel vor den Pferden, indem ich ein paar Schritte ging, mit den Füßen aufstampfte und mich dann umdrehte. Außerdem kickte ich einen Kegel weg, der zufällig in der Reitbahn herumstand. Mike legte die Ohren an und biss Timor kräftig in den Mittelhals-Button. Timor wendete ab und schien mich schließlich wahrzunehmen. Ich bat beide, zu mir zu kommen, um mich zu begrüßen, indem ich beide Arme ausstreckte und ihnen die Fingerknöchel entgegenstreckte. Mike zögerte und warf einen Blick auf Timor, als wolle er ihn abschätzen. Dann kam er heran und grüßte mich. Timor blieb zunächst, wo er war, doch als ich Mike um ein Geh-weg-Gesicht bat, kam auch er zu mir. Das war schließlich auch sein neues „Ding“. Der Morgan berührte meine Fingerknöchel, hielt seinen Kopf dabei aber so hoch, dass ich zurück trat , in die „O“-Haltung ging und geräuschvoll ausatmete.

Dann streckte ich beiden erneut meine Fingerknöchel entgegen. Mike und Timor kamen zusammen zur Begrüßung und nun hatte Timor seinen Kopf etwas gesenkt. Die ersten drei Berührungen folgten für meinen Geschmack etwas zu schnell aufeinander, aber es ging gerade noch. Ich trat zur Seite und richtete meine Schulter an der von Mike aus, um ihm zu vermitteln, dass wir uns einander anschließen würden. Dann atmete ich mit dem Zitteratem und blinzelte dabei. Timor beobachtete genau, wie Mike als Antwort darauf Upsies machte, ebenfalls blinzelte und schnaubte.

Ich hatte zu Mike gesagt: „Halte dich an mich. Ich habe eine Idee, wie wir die Spannung aus der ganzen Sache nehmen können.“

Mike antwortete: „Super, ich folge deiner Führung.“

Timor sagte nichts, aber er versuchte, Mike wieder zum Spielen zu bringen.

Zügig schritt ich ein. Ich hatte eine Gerte dabei, an deren Ende eine Plastiktüte befestigt war. Ich schwang sie ein Mal in Richtung von Timors Geh-weg-Gesichts-Button und stand dabei zwischen den beiden Pferden in einem Winkel, der Mike sagte, dass der Einsatz der Plastiktasche nichts mit ihm zu tun hatte. Dieses Manöver nennt sich „Die Herde aufteilen“. Mike ging ein wenig zur Seite und parkte hinter mir ein. Ich rührte mich nicht von der Stelle. Timor machte zwar einige überraschte Schritte zur Seite, ließ sich von der Tasche aber nicht verunsichern. Sobald es möglich war, streckte er den Hals zu ihr aus und versuchte, sie zwischen die Zähne zu bekommen. Ich musste auf Intensitätsebene drei („Fordern“) und schließlich auch auf Ebene vier („Befehlen, Beharren“) gehen, um ihn dazu zu bringen, seine Vorhand wegzubewegen. Am Ende ging er einen halben Meter zur Seite.

Sobald es vorbei ist, ist es vorbei. Ich ließ die Gerte-plus-Tasche an meiner Seite nach unten verschwinden, ging in die „O"-Haltung und sagte ihm, dass er ein guter Kerl sei.

Timor leckte und kaute und besah sich begierig die Tasche an meiner Seite.

Er dachte nur an eines, nämlich daran, dass diese Tasche cool aussah und man sicherlich prima mit ihr spielen konnte.

„Darf ich mal probieren?"

Wir lachten alle herzlich über ihn.

Ich schnippte mit dem Finger in Richtung seines Geh-weg-Gesichts-Buttons und dies wirkte sehr viel besser. Die Gerte-plus-Tasche legte ich auf die andere Seite des Zaunes. Stattdessen nahm ich mir eine kurze Longierpeitsche mit einem Schmitz. Da er so gut auf mein Fingerschnippen reagiert hatte, konnte das Geräusch des Schmitz vielleicht besser für ihn funktionieren.

Doch es funktionierte nicht so gut für Mike, der es eilig hatte, von mir wegzukommen. Offensichtlich kamen bei ihm alte Ängste vor der Peitsche an die Oberfläche. Timor ging mit ihm mit und ich konnte ganz von vorne beginnen.

Ich versuchte es wieder mit der kurzen Gerte ohne Plastiktasche. Ich marschierte zu den beiden Pferden, die miteinander rangelten. Wieder trennte ich die beiden, indem ich zuerst auf Mikes Geh-weg-Gesichts-Button deutete und danach auf den von Timor. Ich ließ sie beide traben, indem ich die Gerte in Richtung des Mittel-hals-Buttons schwang und von da hinunter zum Gurt-Button. Ich musste nicht nur helfen, die Dinge zu sortieren, ich musste auch Mike unterstützen, bessere Lösungen zu finden. Meine Führungsrolle musste die von Mike mit einschließen, damit dies gelingen konnte. Dass sie auf meine Aufforderung hin um mich herumtrabten, war immerhin besser, als wenn ich ihnen dabei zuschaute, wie sie vor mir stiegen.

Ich ging in eine Tandemposition und meine Schulter war an der von Mike ausgerichtet. Wenn ich in einem kleinen Zirkel innerhalb der Reitbahn blieb, konnte ich im Gleichschritt mit ihm gehen. Meine Schulter deutete auf ihn. Auf diese Weise stellte ich die Frage, ob wir beim Gehen im Kontakt bleiben konnten. Mike verstand schnell, verlangsamte seine Schritte und richtete ein Ohr auf mich. Ich schnitt ihm den Weg ab, und ging in eine dramatische „X"-Position. Mike wechselte die Richtung und Timor folgte ihm. Wieder gingen wir im schnellen Gleichschritt, dann ließ ich Mike die Geschwindigkeit drosseln und bat um einen Richtungswechsel.

Das machten wir drei Mal. Dann flitzte Timor an uns vorbei und rannte weg, nur um einen Augenblick später zum Ausgangspunkt zurückzukommen und uns den Weg abzuschneiden. Der kleine Morgan war wirklich schnell. Timor beobachtete genau, was ich nun tun würde. Ich beachtete Mike nicht, sondern ging entschlossen einen Schritt auf Timor zu und deutete mit einem entschiedenen Fingerschnippen auf seinen Geh-weg-Gesichts-Button. Der Wallach warf sich herum und rannte in die gleiche Richtung, in der Mike noch immer gemütlich seine Trabrunde drehte. Das war`s erst einmal, was Timor anging. Ich deutete auf Mikes Mach-Platz-Button auf dem Kniegelenk und rollte meinen Körper in ein schnelles „O", während ich in einer flüssigen Bewegung auf ihn zuging. So vermittelte ich Mike, dass er seine Hinterhand wegbewegen und sich zu mir hinwenden und mich ansehen sollte. Er setzte das sofort um und als ich drei Schritte rückwärtsging, um ihn zu mir einzuladen, ging er auf mich zu. Schnell wischte ich mit meinem Hand-Schweif zu ihm hin und wendete mich ab, um mit Timor zu traben, der noch immer in Bewegung war. Mike blieb in der Mitte der Reitbahn stehen und war sichtlich im Neutral Null.

Nun waren Mike und ich ein Team. Wenn Timor zu diesem Team gehören wollte, musste er seine Einstellung verändern. Ich wusste, dass er vor allem spielen wollte, und natürlich musste dafür auch einmal Raum sein, aber er konnte der Herde nicht den lieben langen Tag auf die Nerven gehen.

Ich bat Timor noch einige Male, die Richtung zu wechseln, anzuhalten, loszugehen, zu mir zu kommen, von mir wegzugehen und so weiter. In der Nähe von Mikes „Parkplatz" kamen wir für ein Kurzes Hallo zusammen, Timor durfte aber nicht mit Mike spielen, was für Mike ziemlich in Ordnung ging.

Am Ende stand Timor neben Mike. Der Kaltblutmix war vollständig Neutral Null. Seine Lippen hingen herab, er blinzelte und seine Ohren hatte er zur Seite gekippt. Timor schaute erst zu Mike hin und dann zu mir. Dann atmete er lange aus und machte Upsies. Ich beugte mich nach vorne und berührte meine Fußzehen. Dabei atmete ich ebenfalls aus. Ich wollte, dass er sich absolut willkommen fühlte, wenn er sich entspannte, und dass er wusste, er würde damit nicht alleingelassen werden. Er hatte sich bisher nur mit anderen verbinden können, wenn er unter Starkstrom stand und ich wollte, dass er sich auch in einem „kalorienarmen" Moment verbunden fühlte.

Zum ersten Mal ging ich zu ihm hin und kraulte seinen Widerrist, seine Brust und seinen Bauch. Am Ende waren wir nun beim nächsten „G" angekommen, der gegenseitigen Fellpflege. Die Regeln der Fellpflege ähneln für mich eher der sozialen Fellpflege von Primaten. Es geht nicht immer um körperliche Berührung. Manchmal geht es nur darum, einem anderen Körper friedlich und entspannt zu begegnen. Timor lehnte sich in meine Berührung hinein und schien sich beinah selbst zu vergessen. Er stupste mich an und ich deutete auf seinen Geh-weg-Gesichts-Button. Er schnaubte und machte den Hals gerade. Ich stand dicht bei ihm, berührte ihn aber nicht, sondern schaukelte leicht von einer Seite zur anderen, und begann „Das Baby zu schaukeln“. Es dauerte nicht lange, da stellte er sich ins Gleichgewicht, nickte mit dem Kopf und döste.

Hurra!

## Die Big Mama der Herde

Nun war es an der Zeit, alle Pferde auf der großen Weide zusammen zu lassen. Ein Pferd nach dem anderen wurde auf die Weide gebracht, bis Timor an der Reihe war. Heidi stand mit einer Tasche-plus-Gerte bereit. Obwohl das nicht besonders gut mit Timor funktioniert hatte, brachte es die anderen Pferde dazu, sich zu entfernen. Daher hatte Heidi beschlossen, dass sie mit diesem Werkzeug in der Hand besser im Neutral Null bleiben konnte.

Der Morgan-Wallach raste in Höchstgeschwindigkeit über die Weide und schien mit sich und der Welt im Reinen. Die anderen Pferde beachteten ihn nicht. Selbst Mike rannte ihm nicht hinterher, um ihn zu stoppen oder in eine andere Richtung zu lenken. Ein anderes Pferd mit Leittierqualitäten sah sauer aus, als Timor an ihm vorbeirannte, aber es war ein eher schüchternes Pferd, das sprichwörtlich Unterste in der Hackordnung, das die Ohren anlegte und Timor befahl, außerhalb der Gruppe zu bleiben, solange er so albern war. Herden sind interessante Gemeinschaften mit vielen Abstufungen. Wenn man sie beobachtet, lernt man jeden Tag etwas Neues.

Heidi musste zur Mutter der Herde werden, damit der letzte Schritt umgesetzt werden konnte. Die Jungs taten ihr Möglichstes, um Timor zu ignorieren oder ihm zu sagen, was er tun durfte, aber ohne eine Mutter konnte Timor zu niemanden in wirklichen Kontakt treten. Wir lachten herzlich darüber, dass Heidi nun die „Big Bag Mama“ werden würde. Ihr Mann würde sich so darüber freuen, von ihrem neuen Titel zu erfahren!

Heidi marschierte mit ihrer Gerte-plus-Tasche auf die Weide und ging auf die Herde zu. Dabei wischte sie leicht in Richtung der Buttons der Pferde. Sie bewegten sich alle so, wie Heidi es ihnen über die Buttons vermittelte. Manche drehten ihre Gesichter zu ihr, dann atmete sie den Zitteratem, atmete seufzend aus, blinzelte und wackelte mit den Lippen. Die Pferde schnaubten und schwenkten rhythmisch ihre Schweife, was bedeutete, dass sie sich friedlich fühlten.

Alle, außer Timor, der noch immer alleine herumraste.

Schließlich kam Timor heran, um Heidi zu begrüßen. Er umrundete vorsichtig den größten Teil der Herde und näherte sich Heidi mit gesenktem Kopf. Sie begrüßte ihn, deutete dann auf ein Grasbüschel und leckte und kaute. Die Gerte-plus-Tasche hielt sie hinter ihrem Rücken. Mit mir im Hintergrund, um ihr zu sagen, was zu tun sei, wenn sie nicht weiter wusste, fühlte sie sich immer wohler und brauchte die Tüte gar nicht mehr. Timor schaute dorthin, wohin sie zeigte und begann dann nahe bei ihren Füßen zu fressen. Heidi schmiss die Tüte weg und ging zusammen mit ihm „auf die Jagd“ nach Gras. Dies ist ein Beziehungsritual zwischen Mutterstute und Fohlen. Die Mutter schaut, wo das beste Gras wächst, und die Fohlen fressen, wo die Mutter frisst. Indem sie schaute, deutete und in der „O“-Haltung blieb, erfüllte sie Timors Bedürfnis nach Kontakt, während er fraß. Dies war einer der Gründe, warum er herumgerannt und nicht zur Ruhe gekommen war. Es war ihm nicht gestattet, sich der Gruppe anzuschließen, aber ohne einen Fresspartner konnte er sich nicht entspannen. Ein Dilemma!

Nachdem sie etwa fünf Minuten mit Timor verbracht hatte, wischte Heidi ein Mal mit dem Hand-Schweif und ging hinüber zur Herde. Bei jedem Pferd blieb sie einige Minuten stehen, jagte Gras und war an dem interessiert, an dem auch die Pferde interessiert waren. Wenn wir die Jagd auf Gras zu einem Verbündeten in unserer Beziehung zu Pferden machen können, statt zu einem Feind, ist das Finden von Futter ein fantastisches Gesprächsthema. Wie viele von uns haben gelernt, Pferde niemals Gras fressen zu lassen, wenn sie mit uns zusammen sind?

Bald schlenderte Timor näher zur Gruppe heran. Das schüchterne Pferd, das ihm schon vorher gesagt hatte, er solle wegbleiben, wollte ihn wieder nicht heranlassen. Doch nun stellte Big Mama Heidi sich aufrecht hin, deutete auf das Pferd und schnippte mit den Fingern, um ihm zu sagen, dass es rückwärts gehen solle. Als es ihrer Aufforderung folgte, ging eine Welle durch die Herde, die sich wie ein warmer Luftzug anfühlte. Sie berührte jeden, auch die Zuschauer. Es war eine tiefere Ebene des Neutral Null und sie erreichte uns alle. Unsere Nervensysteme sind sehr viel komplizierter und interessanter, als wir uns vorstellen können. Wenn man von Pferden umgeben ist und sie alle auf diese Weise ins Neutral Null fallen, ist das nicht zu übersehen.

Heidi ermunterte Timor nicht, noch näher zu kommen, doch ihre Gegenwart in der Gruppe hatte etwas sehr Bestimmtes. Big Mama sagte: „Lasst Timor in eurer Nähe grasen und lasst ihn in Ruhe." Und so kam es dann auch.

Heidi verließ die Weide und die Pferde gruppierten sich, jetzt, wo sie nicht mehr da war, neu, aber es herrschte Ruhe und Frieden. Timor verließ die Gruppe einige Male und ging uns hinterher. Er musste ja nachschauen, wo Big Mama war. Sobald er das herausgefunden hatte, war er zufrieden und ging zurück zum Grasen.

Timors Besitzerin war froh, zu sehen, dass er am Ende doch noch erwachsen geworden war. Zumindest ein bisschen. In den folgenden Tagen und Wochen blieb die Herde ruhig. Es gab kurze Spielsituationen, aber Timor konnte die Spielregeln der anderen in der Gruppe befolgen. Er fühlte sich mit ihnen in Kontakt. Er musste nicht mehr alles unter Starkstrom setzen, nun, wo er dazugehörte.

## Lecken und Kauen

Die Körpersprache von Pferdisch half Riley dabei, sich selbst zu tragen. Sobald seine unbewusste Angewohnheit mit Hilfe einer ihm verständlichen Körpersprache angesprochen wurde, konnte er seine Fähigkeit, sich selbst zu tragen, wiederentdecken. Es brauchte nur die Körpersprache, um ihn daran zu erinnern, dass er seinen Körper besser „gebrauchen“ konnte.

Den Wendepunkt bei Timor stellte der Moment dar, in dem ich begriff, dass er keine Ahnung hatte, was sein Geh-weg-Gesichts-Button überhaupt bedeutete. Ich kann nur raten, warum das so war. Solange er diesen Kernpunkt der Pferderegeln nicht verstand, hatte er keine Chance, sich in eine Herde zu integrieren oder zu sich selbst zu finden. Timor musste unbedingt sein Neutral Null wiederfinden, aber mit einem komplett fehlenden Button, wie sollte das gehen? Mit Hilfe von Pferdisch wurden die Lücken gefüllt.

KAPITEL 14

# Die Stute, die Nein sagte

Ich wurde eingeladen, mit einem örtlichen Gestüt zusammenzuarbeiten. Ziel war es, der Belegschaft und den Ausbildern dabei zu helfen, im Zusammensein mit ihren Pferden „Neutral Null" zu finden.

Auf dem Gestüt lebten viele wunderschöne Tiere, mehrere Hengste und eine Reihe von Stuten und Fohlen. Das Gestüt verkaufte häufig gerade eingerittene Pferde, die später mitunter gute Erfolge auf Turnieren errangen. Die Menschen, die auf dem Gestüt arbeiteten, liebten die Tiere zutiefst, das war spürbar. Dennoch kann es auf solchen Gestüten sehr „energetisch" zugehen und Pferde, die hoch im Blut stehen, können schnell von Null auf Hundert hochfahren.

Ich sollte einen Teil des Tages mit zwei Stuten verbringen, die besondere Aufmerksamkeit brauchten. Eine der Stuten erstarrte häufig, und obwohl sie völlig still stand, zitterte ihre Haut bei der leisesten Berührung. Die zweite Stute schien sich in unaufhörlichem Stress zu befinden. Sie pendelte zwischen kontaktsuchender Bedürftigkeit und aggressivem Einsiedlertum hin und her. Es standen noch einige andere Pferde in ihren Boxen, die ich auf die Schnelle kennenlernen und mit ihren Eigenheiten vorstellen sollte.

Wie Sie es aus anderen Fallgeschichten dieses Buches bereits kennen, kann man das Begrüßungsritual als Schnelldiagnose nutzen. So kann man eine ganze Menge über ein Pferd herausfinden oder zumindest einen kurzen Eindruck über seinen Körper- und Geisteszustand bekommen. Viele der Pferde durchliefen ein ziemlich ausgeglichenes Begrüßungsritual, das weder besonders eilig noch besonders unruhig war. Eine Stute sah mich nach einem Gehweg-Gesicht hochinteressiert an. Eifrig kam sie zu einem Kurzen Hallo zu mir, schnüffelte dann in Richtung meines Halses und ging einen ganzen Kreis in ihrer Box, den sie mit einem weiteren Kurzen Hallo beendete. Sie sagte: „Ich mag dich. Hier sind alle meine Buttons. Lass uns miteinander sprechen!"

Sie hieß Celeste.

## Gesprächige Mutter

Celeste war eine wunderschöne Mutterstute, die bereits einige Fohlen bekommen hatte. Sie schritt majestätisch und anmutig aus ihrer Box und bewegte sich im exakten Gleichschritt mit mir. Wenn ich stehenblieb und rückwärts ging, hielt sie ihren Huf in der Luft an und stimmte seine Landung perfekt auf die meines Fußes ab. Diese Stute hatte viele Kinder erzogen und war eine exzellente Lehrerin. Aus diesem Grund war sie meinen Ideen gegenüber wirklich aufgeschlossen. Wir liefen einige Minuten lang die Stallgasse auf und ab und widmeten uns allein unserem Tanz, doch am Ende erreichten wir schließlich den Ort, an dem die Teilnehmer des Kurses auf uns warteten.

In der Nähe des Waschplatzes gab es einen Platz, der groß genug war, so dass sich ein Pferd dort bequem bewegen konnte. Dort sollte der Kurs stattfinden. Draußen war es ziemlich kalt und hier waren wir windgeschützt.

Celeste durchlief das Begrüßungsritual, bis jeder Teilnehmer an der Reihe gewesen war. Ich hielt derweil das Führseil und benahm mich wie ein Fremdenführer. Sie unterbrach und wartete ab, bis die Teilnehmer sich erinnerten, was als Nächstes dran war und wann man damit begann. Sie soufflierte sogar, um weiterzuhelfen wenn jemand es vergessen hatte.

Es war ziemlich offensichtlich, dass sie die Führung übernommen hatte und nun gerne ihre Sprache unterrichten wollte. Sie wollte das Begrüßungsritual ein zweites und sogar drittes Mal wiederholen und bot jedem, der Interesse daran hatte, an, sich länger mit ihm zu beschäftigen.

Als es an der Zeit war, im „Gleichschritt" zu gehen und Übungen am Führseil zu machen, achtsam zu sein und die Wendungen und das Anhalten im schönen Gleichgewicht auszuführen, sorgte sie dafür, dass es einfach war und Spaß machte, zu lernen. Der Gestütsleiter lachte und meinte, dass die Stute es mit all den tollpatschigen Zweibeinern nicht gerade leicht hatte.

Alles in allem war Celeste nicht nur sehr gesprächig, sondern sie war wirklich im Neutral Null. Sie verkörperte auf eine wundervolle Art natürliche Anmut und Charme. Man merkte ihr einfach an, dass sie völlig im Reinen mit sich war. Ihr Leben war ausgefüllt, glücklich und stolz verlaufen und nun war sie bereit, ihre menschlichen Freunde in ein neues Kapitel zu begleiten.

## Mary Weitweg

Nach dem Mittagessen gingen wir zurück in den Stall. Nun war es an der Zeit, sich mit den beiden verstörten Stuten zu beschäftigen. Verglichen mit Celeste befanden sie sich am anderen Ende der Skala. Beide waren aus anderen Ställen gekommen. Obwohl sie einige Fohlen gehabt hatten und sehr gute Mutterstuten gewesen waren, fiel ihnen der Umgang mit Menschen schwer.

Ich arbeitete zuerst mit der ängstlichen Stute, die dazu neigte, zu erstarren. Ich hoffte, dass ihre Geschichte etwas leichter zu verstehen sein könnte. Oft gewinnen solche Pferde Vertrauen und entspannen sich, wenn man das Begrüßungsritual häufig genug wiederholt und es dann dazu benutzt, sämtliche Gegenstände und Elemente ihrer Pferdewelt zu begrüßen: Halfter, Bürsten, Türschwellen etc.

Die Stute hieß Mary. Als ich auf sie zuging, blieb sie stocksteif im hinteren Bereich ihrer Box stehen. Ich blies einen sanften Begrüßungsatem in ihre Richtung und wiederholte ihn noch zwei Mal, um sie zu einem Kontakt einzuladen. Schließlich schenkte sie mir einen scheuen Blick. Dann atmete sie tief ein und ging bedächtig auf die Tür ihrer Außenbox zu. Das war ein gutes Zeichen. Es bedeutete, dass sie sich nicht so weit in sich selbst zurückgezogen hatte, dass sie es nicht wenigstens einmal versuchen wollte.

Wir durchliefen drei vollständige Nüstern-an-Fingerknöchel-Kontakte und sie bot ein langes und langsames Geh-weg-Gesicht an. Dann schnaubte sie und trottete zur anderen Seite ihrer Box. Sie hatte Hallo gesagt und war nun fertig.

Das konnte ich nicht bestreiten. Es war höflich, aufrichtig und sehr klar. Eine Beziehung kann man nicht erzwingen, also ging ich einfach erst einmal zu der anderen Stute.

Diese zweite Stute namens Hera schwankte ein wenig zu schnell und mit gemischten Botschaften an mich auf die Tür ihrer Außenbox zu. Zunächst einmal waren ihre Ohren kess und interessiert nach vorn gespitzt, aber genauso schnell legte sie sie flach nach hinten und sah verärgert aus. Es war, als würde sie gleichzeitig „Ja“ und „Nein“ sagen. Ich habe schon oft beobachtet, wie Mentorpferde mit dieser intensiven Form der Energie umgehen. Sie antworten immer sehr ruhig. Also blieb ich außerhalb ihrer Reichweite, beugte mich nach vorn und hielt Hera meine Fingerknöchel zur Begrüßung hin. Obwohl sie mit den Augen rollte und die Ohren anlegte, streckte sie sich ebenfalls nach vorne und berührte meine Knöchel. Alles an dieser Stute sagte mir, dass sie sich den Kontakt gleichzeitig wünschte und ihn fürchtete. Ich wusste nichts über ihre Geschichte und frage normalerweise auch nicht danach, um bei einem Treffen mit einem Pferd nicht von den Gedanken Dritter abgelenkt zu sein. Ich wollte, dass Hera ihre Geschichte selbst erzählt.

Ich trat zurück, um ihr Raum zu geben. Wie Sie wissen, schätzen Pferde ihren persönlichen Raum mehr als alles andere, und indem ich Hera Raum zum Atmen gab, bewies ich, dass ich ihren Wunsch verstand und respektierte. Ich schaute zur Seite und besah mir einige Augenblicke lang die Tür der nächsten Box. Das zeigte ihr, dass mir die gleichen Dinge Sorgen bereiteten, die auch ihr vielleicht Sorgen machten. Ich versuchte, eine Verbindung zu ihr aufzubauen. Ich nickte mit dem Kopf, um anzukündigen, dass ich wieder näher kommen würde. Ich atmete aus (Entspannungsatem) und ging für die zweite Berührung zur Boxentür. Hera hatte mich die ganze Zeit über beobachtet und machte nun ebenfalls ein paar Schritte vorwärts, um meine Fingerknöchel berühren zu können. Sie war noch immer sehr abwehrbereit, aber sie war auch neugierig und atmete den Geruch meiner Hand beinah unsichtbar ein, so sachte war diese Einatmung.

Ich trat wieder zurück und ging weg, da ich die dritte Berührung auf keinen Fall erzwingen wollte. Stattdessen sollte sich bei Hera der Eindruck festigen, dass ich nichts von ihr fordern würde. Nach ein paar Minuten ging ich wieder zu ihr und streckte ihr an der Boxentür meine Fingerknöchel entgegen. Versuchsweise und scheinbar fast gegen ihren eigenen Willen berührte sie meinen Handrücken und zog den Kopf dann schnell zurück, legte die Ohren an und verschwand im hinteren Bereich ihrer Box.

Mich ermutigte dieser kleine Fortschritt. Viele Pferde, die ähnlichen Stress haben wie Hera und ebenso verunsichert sind wie sie, würden die dritte Berührung nicht anbieten. Zumindest hatte sie den Versuch gewagt. Ich schlenderte von dannen und besuchte Mary ein zweites Mal.

## Aufgetaucht

Mary hatte zugesehen, wie ich mich mit Hera unterhielt und wartete an der Boxentür auf ein Kurzes Hallo mit mir. Sie dehnte den Hals nach unten und schnüffelte an meiner Hand. Dann leckte sie sie zart. Ich nahm die Hand weg und bat sie um ein Geh-weg-Gesicht. Außerdem trat ich selbst einige Schritte beiseite. Das wirkt vielleicht widersprüchlich, aber wenn ich ihr bewies, dass ich mir mehr Gedanken über Raum als über Berührung machte, würde uns das weiter bringen, als wenn ich sie streicheln würde.

Mary nahm den Gesprächsfaden auf und hob den Kopf sehr hoch an. Dabei starrte sie auf die hintere Tür ihrer Außenbox. Ich folgte ihrem Blick und starrte die Tür ebenfalls an. Zusätzlich machte ich ein Wächterschnauben und dann leckte und kaute ich, um ihr zu sagen, dass ich fand, dass mit der Tür alles in Ordnung war. Sie starrte aber weiter, also tat ich es ihr gleich. Nur einen Moment später öffnete sich die Tür und einer der Stallhelfer betrat ihre Box. Sie starrte ihn angespannt an und zog sich dann in den hinteren Bereich ihrer Box zurück. Ich deutete auf ihn, während er seiner Arbeit nachging und sagte laut: „Kommen Sie nicht näher!"

Der arme Bursche sah auf und fragte, was ich von ihm wolle. Ich erklärte ihm, dass die Stute nervös sei und dass ich ihr gerade dabei helfen wollte, sich sicherer zu fühlen. Er lachte unsicher und gestand, dass er selbst sich ebenfalls nicht wohlfühlte, wenn er in ihrer Box war.

Mary hatte mich die ganze Zeit beobachtet und steckte den Kopf nun aus der Box, um den Mann anzuschauen. Ich sagte ihm, er solle eine Sekunde lang nach unten schauen und ausatmen. Er war ein netter Kerl und tat, um was ich ihn bat. Sofort machte Mary das Gleiche. Um mich herum standen einige Teilnehmer und ich bat sie, ebenfalls nach unten zu schauen und auszuatmen, was sie auch alle taten. Mary sah sie sofort an und tat es ihnen nach. Die Botschaft war klar. „Lasst uns alle tief atmen und von vorne anfangen".

Ich hatte den Verdacht, dass Mary eines der Pferde sein könnte, die so übersensibel sind, dass der leiseste Hauch eines Gefühls sie bereits in Panik versetzte. Es würde ihr helfen, wenn sie sich mehr verbunden mit Menschen fühlte. Sie würde menschliche Gefühle besser tolerieren können, wenn sie nicht alles, was Menschen taten, als potenziell gefährlich einstufte.

Ich bat die Gruppe, nach vorne zu kommen und mit Mary ein schnelles Begrüßungsritual mit allen drei Berührungen zu durchlaufen. In ihrem Fall hatte ich ja bereits das formellere Begrüßungsritual gemacht, so dass nun für alle anderen ein schnelles „Hallo" ausreichen würde. Zunächst war sie unsicher, doch bei der dritten Person kam sie auf einmal in Schwung und streckte sich den folgenden Leuten sogar entgegen. Ihre Augen leuchteten und ihre Nüstern weiteten sich, wenn sie den Geruch der Menschen aufnahm.

Nun bat ich die Teilnehmer, sich noch einmal aufzureihen und diesmal nur ein Kurzes Hallo mit einem anschließenden Geh-weg-Gesicht mit Mary zu machen. Dies würde ihr beweisen, dass sie sich alle an die Regeln halten wollten. Diesmal begrüßte sie nicht nur jeden eifrig, sie bewegte ihr Gesicht auch anmutig zur Seite, wenn man nur andeutete, dass sie das tun solle.

Die vorletzte Person vergaß, sie zu bitten, ihr Gesicht wegzubewegen. Mary starrte sie an, atmete und wartete ab. Jemand aus der Gruppe erinnerte die Frau daran, dass sie um das Geh-weg-Gesicht bitten solle. Die Frau hatte ein sehr weiches Herz und räumte ein, dass sie die Stute eigentlich gar nicht bitten wollte, ihr Gesicht wegzudrehen. Halbherzig hob sie den Finger an und deutete durch die

Luft auf den Geh-weg-Gesicht-Button, so wie die anderen es auch getan hatten. Mary aber bewegte sich nicht weg. Ich erklärte ihr, dass Mary ihr nicht glaubte und dass sie darauf wartete, dass sie auch meinte, was sie gesagt hatte. Ich erklärte der Gruppe, dass es diese Grauzonen sind, die für Mary wirklich ein Alptraum waren und dass widersprüchliche Botschaften ihr Angst machten.

Die Frau versuchte es noch einmal, doch bevor sie noch ihren Finger anheben konnte, wendete Mary anmutig den Kopf ab, sah die Frau aber weiterhin an. Ich bat die Frau, ihre Gefühle zu überprüfen und herauszufinden, ob Mary sich in irgendeiner Weise angegriffen fühlte oder ob nicht. Sie antwortete, dass sie ganz im Gegenteil das Gefühl hatte, dass sie sich nun sehr verbunden mit Mary fühle und dass sie sah, dass Mary sie noch immer beobachtete. In diesem Moment schwang Mary ihren Kopf sachte herum und beroch überraschend zart und liebevoll die Schulter der Frau.

Als Reaktion darauf hob die Frau den Arm, um Mary zu tätscheln, und das Pferd schoss nach hinten als ob sie einen Elektroschock bekommen hätte.

Ich erklärte der Gruppe, dass es für Pferde schwieriger ist, mit unwillkommenen Berührungen umzugehen als mit dem Geh-weg-Gesichts-Button, der ja die Aufgabe hat, die Unsicherheiten hinsichtlich der Frage, ob man den persönlichen Raum respektiert, zu klären. Wenn wir möchten, dass ein Pferd unser Streicheln oder Tätscheln mit emotionalem Wohlbefinden verbindet, darf die Berührung erst kommen, *nachdem* das Gespräch über Raum hier Klarheit geschaffen hat.

Die letzte Person der Gruppe durchlief eine sehr klare Begrüßung mit anschließendem Geh-weg-Gesicht. Dazu gehörte auch, dass sie zurücktrat und die Stallgasse entlangschaute, um dem „Tiger“ zu sagen, dass er wegbleiben solle. Mary drehte sich um und schaute sich die Tür an, als die Teilnehmerin darauf deutete, dann schnaubte sie und hielt den Kopf tief, leckte und kaute. Die Teilnehmerin ging nach vorn und fragte, ob sie Marys Stirn streicheln dürfe. Hier sitzt der Freundschafts-Button (Seite 57). Mary ließ sich das einen Moment lang gefallen und drehte ihren Kopf dann langsam weg.

Das war ein gutes Zeichen. Ich bat alle, zurückzutreten und öffnete die Boxentür drei Mal hintereinander. Jedes Mal betrat ich die Öffnung, dann ging ich wieder hinaus und schloss die Tür. Die ersten beiden Male zitterte Mary und sprang bei jedem kleinen Geräusch weg. Beim dritten Mal schnaubte sie, ließ den Kopf fallen und machte Upsies. Ich griff nach ihrem Halfter und Führstrick und ging in die Box, damit sie beides drei Mal hintereinander begrüßen konnte.

Wieder nahm sie beim dritten Mal den Kopf nach unten und machte Upsies. Dann schüttelte sie sogar Kopf und Hals ein wenig, um etwas Spannung loszulassen.

Ich schloss ihre Tür und erklärte der Gruppe, dass ich das Begrüßungsritual sowohl mit der Boxentür, als auch mit dem Halfter eingesetzt hatte. Drei Mal hintereinander Annäherung und Rückzug machten meine Handlungen für Mary vorhersagbar. Was auch immer dieses Pferd in der Vergangenheit erlebt hatte, das sie so überreagieren ließ, würde nun nicht mehr verhindern können, dass sie zu mir Kontakt aufnahm. Mary sah mich nicht so, wie ich war, sondern reagierte auf ihre Erwartungen gegenüber Menschen, die auf früheren Erfahrungen beruhten.

## Das Eis taut

Ich glaube nicht, dass ein Pferd misshandelt wurde, nur weil es überreagiert. Natürlich kann Gewalt gegenüber dem Pferd zu solch einer Reaktion führen, manche Pferde sind aber auch so empfindsam und ihre Instinkte sind so stark, dass sie mit menschlicher Widersprüchlichkeit einfach nicht zurechtkommen. Ein stoisches Pferd ist vielleicht nur etwas irritiert oder genervt, eine übersensible Seele ist völlig verunsichert.

Menschliche Wesen sind ein Widerspruch auf zwei Beinen. An einem Tag finden wir, dass es vollkommen in Ordnung ist, wenn ein Pferd seinen Kopf an uns rubbelt und laden es sogar dazu ein, am nächsten Tag finden wir, dass das Pferd grob ist oder werden sogar richtig ärgerlich.

Pferde fragen einander auf ihre Art, ob etwas in Ordnung ist oder ob nicht und sie sind sehr klar mit dem, was sie tun oder nicht wollen. Das Grundbedürfnis nach Raum steht über allen anderen Bedürfnissen. Sind zwei Pferde in der Rangordnung in etwa gleich angesiedelt, kann man oft den ganzen Tag lang beobachten, wie sie sich auseinandersetzen, aber selbst dann handelt es sich weniger um Körperkontakt als um die Demonstration von Verhalten.

Wollen Pferde viel Körperkontakt, hat das meist zwei Gründe. Erstens kann es sein, dass ihr Spieltrieb extrem hoch ist und sie kommen einfach nicht davon los (denken Sie an Timor aus dem letzten Kapitel), oder ihre Unsicherheit ist extrem hoch und sie machen ihre Herdenmitglieder verrückt, weil sie andauernd Trost und Sicherheit suchen.

Mary stand in der Rangordnung der Zuchtstuten recht hoch, wie mir das Stallpersonal versicherte. Nur Menschen verunsicherten sie und ließen sie zurückschrecken und erstarren. Ich behielt im Hinterkopf, dass erstarrte Pferde häufig unerwartete Reaktionen zeigen, wenn sie aus ihrer Erstarrung herausfinden. Ich bin einmal das Opfer eines solchen Aufwachprozesses gewesen und möchte das in Zukunft möglichst vermeiden. Normalerweise kann ich unterscheiden, ob ein Pferd ruhig und gelassen oder ob es innerlich panisch ist. Im Allgemeinen hat ein wirklich erstarrtes Pferd (im Gegensatz zum nur einfach unbeweglichen Pferd) einen Blick, der in die Ferne geht, und ein angespanntes Maul. Es reagiert beim leisesten Geräusch oder der sachtesten Berührung mit Hautzucken, obwohl es sich nicht von der Stelle rührt. Mitunter werden solche Pferde für gute Schulpferde gehalten, weil sie äußerlich so ruhig wirken. Ein erstarrtes Pferd kann aber jederzeit aufwachen. Das hängt einfach davon ab, aus welchem Grund es ursprünglich erstarrt ist.

Ich ging zur Box zurück, um zu sehen, wie meine einführenden Begrüßungsrituale sich auf Mary auswirkten. Die Stute begrüßte mich an der Boxentür und berührte meinen Handrücken drei Mal zart. Ihre Augen wirkten größer und weicher und sie sah mich direkt an. Ich blinzelte sie an und sie blinzelte zurück und fügte ein Geh-weg-Gesicht hinzu. Durch das Blinzeln verringerte sich der Druck und ihre Fähigkeit zurückzublinzeln, sagte mir, dass sie mich verstand.

Ich öffnete die Boxentür und legte ihr das Halfter an. Sie hielt still und schaute mich dabei weiter an. Augenkontakt ist Pferden wichtig. Pferde schauen sich ständig an und senden sich Augen-Botschaften, beinah genauso, wie wir es tun. Wie oft laufen Szenen in Spielfilmen ohne ein einziges Wort ab und die Schauspieler vermitteln alles, was es zu sagen gäbe, mit ihren Augen! Pferde sind genauso. Wir müssen weiche Augen einsetzen und viel Blinzeln, um mit ihnen in Verbindung zu bleiben. Wenn man harte Augen auf ein Pferd richtet, vertreibt man es.

Als ich Mary am Führseil hatte, bat ich ihre anderen Vorhand-Buttons um drei unterschiedliche Dinge.

1. Ich benutzte meine Handfläche, damit sie bei mir blieb oder sogar ihr Gewicht in meine Richtung verlagerte.
2. Ich benutzte meinen Zeigefinger, um diese Buttons zu fragen, ob sie sich von mir entfernen wollte, indem sie das Gewicht weg von mir verlagerte oder sogar einen Schritt weg machte.

3. Ich setzte etwas ein, das ich den Gille-gille-Finger nenne. Die Bewegung entspricht der, die man macht, wenn man jemanden dazu einladen möchte zu folgen. Man biegt den Finger und zieht ihn zu sich hin. Wenn ich diese Bewegung erkläre, schlage ich oft vor, dass man sich vorstellen soll, man würde einen unsichtbaren Faden vom Button zu sich hinziehen. Manchmal reicht Gille-gille schon aus, um ein Pferd dazu zu ermuntern, wenigstens sein Gewicht in meine Richtung zu verlagern. Manchmal muss man auch zwei oder drei Schritte zurückgehen, um einen Raum zu schaffen, in den hinein das Pferd sich bewegen kann. Wenn man die Gille-gille-Bewegung macht, ist es wichtig, die „O“-Haltung beizubehalten, da diese auch einladend wirkt.

Im Grunde fragte ich Mary Folgendes:

„Kannst du stillhalten? Kannst du dich wegbewegen? Kannst du dich mit deinem Gesicht, deinem Hals, deiner Schulter und deiner Vorhand zu mir hinbewegen?“

Dann bat ich sie, einen einzigen Schritt im therapeutischen Rückwärts zu machen, um die Spannung in ihrem hinteren Rücken und Becken zu lösen (Seite 158). Sie wölbte den Rücken schön auf und trat leichtfüßig zurück, aber sie legte die Ohren an und verspannte das Gesicht.

Es gibt einige Gründe, warum ein Pferd so auf das therapeutische Rückwärts reagiert. Zunächst einmal könnte es sein, dass es aus „erzieherischen Gründen“ rückwärtsgerichtet wurde und rückwärtsgehen daher mit Strafe verbindet. Zum Zweiten ist es so, dass Pferde die Welt mit ihren Gesichtssinnen aufnehmen. Ihre Gefühle klären sie aber mit der Hinterhand. Ihr Schweif drückt das Endergebnis dessen aus, was Augen, Ohren, Nüstern und Maul empfangen haben. In der Hinterhand werden dann mitunter ihre emotionalen Spannungen gespeichert. Wölbt das Pferd den Rücken auf und lösen sich die Spannungen, werden auch Gefühle freigesetzt, die durch das Pferd fließen. Ich habe das schon so häufig beobachtet, dass ich es vorhersagen kann, und bei Mary war ich mir ziemlich sicher, dass ihre Hinterhand Gefühle gespeichert hatte. Praxisnah betrachtet ist das therapeutische Rückwärts das genaue Gegenteil von Weglaufen und indem ich ihren Fluchtweg versperrte, forderte ich sie heraus, mir mehr zu vertrauen. Dafür gab es keinen wirklichen Grund und das nahm ich auch nicht persönlich. Ich suchte auch nicht nach den Ursachen, warum sie ihr Neutral Null verloren hatte. Rückwärtsrichten gehörte aber dazu.

Ich war sehr ruhig und bat sie noch einige Male mehr um das therapeutische Rückwärts. Dieses schloss jedes Mal mit einem sofortigen Nachgeben meinerseits ab, als würde ich die berühmte heiße Kartoffel fallen lassen. Ich atmete tief, leckte und kaute und trat beiseite, damit Mary genug Raum hatte, um nachzudenken. Mein Ziel war es, ihr zu helfen, einen Großteil ihres Stresses loszulassen.

Wenn ich diese Übung unterrichte, erkläre ich meinen Schülern, dass es am allerwichtigsten ist, das Führseil locker zu lassen, beiseitezutreten und tief zu atmen, sobald das Pferd auch nur den Hauch eines Versuchs macht. Die Menschen dazu zu bringen, ihre Hilfen zu unterlassen, ist der schwierigste Teil dieser Art von Arbeit. Daher ist es auch so wichtig, im Neutral Null zu bleiben und zu lernen, Pausen einzulegen, zu atmen und dem Pferd den Raum zurückzugeben.

Die Art und Weise, wie man als Mensch mit Pferden umgehen soll, wurde in den letzten hundert Jahren immer gleich gelehrt. Schubsen, Stoßen, Schnalzen, Rascheln und Prügeln sollten dazu führen, dass man am Ende ein gehorsames Tier bekam, das tat, was man wollte. In vielen Fällen trifft das auch zu. Man kann Pferde so lange schlagen, bis sie sich unterwerfen. Viele von ihnen werden einfach zu der Maschine, die wir uns wünschen. Wenn wir aber wirklichen Kontakt suchen, der auf gegenseitigem Respekt aufbaut und zu einer wirklichen Beziehung führt, dann müssen wir sehr viel weicher, langsamer und bedächtiger werden. Pferde sind in Europa und Nordamerika meist keine Lasttiere mehr und wir reiten auf ihnen nicht in den Krieg, sie müssen nicht pflügen oder uns dabei helfen, unser Essen zu jagen. Trotzdem werden immer noch die gleichen Strategien angewandt, die dazu führen sollen, Pferde so zu unterwerfen, dass sie in solchen Situationen funktionieren.

Im zeitgemäßen Umgang mit Pferden geht es um Vergnügen. Das Vergnügen, eine Schleife zu gewinnen oder ein Pferd als Freundin zu haben. Wenn Ihre Freundin Ihnen helfen würde, Ihr Wohnzimmer zu streichen, und Sie ihr bei ihrer Ankunft wortlos einen Pinsel in die Hand drücken, auf die Wand zeigen und den Farbeimer auf ihren Fuß werfen, könnte es sein, dass sie sich umdreht und geht. Die bessere Wahl wäre es, mit ihr zusammen zu streichen, Musik zu hören und sich zu unterhalten, eine Pizza und ein Bier in Aussicht zu stellen und sich oft bei ihr zu bedanken.

---

*Wenn Sie möchten, dass ein Pferd Sie liebt,*
*dann verhalten Sie sich liebenswert.*

SHARON WILSIE

---

Erschwert wird das dadurch, dass Pferde so groß sind. Unser Nervensystem geht auf Alarmstufe Rot, wenn ein Pferd sich bedroht fühlt und in Panik gerät. Unser Körper ist der Meinung, dass wir in Lebensgefahr sind, wenn dieses Tier ausflippt. Einem Pferd in jedem kritischen Augenblick Neutral Null anbieten zu können, vermittelt ihm, dass Neutral Null die Grundlage ist. Neutral Null ist die Basis, aus der sich alles andere, was Sie zusammen unternehmen, ergibt. Ich möchte, dass mein Pferd versucht, im Neutral Null zu bleiben, weil ich es ihm so vorlebe. Und manchmal möchte ich auch, dass es *mir* dabei hilft, im Neutral Null zu bleiben!

An der Schule, an der ich unterrichte, und im therapeutischen Reiten bin ich auf Pferde angewiesen, die meinen Schülern Neutral Null anbieten, damit diese lernen können. Sind die Nerven eines Pferdes angespannt und zerrüttet und es übersteht seine Tage nur dadurch, dass es „dicht macht", dann gibt es keinen gegenseitigen Respekt und letztlich ist das wirklich gefährlich. Auf diese Weise werden Pferde krank, rasten aus und bringen uns in Gefahr.

## Der Herde folgen

Nachdem ich Mary einige Male gebeten hatte, rückwärts und wieder nach vorne zu gehen, begann sie, zu gähnen. Das war ein sicheres Zeichen dafür, dass sich Spannungen lösten und es bedeutete, dass ich ihr dabei half, sich zu entspannen. Zu dem Zeitpunkt, als ich ihre Boxentür öffnete, damit wir nach draußen gehen konnten, hatte sie die Ohren zur Seite geklappt, ihre Augen waren weich und mit ihren Nüstern atmete sie meinen Geruch ein.

Ich verließ den Stall mit festen Schritten. Mary dachte, dass sie vorwärts eilen könne, und ich war mir sicher, dass sie das immer tat. Pferde betrachten jede einzelne Tür, jedes Tor und jede Ecke als potenzielle Gefahr, denn in der freien Wildbahn lauern hinter solchen Schwellen die Raubtiere. Also ging ich wieder in die Box, dann wieder hinaus und wieder hinein und machte dabei große, laute Schritte. Die Stute ahmte meine Schritte mit den Hufen perfekt nach. Ihr schien ein Licht aufzugehen. Sie schnaubte und schüttelte den ganzen Körper.

Sie schüttelte ihre Erstarrung ab! Ich freute mich so!

Nun konnten wir zusammen im Tandem laufen. Im Gleichschritt marschierten wir über die Stallgasse. Als es an der Zeit für eine Wendung war, damit wir den gleichen Weg zurückgehen konnten, deutete ich mit dem Zeigefinger auf ihren Mittelhals-Button und krümmte den Finger dann. So bat ich sie, mir mit diesem Button zu folgen, während ich drei Schritte rückwärtsging. Ich gab ihr den Raum, sich in einem gut ausbalancierten Bogen rund um meinen Körper zu bewegen und ihren Schwerpunkt selbst zu finden. Läuft man mit einem Pferd und hat dabei das Führseil zu straff oder zu lose, während das Pferd folgt, führt das dazu, dass das Pferd sich in einer Wendung nicht gut ausbalancieren kann. Das regt das Pferd auf.

Manche Leute ziehen es vor, dass das Pferd hinter ihnen geht, andere mögen es lieber, wenn sich der Kopf des Pferdes auf Schulterhöhe des Menschen befindet. Letztlich ist beides weder richtig noch falsch. Die Art und Weise, wie Sie Ihre Hand, Ihren Arm und Ihren Körper bewegen, wenn Sie mit Ihrem Pferd gehen, beeinflusst, wo es seinen Drehpunkt setzt und welchen Teil seines Körpers es zuerst biegt. Halten Sie die Hand zu tief, biegt sich zuerst der Oberhals des Pferdes, was seine Hufe ins Ungleichgewicht bringt. Halten Sie es mit hoher Hand zu sehr fest, biegt es sich vom Rücken aus, was eigentlich unmöglich ist, also wird es in Sie hineinlaufen. Wenn Sie gar nicht darauf achten, in welcher Weise Sie Ihr Pferd führen und einfach vor ihm herlaufen, wird es wie ein Anhänger, der sich von seinem Zugfahrzeug gelöst hat, in der Gegend herumschlingern.

Stattdessen ist es hilfreich, den Mittelhals-Button mit Ihrer „Führhand" zu berühren, bevor Sie in die Wendung gehen. Dadurch verändert sich Ihre Körperhaltung, Ihre Wendung wird besser ausgerichtet und Ihr Pferd versteht, wie es sich drehen soll. Ich schaue einem Pferd gerne in die Augen, während ich es führe, weil ich am liebsten jederzeit weiß, ob es sich auf mich konzentriert oder gerade irgendwo einen „Tiger" entdeckt. Ich laufe nicht los, als sei das Pferd ein Trolley, den ich hinter mir herziehe, noch zerre ich das Pferd am Kopf hinterher. Meine Handfläche zeigt am Führseil nach unten, meine Körpermitte habe ich auf den Mittelhals-Button oder auf die Brust des Pferdes gerichtet, dann drehe ich mich nach vorne und sage dem Pferd so, dass seine Körpermitte der meinen folgen soll. Ich setze meine Füße so, dass sie ihm vermitteln, dass es meinen Schritten folgen soll. Wenn es sein muss, bewirkt das „Löffeln" eine leichte Biegung im Körper des Pferdes, dadurch lässt meist die Spannung nach und das Pferd hat dann mehr Zutrauen dazu, mir zu folgen (Seite 108).

Einige Jahre lang habe ich Hunde trainiert und habe in Gehorsamkeitsprüfungen und Obedience etliche Schleifen mit einem Hybridwolf gewonnen. Dieses Tier hat mich gelehrt, wie man die Kluft zwischen Gehorsamkeit und Unterwürfigkeit überwindet. Er war darauf trainiert, auf Hand- und Pfeifsignale zu hören, über Hürden zu springen, einen Rucksack zu tragen und einen Schlitten zu ziehen. All das wäre aber ohne unseren tiefen gegenseitigen Respekt nicht möglich gewesen. Er lebte mit uns im Haus und es gab außerdem jede Menge gemeinsamer Sofatage. Hunde leben im Rudel und die Stärke des Rudels wird von der Stärke seiner Mitglieder bestimmt, die allesamt eine gewisse Schärfe und Jagdlust mitbringen müssen. Sie müssen sich darüber bewusst sein, wo sie im Verhältnis zu den anderen Rudelmitgliedern stehen, so dass sie sich verteidigen können, wenn sie gejagt werden.

Bewege ich ein Pferd am Führseil, habe ich ihm die Möglichkeit genommen, zu fliehen. Ich kann seine Angst vor Bedrohung nicht durch Gehorsamkeit überdecken. Ich muss dafür sorgen, dass es sich weiterhin im Gleichgewicht befindet und ihm ein Gefühl von innerer Freiheit geben, wenn ich möchte, dass es mir aus freien Stücken folgt. Ich kann mich sicherlich mit schwierigen Pferden auseinandersetzen, wenn ich das muss. Viel lieber jedoch spreche ich ihr Bedürfnis an, einer Herde zu folgen. Ich erweise mich als gutes Leittier, dem man sich bedenkenlos anschließen kann.

Ich brachte Mary zurück in ihre Box und sie schnaubte, hob den Schweif und pupste, während sie sich wieder am ganzen Körper schüttelte. Dann stellte sie sich in die Ecke ihrer Box und ruhte sich aus. Wenn man in seinen Körper zurückkehrt und ihn bewusst fühlt und wahrnimmt, nachdem man ein Leben lang dicht gemacht hatte, kann das wirklich anstrengend sein.

## Hera sagt Nein

Nun kehrte ich zu Heras Box zurück und versuchte, mit ihr den gleichen Ablauf wie mit Mary zu durchlaufen. Ich öffnete die Boxentür und begrüßte sie drei Mal mit dem Halfter. Sie reagierte recht vernünftig und ich konnte ihr das Halfter anziehen, ohne dass sie sich zu sehr wehrte.

Ihre Pflegerin war eine junge Frau namens Terry, die ebenfalls Pferdisch lernen wollte. Sie meinte, dass Hera sich noch nie zuvor so willig hatte aufhalftern lassen. Für mein Empfinden war Hera ein Pulverfass aus Stress. Sie wollte mir nicht zublinzeln, wenn ich sie anblinzelte, sie wollte nicht atmen und sie wollte ihr Genick nicht entspannen. Manchmal nicke ich oder schüttle mit dem Kopf, wenn ich möchte, dass die Spannung im Genick sich löst.

Hera sagte: „Nein."

Ich verließ ihre Box rückwärts und machte auf der Stallgasse Upsies. Hera trat ebenfalls zurück und senkte den Kopf, aber gleich darauf schoss sie nach vorne in Richtung des Stallfensters und bleckte die Zähne.

Hera hatte zwar beobachtet, wie ihre Freundin aus ihrer Erstarrung herausgefunden hatte, doch das half ihr nicht weiter. Ich fragte mich, ob sie in ihrer Box noch abwehrbereiter war als draußen, weil sie sich dort eingesperrt fühlte. Terry meinte, dass die Stute sich draußen oft ruhiger verhielt. Ich beschloss, den Versuch zu wagen und die Umgebung zu wechseln.

Terry ging auf Hera zu und durchlief das Begrüßungsritual. Dabei blieb sie sehr viel deutlicher als sonst außerhalb von Heras Raum. Hera war ziemlich genervt, aber sie kannte Terry und vertraute ihr. Manchmal ist es so, dass ein Pferd übersensibel auf Menschen reagiert, die es für „Ausbilder" hält. Sobald so ein Kandidat in seiner Nähe auftaucht, wehrt es sich gegen alles und jedes. Dann kann es ratsam sein, den üblichen Pfleger zu unterweisen, statt selbst einen Durchbruch erzielen zu wollen.

Hera war so ein Fall. Ich erklärte Terry, wie sie Hera von oben vom Genick bis ganz hinunter zu ihren Vorderhufen ausstreichen sollte. Danach sollte sie ein wenig zur Seite treten. Als Terry diese Ausstreichung anbot, blinzelte Hera und verzog genussvoll die Lippen. Diese Stute war seelisch so schwer verletzt und sehnte sich so sehr nach Erlösung! Meistens ist eine Berührung das Schlimmste, was man einem gestressten Pferd antun kann, da sie den Stress nur erhöht. Doch weil Hera so gut auf Terrys Anwesenheit ansprach, hoffte ich, dass man vertiefen könnte, was sowieso schon gut funktionierte.

Terry setzte meine Anweisungen sehr gut um und führte Hera im „Gleichschritt" über die Türschwelle der Box und die Stallgasse hinunter. Sie hatte ein sehr gutes Körperbewusstsein und es fiel ihr leicht, Hera achtsam zu führen. Als sie Heras Mittelhals-Button berührte und die Stute bat, um sie herum zu wenden, blieb Hera stehen und schien festzustecken. Terry erzählte, dass die Stute häufig so wie jetzt erstarrte. Ich ermutigte sie, die „Löffel"-Bewegung am Führseil einzusetzen und dabei rückwärts zu gehen. So lud sie Hera ein, zu ihr zu kommen. Die Stute nickte mit dem Kopf, schnaubte laut aus und machte einen vorsichtigen, sachten Schritt auf Terry zu, dem noch zögerlichere, aber gut gesetzte Schritte folgten. Hera hatte die erste Hürde hinter sich, als sie ihren Drehpunkt fand. Pferde, die ihr körperliches Gleichgewicht finden, sind auch mental und emotional im Gleichgewicht. Hera war weder emotional noch mental ausbalanciert, und das zeigte sich an ihren schwankenden Bewegungen. Terry gestand, dass sie Hera oft „Stepptänzerin“ nannte, weil ihre Hufe sich gleichzeitig überall hin bewegten.

Marys Pflegerin Melanie führte Mary aus ihrer Box heraus. Beide Pferde und ihre Pflegerinnen boten ein harmonisches Bild. Lebenslange Gewohnheiten sind schwer zu verändern, aber die Pflegerinnen mochten das Gefühl der Verbundenheit, das immer stärker wurde. Die Pferde strengten sich enorm an, ihre Köpfe gesenkt zu halten und ruhig zu bleiben. Niemand war wirklich Neutral Null, aber alle bewegten sich gleichzeitig in großen Schritten darauf zu.

Wir ließen die Stuten zusammen auf einem Paddock frei laufen, um sie zu beobachten. Mary lief sofort los, überprüfte den Zaun, schnoberte nach altem Heu und „suchte den Horizont ab“. Hera rief nach anderen Pferden, hielt ihren Kopf hoch, trabte nervös herum, drehte den Hals hin und her und schlug mit dem Schweif. Schließlich wurde sie etwas ruhiger und ging zu Mary, um diese zu begrüßen. Mary hatte ihren Kopf die ganze Zeit über gesenkt. Die beiden berührten sich zwei Mal, dann brach Mary den Kontakt ab und lief einen langsamen Kreis, bevor sie wieder zurück zu Hera kam, um sie noch ein drittes Mal zu berühren. Hera machte sofort ein Geh-weg-Gesicht, legte die Ohren an und schnappte nach Marys Spiel-Button an der Seite ihres Mauls (Seite 57). Mary antwortete, indem sie ebenfalls die Ohren anlegte. Dann deutete sie mit „harten“ Augen auf Heras Geh-weg-Gesichts-Button. Dabei verzog sie ihr Gesicht, so dass sie wirklich sauer aussah. Aber sie bewegte sich keinen Zentimeter.

Hera verstand die Botschaft und lief einen großen Kreis, kam dann zurück und stand nun ungefähr einen halben Meter entfernt von Mary und machte Upsies. Mary zeigte das Geh-weg-Gesicht, verlagerte ihr Gewicht weg von Hera und begann, auch ihren Huf langsam wegzubewegen. Hera schloss auf und blieb etwas hinter Mary. Sie wollte Mary drängen, schneller vorwärtszugehen, aber stattdessen blieb Mary stehen, hob den Kopf an und versteifte ihren Schweif. Das ist die Pferdeversion der „X"-Haltung. So tadelte Mary Hera für den Versuch, sie zu treiben. Hera senkte den Kopf und wendete sich zur Seite ab. Sie ging einige Meter weit und deutete dann mit den Augen auf Marys Gurt-Button. Mary bewegte sich langsam weg und Hera folgte an ihrer Flanke, diesmal, ohne in der treibenden Position zu sein.

Mary ging zu verschiedenen interessanten Punkten am Zaun, um sie Hera zu zeigen. Sie blieb gerade lange genug an einer Stelle, um Hera dazu zu bringen, dort zu schnüffeln, dann senkte sie den Kopf, schüttelte den Hals und leckte und kaute. Und schon ging es weiter zum nächsten Punkt. Nachdem die beiden einige Minuten lang den Zaun überprüft hatten, beruhigte sich Hera etwas und ging in die Mitte des Paddocks, um sich zu wälzen.

Ich beschrieb den Kursteilnehmern die gesamte Begegnung und erklärte, dass Mary ihre niedrigste Stufe von „X" eingesetzt hatte und die Umgebung absuchte, um Hera dabei zu unterstützen, im Hier und Jetzt zu sein und sich zu entspannen. Mary setzte langsame Bewegungen, schwere Schritte und viele tiefe Atemzüge ein. Hera sprang nach dem Wälzen auf und raste buckelnd und ausschlagend über den Paddock. Mary nahm die „X"-Haltung an, blieb aber bewegungslos stehen, während Hera herumrannte. Sie hielt die Neutral-Null-Ebene in ihrer Zweier-Herde aufrecht und teilte Hera mit, dass sie aufpasste und sich nicht in irgendeine Form von Spiel hineinziehen lassen würde. Hera kam zu Mary zurück, senkte den Kopf, berührte ihre Nase und atmete tief. Sie klappte die Ohren zur Seite und benutzte ebenfalls schwere Schritte, trottete um sie herum und hielt Ausschau nach alten Heuhalmen, die hier und da herumlagen. Mary ging zur Wälzstelle und wälzte sich gemütlich. Dann stand sie auf, doch für sie gab es kein wildes Rennen. Hera stand ruhig da und beobachtete Mary. Als Mary wieder stand, schnaubte sie ein Mal.

Ich bat die Pfleger, zwei Arme voll Heu zu holen und diese etwa fünf Meter entfernt voneinander in den Paddock zu legen. Ich hatte eine Idee, was wir als Nächstes machen würden.

Sobald beide Stuten jeweils einen Heuhaufen zu dem ihren erklärt hatten, betraten die beiden Pflegerinnen zusammen mit mir den Paddock. Wir gingen einfach nur auf eine Stute zu, bis wir ein Ohrenzucken bemerkten und zogen uns dann wieder zurück. Wir machten den „Umgekehrten Roundpen". Dabei geht man in einem vollständigen Kreis um ein Pferd herum, immer an der Außenseite seiner Blase des persönlichen Raums entlang. Das Pferd bewegt sich dabei überhaupt nicht (Seite 68). Pferde können sich gegenseitig dazu auffordern, sich zu bewegen. Manchmal wollen sie aber auch, dass das andere Pferd sich nicht bewegt. Aus unterschiedlichen Gründen würde diese Variante bei den beiden Stuten und ihren Pflegerinnen Wunder wirken.

Es dauerte etwa zehn Minuten, den Kreis um jede Stute herum zu vollenden. Die Pflegerinnen sollten auf jegliche Bewegung der Stuten achten und sobald sie eine erspähten, sollten sie sich zurückziehen. Ein oder zwei Mal waren sie zu eilig und gingen zu weit. Dann gingen die Pferde weg und tauschten ihren Heuhaufen. Am Ende der Lektion hatten die jungen Mädchen einen neuen Eindruck davon gewonnen, wie empfindsam Pferde in Wirklichkeit sind und dass jeder Körperteil eines Pferdes unterschiedliche Ebenen des Wohlbefindens besitzt.

Ich bat die Pflegerinnen, auf ihre Pferde zuzugehen und ihnen eine Begrüßung anzubieten. Beide Stuten hoben den Kopf etwas und begrüßten die jungen Mädchen sanft. Mary nahm sich ein großes Maul voll Heu und bot es ihrer Pflegerin an. Melanie war etwas überrascht, denn Mary bot sonst nie irgendetwas an. Ich bat Melanie, das Heu mit der Stute zu teilen und es mit den Fingern auseinanderzuzupfen. Pferde teilen gerne Heu miteinander und Mutterstuten erlauben ihren Fohlen, Heu aus ihrem Maul zu fressen. Hera wendete den Kopf von ihrer Pflegerin ab. Ich erklärte Terry, dass Hera ihr gleich den ganzen Heuhaufen überlassen wollte und dass sie sich ein wenig zurückziehen solle. Man möchte ja nicht, dass das Pferd sich von seinem Heuhaufen vertrieben fühlt und am Ende sauer wird.

Sobald ich ein gutes Verhältnis zu den Heu fressenden Pferden habe, lasse ich sie manchmal von einem Heuhaufen zu einem anderen gehen. Ich fordere sie dann aber sehr sanft und liebevoll dazu auf, einfach, um ein respektvolles Miteinander am Heuhaufen zu erreichen. Sie sollen wissen, dass ich dafür sorge, dass ihre Bedürfnisse erfüllt werden.

Manchmal ist das Bewegen einer Herde von Heuhaufen zu Heuhaufen die beste Möglichkeit, um den Pferden zu vermitteln, welche Essensmanieren ich mir bei ihnen wünsche, vor allem auch, wenn es um Herdenintegration geht. Ich weiß, dass Pferde sich tief in ihrem Inneren ein entspanntes Miteinander wünschen. Indem ich entspannte Mahlzeiten gestalte, kann ich die Herde oft so beeinflussen, dass die Pferde neue Verhaltensregeln übernehmen.

Auf der anderen Seite kann es auch schwierig sein, rund um das Thema Futter Vertrauen aufzubauen. Ich möchte nicht, dass ein Pferd mir Platz macht und sich dann vertrieben fühlt. Als Terry sich zurückzog, schwang Hera ihren Kopf in Richtung des Heus und tat etwas ganz Wunderbares. Sie grub ihre Nase unter den großen Heuhaufen mit losem Heu und warf einen Teil davon in Terrys Richtung. Ich bat Terry, zu diesem Heu zu gehen, das Hera ihr angeboten hatte, an ihm herumzuzupfen und schließlich etwas davon zurück zu Hera zu werfen. Die Stute schnaubte und kippte die Ohren zur Seite. Dabei blinzelte sie unentwegt. Beide Pflegerinnen traten weg von den Pferden.

Als Pferdepfleger in einem großen Stall zu arbeiten, bedeutet, dass man immer zu tun hat. Sowohl Terry als auch Melanie konnten sich erinnern, dass sie unbewusst schon häufiger beobachtet hatten, wie Pferde sich auf diese Weise unterhielten. Sie hatten dem aber nie Beachtung geschenkt. Nun wurden sie von einem ganz neuen, warmen Gefühl für die beiden Pferde durchströmt.

Beide Stuten hatten ihre Schultern nach vorne gerundet. Ihre Bäuche und ihr Brustkorb waren entspannt. Sie sahen runder und kürzer aus, nachdem sie ihre tief sitzenden Spannungen gelöst hatten. Auch die Pflegerinnen fühlten sich ruhig und friedlich.

Ich wusste, dass wir für diesen Tag genug erreicht hatten. Jeder war ein gutes Stück vorwärts in Richtung Neutral Null gekommen und nun hatten die Pferde und Menschen gleichermaßen neue Eindrücke voneinander gewonnen… und vom Leben selbst. Trotzdem wurde Hera sehr schnell sehr aufgeregt, als Melanie Mary als Erste zum Tor führte. Sie wollte nicht übrig bleiben und sie wollte, dass Mary ihre Hinterhand beschützte. Das bedeutete, dass Hera ihrer Pflegerin nicht wirklich vertraute – noch nicht. Ich hielt Melanie und Mary an und bat sie, herumzugehen und an Zaunpfosten zu schnuppern. Hera und Terry sollten ihnen folgen. Nach etwa zehn Minuten hatte Hera sich beruhigt und wir gingen mit ihr als erstes zum Tor. Als wir den Paddock verlassen hatten, regte sie sich wieder auf und zog zum Gras hin. Terry meinte, dass dies normalerweise nicht passierte. Sonst ging Hera unbeteiligt am Gras vorbei, als würde sie es nicht sehen. Ich erklärte, dass wir die Stute aufgeweckt hatten und dass sie zuvor, aus welchem Grund auch immer, innerlich abgeschaltet hatte. Nun war Hera wieder zurück und musste sich über viele Dinge unterhalten.

Es war schwierig für Terry, Hera zu erlauben, nach dem Gras zu schnappen. Sie befürchtete, dass dieses Verhalten zur Gewohnheit werden würde. Ich erklärte ihr, dass Hera einfach unter Stress stand, auch wenn wir nicht wussten, warum das so war. Wir jedoch mussten im Neutral Null bleiben und mit Hera so umgehen, wie Mary es zu Beginn auf dem Paddock getan hatte. Nach Gras zu schnappen war Heras Art, ihren Kopf zu senken und ihre Fassung wiederzugewinnen. Ich erklärte Terry, wie sie anfangen konnte, Hera beim Grasen mehr zu kontrollieren, indem sie schwere und bestimmte Schritte von Grasbüschel zu Grasbüschel machte und Hera zeigte, wie man dorthin gelangte, genauso, wie sie es am Zaun gemacht hatte.

## *AHA-Moment*

Die Stallbetreiberin hatte unsere Arbeit mit den Stuten den ganzen Tag über beobachtet. Nun gab sie uns einige zusätzliche Informationen. Sie berichtete, dass Hera genau in diesem Paddock, in dem wir gearbeitet hatten, gewesen war, als ihr letztes Fohlen verkauft wurde. Sie war eine volle Stunde lang herumgerast und war nicht zu beruhigen gewesen. Hera hatte wohl mehrere Fohlen aufgezogen und das Absetzen war nie ein Problem gewesen. Mit diesem Baby war es anders. Sie schien sehr an ihm zu hängen und viel von ihrem derzeitigen Stress war nach dem Verkauf des Fohlens entstanden. Es war so schlimm gewesen, dass sie nicht sicher war, ob Hera überhaupt weiterhin in der Zucht bleiben sollte.

Kein Wunder, dass Mary so gut auf Hera aufgepasst hatte. Sie hatte der trauernden Mutter Raum gegeben, einfach da zu sein. Nun ging Terry entschlossen von Grasbüschel zu Grasbüschel und Hera ging im Gleichschritt mit ihr. Etwas hatte sich verändert. Hera schnappte nicht mehr wütend nach dem Gras, sondern knabberte zart daran und sie schnaubte und schüttelte sogar ein wenig den Hals. Ich schlug vor, dass Terry ihre Körpermitte auf die Pferdebox richten und die Stute mit schweren, bestimmten Schritten dorthin führen sollte, um ihr zu vermitteln, dass sie Heras Hinterhand den ganzen Weg über schützen würde.

## Tag für Tag

In Freiheit bilden die Stuten den Großteil der Herde. Es gibt Großmütter, Tanten, Mütter und Töchter und sie sind eng miteinander verbunden. Junghengste dürfen so lange in der Herde bleiben, wie sie nicht versuchen zu decken oder bis sie alt genug sind, um in einer Junggesellenherde zu leben. Pferde haben sehr enge Familienbande, wenn man sie voneinander trennt, kann sie das wirklich aus dem Gleichgewicht bringen. Sie können einem Pferd helfen, seine Mitte wieder zu finden, indem Sie es Neutral Null finden lassen.

Einige Wochen später bekam ich eine Nachricht von der Stallbetreiberin. Sie war glücklich darüber, mir erzählen zu können, dass Hera und Mary sich gut entwickelten. Mary hatte sich seit dem Tag, an dem ich mit ihr gearbeitet hatte, sehr verändert. Sie ging nun im Reitunterricht mit. Das war ein gutes Arbeitsgebiet für ihr mitfühlendes Wesen. Hera wurde gerade noch einmal angeritten. Man hatte beschlossen, nicht mehr mit ihr zu züchten. Die beiden Stuten wurden zusammen nach draußen gelassen und das Stallpersonal hatte sich angewöhnt, dann eine Pause beim Paddock einzulegen und die beiden bei ihren Unterhaltungen zu beobachten.

Jeden Tag blieb Terry einfach einige Minuten lang bei Hera und tat nichts, außer nur für sie da zu sein. Hera war inzwischen richtig anhänglich geworden und fing an, Terry entgegenzuwiehern, wenn sie sie sah. Trotzdem trug die Stute natürlich eine Menge an Altlasten mit sich herum, die ihr den Zugang zu vielen Dingen erschwerten. Die sorgfältige Arbeit und der gegenseitige Respekt zahlten sich aber aus und sie konnte Tag für Tag besser entspannen, Stress loslassen und mitmachen.

Die restliche Belegschaft, die bei meinem Kurs in Pferdisch an diesem Tag dabei gewesen war, begann, kleine Details rund um den Umgang der Pferde untereinander und mit den Menschen wahrzunehmen. Alles in allem war die gesamte Anlage auf eine Art friedvoller geworden. Als ob die Nachwirkungen der Arbeit mit Mary und Hera auch auf alle anderen Pferde Einfluss gehabt hätten.

## *Lecken und Kauen*

Obwohl es in kommerziellen Reitställen oder Gestüten mit ihren Terminen und Plänen häufig ziemlich geschäftsmäßig zugeht, lassen sich auch hier Möglichkeiten finden, die täglichen Begegnungen der Pfleger mit den Pferden beruhigend, nährend und unterstützend zu gestalten. Für Pferde ist es in Ordnung, einer Arbeit nachzugehen. Sie machen dann einfach das, was wir von ihnen verlangen. Es ist, als ob man eine Freundin dazu einlädt, das Wohnzimmer zu streichen. Geht man zu ergebnisorientiert vor, verliert man die Lebenslust und-fülle in der Umgebung, in der Pferde gerade wohnen. In unserer modernen Welt überbrücken Pferde für uns eine Kluft, die mit Wohlbehagen zu tun hat. Und wenn wir sie dabei unterstützen, sich auch wohlzufühlen, ist das gut für uns alle.

Aus dem Amerikanischen übersetzt von Ute Ochsenbauer.
Titel der Originalausgabe: horses in translation. Essential Lessons in Horse Speak: Learn to „Listen“ and „Talk“ in Their Language
erschienen bei Trafalgar Square Books unter ISBN 978-1-57076-859-0.


**Bildnachweis**
Mit einer Illustration von Sharon Wilsie.



**Impressum**
Umschlaggestaltung von GRAMISCI Editorial Design, Cornelia Sekulin, München, unter Verwendung eines Fotos von Rich Neally (Klappe hinten links) und eines Fotos des Kosmos Verlags (Klappe hinten rechts).

Mit 2 Farbfotos und 1 Illustration.

Alle Angaben in diesem Buch erfolgen nach bestem Wissen und Gewissen. Sorgfalt bei der Umsetzung ist indes dennoch geboten. Der Verlag übernimmt keinerlei Haftung für Personen-, Sach- oder Vermögensschäden, die aus der Anwendung der vorgestellten Materialien und Methoden entstehen könnten.



Gedruckt auf chlorfrei gebleichtem Papier

Für die deutschsprachige Ausgabe:

ISBN 978-3-440-16220-0
Redaktion: Birgit Bohnet
Produktion: Claudia Frank
Druck und Bindung: Friedrich Pustet GmbH & Co. KG, Regensburg
Printed in Germany / Imprimé en Allemagne

FSC
www.fsc.org
MIX
Papier | Fördert gute Waldnutzung
FSC® C014889